岩体细观结构力学
工业 CT 技术与应用

王宇 李晓 著

扫描二维码查看
书中部分彩图

U0342658

北 京
冶金工业出版社
2021

内 容 提 要

岩石的破裂过程受其内部结构控制。为了在破裂向灾变演进过程中加以控制和干预，必须弄清岩石破裂过程中内部细观结构的劣化过程。计算机工业CT断层成像技术可以打开岩石破裂的黑箱，使岩石劣化致灾的物理过程像玻璃一样透明可见，从而为揭示岩石破裂现象和条件的本质动因提供技术支撑。本书共5章，主要内容包括绪论、工业CT扫描基本原理、工业CT扫描数字图像处理理论、工业CT扫描在岩体力学中的应用和工业CT机配套加载装置实现方案。

本书可供从事土木工程、水利工程、矿业工程及相关领域的工程技术人员参考，也可作为从事岩体力学及其相关专业的科研工作者、高等院校师生的参考书。

图书在版编目（CIP）数据

岩体细观结构力学工业 CT 技术与应用/王宇，李晓著. —
北京：冶金工业出版社，2021. 1
　ISBN 978-7-5024-8732-4

　Ⅰ. ①岩…　Ⅱ. ①王…　②李…　Ⅲ. ①工业 CT—应用—
岩石力学　Ⅳ. ①TU45

　中国版本图书馆 CIP 数据核字（2021）第 030028 号

出 版 人　苏长永
地　　址　北京市东城区嵩祝院北巷 39 号　邮编　100009　电话　（010）64027926
网　　址　www. cnmip. com. cn　电子信箱　yjcbs@ cnmip. com. cn
责任编辑　王　双　美术编辑　郑小利　版式设计　禹　蕊
责任校对　卿文春　责任印制　李玉山
ISBN 978-7-5024-8732-4
冶金工业出版社出版发行；各地新华书店经销；三河市双峰印刷装订有限公司印刷
2021 年 1 月第 1 版，2021 年 1 月第 1 次印刷
787mm×1092mm　1/16；13.5 印张；326 千字；207 页
108.00 元

冶金工业出版社　投稿电话　（010）64027932　投稿信箱　tougao@ cnmip. com. cn
冶金工业出版社营销中心　电话　（010）64044283　传真　（010）64027893
冶金工业出版社天猫旗舰店　yjgycbs. tmall. com
（本书如有印装质量问题，本社营销中心负责退换）

前　言

在岩体工程领域，岩石在不同力场及环境条件下的无损测试技术主要有扫描电镜、声发射技术、超声波检测及计算机断层成像等。配有加载台的扫描电子显微镜可以观察到试样在荷载作用下内部微结构的变化，其测试分辨率较高，但测试试样体积较小，不具代表性，并且由于受到颗粒的影响较大，只能观测到试样的表面变化。声发射技术通过记录岩石中局部应力集中区的能量快速释放而产生的瞬态弹性波来反演发生破裂的位置，但不能检测出样品内部缺陷的大小和性质，而且由于干扰因素太多，易造成反演定位的不确定性。超声波检测可以间接地了解岩石的物理力学特性、结构构造特征及应力状态，由于它无法获得样品内部细观结构的实时精细图像而应用受限。X 射线断层成像技术（X-Ray computed tomography，简称 X 射线 CT 技术）可以对所研究的样品进行扫描成像，可以实时地观测到试样内部的细微结构变化而不干扰试验。用新的、确定性的数据从始至终、从里到外全面表征试样的变化，可以获得全面、合理、客观的试验结果，CT 技术打开了试样破裂演化的黑箱，使岩石破裂过程像玻璃一样透明可见，是当前解决岩石力学相关问题最佳的技术手段。随着 CT 技术的进步，X 射线 CT 技术作为一种有效的工具可以解决的岩石力学问题越来越多，国内外相关的研究成果也不断涌现。

作者长期从事岩体多尺度破裂与渗流演化过程致灾响应机制与表征方法的基础研究，并以岩体结构控制论为基础，使地质、工程和岩体力学紧密结合，将岩体结构力学应用于堆积体斜坡工程、排土场边坡工程、深地能源开发工程和深地资源开采工程。继承并创新结构因子对致灾演化影响的学术思想，注重多学科间的交叉融合，提出了多个岩体结构劣化灾变演化理论，发展了多种致灾响应多尺度实时探测方法，尤其采用工业 CT 扫描技术，在散体状岩体（土石混合体）和层（互层）状岩体破裂演化过程识别与多尺度定量化表征方面取得了大量系统性的原创成果。作者结合自身研究成果，较为系统地介绍了工业 CT 扫描的基本原理，并给出了在岩体破裂灾变过程中应用的典型实例，详细描述了几种典型的与工业 CT 配套加载装置的使用方法。本书在细观层面揭示了岩体破裂演化的黑箱，丰富和完善了工程岩体灾害孕育、演化和成灾的岩体结构控制理论，可为发展和建构岩体多尺度破裂力学体系及岩体破裂预测提供科学依据。

本书共分为5章，第1章介绍了工业CT扫描可解决的岩石力学问题及在岩石力学中的应用领域，第2章阐述了工业CT扫描的基本原理，第3章论述了工业CT扫描数字图像处理基础理论，第4章叙述了工业CT扫描在岩体细观结构力学中的应用，第5章为作者自行创新的与工业CT机配套的加载装置及实现方法。书中在工业CT原理及数字图像处理章节引用了多位专家学者的文献成果，并在此对文献作者表示衷心的感谢。

在本书出版之际，特别感谢我的博士生导师中国科学院地质与地球物理研究所李晓研究员对我一贯的支持与鼓励。在我攻读博士学位期间有幸接触到CT扫描技术并应用于岩石破裂表征当中，这才有了现如今研究的深入和延续。另外还特别感谢北京科技大学岩石力学与工程学术梯队负责人李长洪教授长期以来对我科研工作的支持和帮助。感谢中国科学院高能物理研究所阚介民研究员在本书CT扫描力学试验中给予的帮助。感谢中国科学院地质与地球物理研究所毛天桥工程师在CT机配套加载装置实现方面给予的技术支持。感谢北京航天智远科技有限公司的吴相伟董事长在工业CT扫描仪器及CT扫描原理方向给予的帮助和指导。感谢天津三英精密仪器有限公司的郑立才总经理在微米CT扫描方面给予的帮助。本书涉及的研究内容得到了"十三五"国家重点研发计划课题（项目号：2018YFC0808402）、国家自然科学基金（项目号：41502294）、北京市自然科学基金（项目号：8202033）、北京科技大学人才基金项目和中央高校基本科研业项目的资助，并得到冶金工业出版社的大力支持，在此一并致谢！

由于作者知识水平所限，书中不足之处，敬请读者和同仁批评指正。

王　宇

2020年6月于北京

目 录

1 绪 论

1.1 工业 CT 扫描在岩石力学中的作用

计算机断层成像（computed tomography，CT）技术是一种从外部投影数据重建物体内部结构图像的技术，外部投影数据可以扩展到声、光、电、磁数据以及其他任何一种物理参数，其内部"结构图像"可以扩展为物体内部各种相应的性能分布图像。随着 CT 技术的进步，快速、螺旋、多通探测器、电子束 CT 机以及高能量工业 CT 机相继出现，它们具备强大的计算机功能。CT 技术是以计算机为基础对被测体断层中某种特殊性进行定量描述的专门技术。由于被检测物体具有不同的物理性质，因此可以采用各种不同的方法收集与之有关的各种信息。机械波、声波、超声波或次声波、各种电磁波（光波、X 射线、γ 射线等）、物质流（粒子、气流、液体流等）及其他可测能量均可成为描述被测物体某种信息的信息源，CT 技术的特征就是从被测物体外部探知发自物体（或经过物体后）的信息，用计算的方法求解被测体空间特性的定量数据表达，而不必进入被测体内。因此，CT 技术是与多种最新科学技术联系的综合性技术。

第一台基于现代断层成像原理可供临床应用的 CT 扫描机于 1971 年 9 月建成。医用 CT 机由于它比较恰当地发挥了 CT 技术非接触人体内部结构的优势，以及计算机技术的飞速发展，其后在世界各国数学家、物理学家、工程师和医生的共同努力下，医用 CT 技术得到了广泛的应用，也促进了 CT 技术的应用。医用 CT 技术的成功应用很快引起了工业界的注意，开始阶段主要是直接利用医用 CT 技术进行样品的扫描，然后，由于工业样品与医学检测对象的巨大差异，工业 CT 技术逐步发展成为一个独立的体系。工业 CT 技术的检测对象要比医用 CT 技术广泛得多，从微米级的集成电路到直径 1m 以上的大型工件，从密度低于水的木材或其他多孔材料到高原子序数的重金属材料，都是工业 CT 技术的检测对象。目前，工业 CT 技术不仅已经应用到航空航天、火工品、精密机械仪器等重要产品的检测方面，还应用到汽车、考古、木材、石油、地质等许多领域。利用工业 CT 技术可以非接触、非破坏地检测到物体内部结构，得到没有重叠的数字化图像，不仅可以精确地给出物体内部细节的三维位置数据，还可以定量地给出细节的辐射度数据。尽管如此，无论是医用还是工业应用，基本原理是相同的，许多技术也是相通的。

常规的岩土试验需要利用多种仪器设备对样品进行测试，可解决的力学方面问题主要有承载、卸载、蠕变、剪切、拉伸、压缩、弯曲、振动、变形等，其他方面还有沉降、渗流、劈裂、相变、物质迁移及化学变化等问题等，这些设备解决了试验的外测试问题，据此提供了许多公式和假定，用于理论计算和工程设计，使试验结果得到了广泛的应用。但长期以来，岩体力学界一直期待着一种直接观测试验过程中内部结构变化的方法，以明确试验过程中试样到底发生了什么变化，验证各种理论推导的确定性，对岩土力学的本构关系以及试验过程物质的变化给出确定甚至定量的描述。由于常规的岩土测试手段无法获得试样内部的细观结构演化，前人已经将扫描电镜、声发射技术以及超声波探伤应用到岩土的无损测试当中。配有加载台的扫描电子显微镜首先可以观察到试样在各种力场及环境效应下样品的内部变化，结果表明，岩土细观裂纹一般萌生在岩石缺陷部位，其扩展受附近缺陷和矿物颗粒的影响，分辨率较高；但是试样体积太小（最大尺寸约为 5cm），不具代表性，并且受到颗粒的影响较大，只能实时观测到试样的表面变化。声发射技术是材料或结构在动态过程中产生的应力波传播现象，通过记录岩石中局部应用集中区的能量快速释放而产生的瞬态弹性波来反演发生破裂的位置，但不能给出样品内部缺陷的大小和性质，而且由于干扰因素太多而造成反演定位的不确定性。岩土介质超声波测试技术是近 30 多年发展起来的一种新技术，它通过测定超声穿透岩土后的声波信号的声学参数的变化，间接地了解岩土体的物理力学特性、结构构造特征及应力状态，超声波无损测试技术的缺点是无法对岩土体在力场及环境因素作用下的内部演化进行定位，无法获得样品内部细观结构的实时描述。

CT 技术可以使试验过程中试样的内部变化都处于测试者的监督之下，并且给出精确的定量特性表达。岩土试验往往要花费较多的时间，每时每刻都可能出现引起试验变化的因素，有些在外部是无法观测到的。不去干扰试验而去透视试验过程，用新的、确定性的数据从始至终、从里到外全面反映试验的变化，就有可能获得更加全面、合理、客观的试验结果，对问题的解决十分有利。CT 试验可以解决岩土工程问题主要有：

（1）试验内各观测点之间的距离；

（2）整个试样或试样内感兴趣区域的截面积；

（3）整个试样或试样内感兴趣区域的放射性密度（CT 数）变化；

（4）整个试样或试样内感兴趣区域的方差（CT 数的离散指标）；

（5）试样内各观测点的位移；

（6）试样内裂纹的长度、宽度、面积及变化过程；

（7）整个试样或试样内感兴趣区域的体积及体积变化；

（8）整个试样或试样内感兴趣区域有密度改变的相变情况；

（9）补充在试样内的渗流量、位置等；

（10）试样在压力温度作用下的气相运移特征；

（11）试样内部孔隙率随应力水平的变化情况；

（12）试样内部应变局部化及剪切带的形成演化；

（13）试样内裂纹的分布的空间展布及分布规律；

（14）试样内颗粒形状、形态等几何参数的定量描述；

（15）超临界驱替试验试样内部气液运移规律；

（16）原状或重塑样品颗粒分布的数学描述；

（17）试样内部温度场的分布或其对试样材料损伤的影响；

（18）试样内化学侵蚀及其分布；

（19）试样内颗粒的动力学及运动规律；

（20）实时加载试验过程感兴趣区域的其他细观结构演化问题。

如上所述，CT 技术能够对各种岩土试验进行连续的非扰动实时检测，对试样内部结构进行定量描述，观测与试验条件相联系的各种现象的发生、发展的内在原因。如何打开常规岩土力学测试的黑箱，可以使岩土试样内部像玻璃一样透明可视，CT 技术可以实现这一目的。正是由于 CT 理论与技术的不断更新发展，对岩土试验可以提供富有价值的试验效果，近几年来 CT 技术在各国岩土试验研究中得到了广泛的应用。

1.2 工业 CT 技术在岩石力学中应用综述

1.2.1 国外研究现状

国外学者将 CT 技术应用于岩石力学中主要有三维孔隙结构分析、三维颗粒分析、岩石损伤破裂分析、内部结构动态监测以及流体流动试验等几个方面。接下来将对国外的一些研究进展分别进行详细的介绍。

1.2.1.1 三维孔隙结构分析

在微米 CT 技术出现之前，岩石的三维孔隙特征的分析只能借助基于统计模型的二维 CT 切片重构[1]或基于过程的模型来实现[2]。统计模型和基于过程的模型有它们各自的优点，但是由于当前 X 射线技术的不断发展，应用 CT 技术，复杂的三维孔隙网络在低于次微米的尺度下可以被观察到[1,3~6]，之前的孔隙特征描述主要针对三维孔隙结构在二维尺度上做出一些定量的描述，或者通过二维 CT 切片的重建进行分析。近年来，X 射线 CT 机已经可以联合一些图像处理技术得到岩石孔隙的完整结构，在 CT 技术应用的初期，同步加速器的 X 射线 CT 机就可以在微米分辨率水平下直接获得岩石的三维孔隙结构。Coles 等人[7]已经开展了应用同步加速器的 X 射线可视化流体在孔隙中运移的相关工作。Coles 等人[8,9]和 Spanne 等人[10]不但进行了油水两相介质的渗吸过程试验，而且借助同步加速器的 X 射线微 CT 将流体动试验扩展到多孔质中去，分析液体流动过程中内部孔隙的动态捕获变化。Ruiz 等人[11]利用 CT 技术对易受气候影响的岩石孔隙结构进行了研究，重构的三维图像提示了岩石孔隙分布的空间不均匀性，CT 图像跟踪和捕捉了岩石性质弱化和孔隙结构的演化。McCoy 等人[12]采用微 CT 揭露了罕见的星状多孔玄武岩矿物的起源，并且采用数值方法模拟了岩浆岩喷出过程中气泡的形成过程，数值计算结果表明，薄层岩脉（小于 30cm）在大约 5km 深度处被捕获，在该处大约有 0.0075% 的 CO 和 CO_2 形成囊泡结构。多孔状的钙质辉长岩在该深度处发生变质作用，当岩浆中的气体消失时，它们被带出强大的冲击力带出地表来。

孔隙率、孔隙分布和孔隙结构是分析岩石风化程度和保护天然建筑石材料的重要指标，因为这些指标影响到水在岩石介质中的渗透转移能力。通过微 CT 分析岩石的三维孔隙结构可以了解岩石的风化程度。Rozenbaum[13]采用微 CT 手段研究了风化的和未经过风化的岩样的细观孔隙结构的差别。Dewanckele 等人[14]通过岩石的强酸测试试验，将试样放到微 CT 上进行扫描，得到了不同酸化时间的岩石内部孔隙的变化情况，得出随酸化时间的增长，岩石孔隙不断增大，并且孔隙的连接性变强的结论。Grader 等人[15]认为对样品进行 CT 测试时，样品的尺寸要和 CT 的分辨率要相协调，样品孔隙分析时成型小于 1mm 的岩芯是高精度微 CT 测试的关键。Bhuiyan[16]分析了直径为 12mm 的铁矿石的孔隙结构，成功地得出了球形孔隙的分布规律，通过二值化图像提取孔隙率并与 SEM 方法的结果进行对比，发现微 CT 孔隙率计算结果可能对 SEM 法的结果进行合理的校正，但是受

CT 分辨率的限制，在他们的研究中仅可以观察到中等大的孔隙结构。

岩石（尤其是致密岩石）孔隙率的分析也是评价储层产量的重要指标。Appoloni 等人[17]应用聚焦微 CT 对砂岩储层的孔隙结构、孔隙率、孔隙尺度及分布特征进行分析，并指出根据得到的孔隙结构模型可以进一步进行流体的侵入试验，可以对砂岩储层特性进行评价。Zhao 等人[18]对高温条件下大庆和延安油页岩的孔隙结构变化进行了对比研究，发现随着温度的增加，试样内部的孔隙变大，连通性增强，并且逐渐演化为微裂纹（见图 1-1）。Agbogun 等人[19]进行了白云岩和砂岩试样的流体流动特性研究，对流体所通过的弥散孔隙分布和溶质浓度进行了微 CT 测试，并对测试结果进行了分析讨论。Bai 等人[20]对延长油田鄂尔多斯盆地的致密砂岩进行了纳米（微米）CT 扫描，得到了微纳米尺度的孔隙结构三维图像，对孔隙结的直径、分布和结构特征进行了分析。Tiwari 等人[21]利用微米 CT 技术观察了 350~500℃下页岩热解前后孔隙的变化，发现热解后页岩的孔隙率和渗透性随之急剧增大。Wang 等人[22]利用纳米 CT 研究了九老洞组深层页岩的三维孔隙结构特征和内部连通性，并对孔隙进行了分类。Zhang[23]等人利用微 CT 扫描技术研究了压裂微观结构及渗透性特征。Maji 等人[24]和 Park 等人[25]借助微 CT 扫描技术，对岩石在经历不同冻融作用后的孔隙结构进行了观察，建立了孔隙率与冻融次数的关系。Paulo Ferreira 等人[26]采用微 CT 成像技术，研究了碳酸岩储层岩石的孔隙特性及渗透特征，并基于 CT 图像提出了两种计算岩石渗透系数的方法。

（a）   （b）

（c）   （d）

图 1-1　砂岩强酸处理 21 天时的孔隙演化过程[19]

(a) 0 天, 三维体积重构; (b) 0 天, 孔隙提取; (c) 10 天, 三维体积重构;

(d) 10 天, 孔隙提取; (e) 21 天, 三维体积重构; (f) 21 天, 孔隙提取

1.2.1.2　三维颗粒形态分析

由于三维 X 射线微 CT 技术的迅速发展, CT 技术也越来越多的应用到岩石领域中去, 并且和 CT 配套的软件包也开发出了测量矿物颗粒的相关算法。Ikeda 等人[27]基于微 CT 采用边界集中投影算法研究了部分高温融溶的花岗岩的颗粒形态。Jerram 等人[28]研究了角砾云橄岩中橄榄石的三维晶粒大小分布特征。Masad 等人[29]对橄榄石的表面形态特征进行了分析。一些相关的分析还被应用于其他多孔材料, 比如矿物颗粒的量化统计和天然岩石矿物组成结构的变异分析等。Benedix 等人[30]对硅酸岩进行了矿物和层析分析, 进一步探明了岩浆喷出地表的成岩机制。由于微 CT 可以测量单个火山灰颗粒的面积和体积, Ersoy 等人[31]联合微 CT 测试和 SEM 对宏观孔隙的火山灰颗粒的表面特征进行了分析。Polacci 等人[32]应用微 CT 技术研究了斯特隆博利岛凝灰碎屑岩的矿物颗粒分布和表面形态, 进一步查明了该地区成岩的内外动力机制。Gualda 和 Rivers[33]报道了加利福尼亚地区凝灰岩的晶粒大小、分布和晶体粒度。正是因为现在的已经保存下来的矿物颗粒记录了岩浆岩的成岩演化过程, X 射线微 CT 可以得到稀见锆石及其他矿物的三维颗粒结构, 从而可以对这些矿物进行定量或定性的原位测试分析。

在油气藏工程的储层特性分析领域, 微 CT 已经发展成为储层内部探测的重要手段, 不仅体现在对三维储层结构特性的定量化研究上, 而且表现在储层岩石的沉积和成岩分析上。Lesher 等人[34]为了更好地了解储层的地质特性, 采用高压装置和同步加速器辐射模拟地热状态, 化学差异性和动态过程, 对样品进行了 CT 扫描分析。Arns 等人[35,36]采用微 CT 测试进行了储层岩石的物性参数测试和孔隙结构分布。Uchida 等人[37]采用微 CT 测试了 Mackenzie Delta 地区冰冻层天然气水合物的可开采性进行了研究。Coenen 等人[38]采用同步加速器测试进行储层岩芯的二维和三维高精度孔隙结构和矿物颗粒分析并取得了许多有意义的成果 (见图 1-2)。

1.2.1.3　岩石损伤破裂分析

关于岩石损伤断裂方面的研究, CT 扫描测试可以用来研究机械压裂 (单轴或三轴试

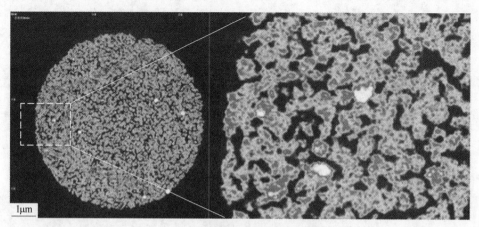

图 1-2　储层岩芯矿物颗粒的 CT 图像[38]

验)、高压流体致裂、钻孔崩落及气液运移等引起的岩石的损伤破裂问题。Welington 和 Vinegar[39]，Nishizawa[40]曾用医用 X 射线 CT 扫描系统获得了大量的岩样无损横断面 CT 图像，研究了其内部的结构特征，并进行了分析讨论。Raynaud[41]采用 CT 技术得出了均质石膏、花岗岩、砂岩、白云岩在三轴压缩破裂后扫描的 CT 图像，这显示 CT 是检验岩石内部裂纹结构的好方法。Johns[42]采用与实际裂纹相比较的方法在 CT 图像上确定裂纹的宽度。然而，岩体一般处于地应力环境下，为了更接近实际情况，许多学者又进行了岩石在外荷载作用下的细观研究。Kawakata 等人[43]通过 X 射线 CT 扫描图像研究了在三轴或单轴压缩条件下内部结构的发展过程，为地震预报提供了重要的理论基础。Ron[44]采用 CT 扫描、X 射线图像和扫描电子显微镜技术研究了剪切样的微观结构特征，并用这些特征解释了在三轴压缩中相应的细观变形。Ueta 等人[45]根据室内砂体基底受剪切时产生的内部剪切带的空间三维图像及其演化过程，与野外沉积层的断裂带交切构造进行了对比。Wang 等人[46]，利用 CT 技术对材料损伤进行了量化研究，利用 CT 图像和虚拟分割技术获取全断面图像重建了三维混凝土结构，将其应用在力学建模中，并在沥青混凝土中进行了验证。Laurent 等人[47]采用三轴压缩试验，借助 CT 测试对 Diemelstadt 地区砂岩受压条件下的应变局部化特征进行了研究，通过 CT 三维成像，清楚地观察到了试样内的压缩剪切带的形态，并对剪切带内的密度变形进行了统计。Raynaud 等人[48]进行了泥灰岩不同围压下的排水三轴试验，采用 CT 成像、电镜扫描、压贡孔隙测试对试样内部剪切带的形成、演化过程进行了定性和定量描述，提示出泥灰岩的脆延转化机制。Zabler[49]采用单轴压缩试验，应用 X-射线断层成像技术在不同的应力水平，对石灰岩和硬砂岩进行了内部细观结构的分析。应用 $10\mu m$ 分辨率的断层成像技术检测试样内的矿物颗粒、孔隙、微缺陷的初始状态，以及加载后的相应变化情况。可以观察到硬砂岩试样宏观裂纹的形成与加载方向呈 $10°$ 角，裂纹萌生于试样顶部的细晶体颗粒，裂纹由拉张裂隙和翼形裂纹交联而成；初始状态时并未定义裂纹的孔隙情况，认为裂纹可能萌生于更小的微裂纹，但断层成像的分辨率并不能观察到，或者萌生于宏观的新裂纹，对得到的 CT 图像，编写了相应的程序，分析了裂纹的走向分布规律（见图 1-3）。石灰岩试样，由于分辨率太低而不能捕捉到裂纹的成像情况，不能观察到裂纹的萌生。Raynaud 等人[50]利用 X 射线 CT

对三轴压缩条件下，不同围压石灰岩内部孔隙的演化规律，并分析了不同围压条件下岩石的剪胀和脆性断裂机制。

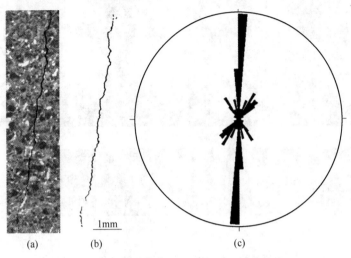

图 1-3 硬砂岩试样宏观裂纹展布规律[50]

1.2.1.4 岩石试样内部结构动态观测

应用 X 射线 CT 得到试样内部细观结构的动态演化过程需采用一定的技术手段来实现。试样的 CT 扫描测试要求试样在测试过程中不能有位置的改变，这样固定好试验由 CT 扫描获得试样压缩变形过程中不同阶段的一系列定位图像，这些图像是后继分析的关键。然而有时候由于试验要求或样品本身的原因，将样品长期放置于 CT 机是不可行的，这种情况下必须采用重复定位扫描。在试样扫描中，将试样定位在微米范围内也不可能，不同扫描阶段的图像校准显得尤为必要。在 CT 扫描后有两种方法可以用来调整 CT 数据集：一种是刚体光栅法，适用于试样内没有发生变形的情况；另一种是数字体积相关法，适用于试样发生一系列连续变形的情形。采用刚体光栅法，可以将图像的体素单元进行对齐，但是当图像中噪点过多时，计算处理起来相当困难。在试样发生变形的过程中，Bay 等人[51]采用数字体积相关法得到了试样不同变形阶段的像素矢量应变图，由三轴压缩条件下的 CT 扫描可以获得试样的孔隙结构演化过程，同样也可以得到压缩过程中单个颗粒的位置旋转变化情况（见图1-4）。同样，采用 CT 扫描的三轴渗流试验，通过分析岩石孔隙度和渗透率的变化情况可以对储层的产能进行预测。Besuelle 等人[52]采用微 CT 扫描研究了泥岩在三轴压缩条件下的局部应力变化现象，对试样剪切应变带的形成演化进行了分析，认为采用微 CT 扫描可以获得任意加载阶段的剪切带发育特征。同时，还将扫描结果联合三维数字体积相关法对试样不同加载阶段的剪切带的变形情况进行了研究。

CT 测试同样能够对高温条件下的试样扫描测试，样品温控图像的分析对许多研究课题来说都是很重要的，地下深部油气资源的开采（页岩气）、干热岩地热的开发、高放核废料的地下处置以及 CO_2 地下封存等都是以温度场为主的多物理场耦合问题[53]。Tarplee[54]采用微 CT 扫描成功获得了非扰动松软沉积冰试样的内部结构和构造，为识别和分析沉积作用的运动学指标提供了相关参数。Silin[55]通过微 CT 试验表明，一些比较困

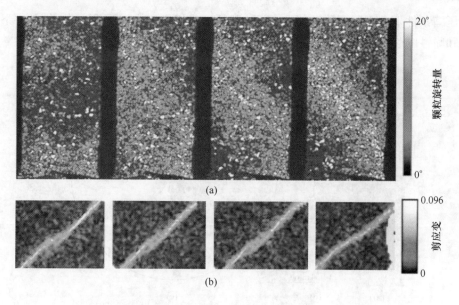

图 1-4　泥样试样三轴压缩过程中颗粒旋转和剪应变图[51]

难的科学问题，如孔喉结构的可视化过程需要很小的试样和薄层切片，CT 扫描测试要能获得材料中孔隙流的足够高对比度以便将渗流过程提取出来，高精度的 CT 图像则可以解决这一问题。Iglauer[56] 通过采用 CT 扫描对砂岩中残余的超临界 CO_2 进行成像，得到了超临界状态下的残余 CO_2 在砂岩中的存在形式。

1.2.1.5　多孔介质中的流体流动分析

目前，可以应用 X 射线 CT 系统得到流体在介质中流动的任意轨迹图像。在进行流体流动试验时唯一不足的是，为了保证 CT 扫描时得到的图像质量，CT 扫描时流体在介质或裂缝应当缓慢流动或保持稳定流。另外，为了得到满意的信噪比，还需要足够长的曝光时间，也就是说扫描时间和图像质量上以牺牲一方为代价。查明多孔介质的网络结构和裂隙特征对油气藏增产有相当重大的意义，岩石中的孔网结构控制着气液运移的路径，影响着天然气水合物的渗透率和水力裂缝的扩展。Alajmi 和 Grader[57] 对裂纹尖端的多相流动问题进行了大量的研究，通过在 Berea 砂岩中预设垂直于天然岩层的裂纹，采用微 CT 测沿层面的裂纹垂直扩展过程来研究岩石的孔隙率和扩散率的相互关系，以查明油水两相介质在裂隙中的流动规律。Bertels[58] 开展了一系列应用高精度微 CT 测量粗糙裂隙中缝隙分布规律的试验手段。Dvorkin 等人[59]，Karpyn 等人[60]，Toumllke 等人[61] 都采用 CT 技术进行了岩石裂隙中流体流动的试验模拟和数字岩芯特性的测试。Keller[62] 和 Ketcham[63] 借用微 CT 提出关于岩石裂缝宽度的计算方法，同时，Keller[64] 研究了裂缝的裂隙分布特征对污染物扩展的影响。Voltolini[65] 研究了碱-硅化学反应对石灰岩内部结构变化的影响，用微 CT 提取了石灰岩的孔隙分布特征和流动图像，并追踪了因碱-硅膨胀作用产生的裂纹。Montemagno 等人[66] 为了说明流体在复杂裂隙中的流动规律，通过单一裂隙和复杂裂隙网络的流动试验，采用 CT 图像得出了裂隙网络分布图，并对裂隙的形态进行了统计分析，结果表明裂隙网络分布的空间各向异性依赖于单一裂纹的数量和几何形态。Zhu 等人[67]采用 CT 技术并结合 DIB 模拟方法，对人工造作的白垩岩岩芯（30cm×5cm）进行了示踪剂在裂隙中运移的观测，发现在预置裂缝的上下两端示踪剂的渗入量要大于致密基质部分。Renard 等人[68]应用同步加速器 CT 进行石灰岩水力压裂三维成像扫描，试验结果表明，水力裂隙的传播路径沿着岩体已有孔隙、微裂纹等缺陷，并形成粗糙的宏观裂缝。岩体中存在的缺陷，如矿物解理、晶粒边界、晶格缺陷、微裂纹、粒间孔隙控制着水力裂缝的扩展。Karpyn 等人[69]采用微 CT 扫描分析缝隙和孔隙度的关系，采用医用 CT 进行两相液体流动试验观测，为水力压裂缝的形成和岩石基质的关系找到了水力学方面的证据，认为裂缝的缝隙分布和临近裂缝区基体的孔隙率呈正相关，裂纹缝隙的变化受临近区孔隙率的制约，高的孔隙率赋予了裂缝很强的渗透导流能力。Shi 等人[70]进行了 Berea 砂岩 CO_2 驱散与渗吸循环试验，根据 CT 试验得到的流动参数，建立了相应的数值模型，通过拟合得到与 CT 试验相吻合的结果，以便更好地掌握 CO_2 在砂岩储层中的捕获机制。Shi 等人[71]为研究 CO_2 的地质封存技术，将超临界 CO_2 和 CO_2 饱和盐水注入试样中，通过分析 CT 扫描不同注入量和注入速率下 CO_2 饱和度的变化，提出一个超临界 CO_2 岩芯驱替与渗吸循环过程的数值方程。岩芯驱替试验结果表明，低注入速度时，砂岩岩芯孔隙度的各向异性对 CO_2 迁移过程有着显著的影响；随着注入速度的增大，孔隙各向异性带来的影响越来越不明显；在 CO_2 驱替过程中，CO_2 饱和度和孔隙率具有明显的相关性，这种相关性很大程度上可采用莱弗里特函数比例因子来反映，该因子反映了孔隙度（渗透性）各向异性对毛细吸力的影响。Emily 等人[72]采用高分辨率的 CT 测试，对 Krishna-Godavri 盆地沉积岩层中甲烷气体水合物结构特征进行了分析，得到了岩芯的三维 CT 图像，研究了水力裂隙分布对水合物的形成的影响，认为分岔的裂纹是为了释放裂缝形成过程中的多余能量，分枝裂纹由于能量的改变在水力压裂过程中形成，或是由于新的沉积物的再造过程，引起分枝裂缝沿不同方向的扩展。Liu 等人[73]采用 HMC 模型来综合模拟实现原位石灰岩中存在裂缝时的渗透性变化特征，用 X 射线 CT 监测水在试样中的运移及矿物溶解对裂纹演化的影响。Bohloli 等人[74]进行了软岩的水力压裂试验，分析了不同压裂液对裂纹发展形态的影响，应用 CT 成像对试样内部的裂纹进行了观测。Karpyn 等人[75]应用微 CT 监测砂岩裂缝形态对互不相溶（油水两相）流体介质分布和运移的影响。CT 图像重建得到二维裂纹开度图像和油珠的分布图像，提出油的分布依赖于裂纹的形态，试验结果还表明大开度的孔隙易被油充填，小开度孔隙易被水充填；大孔隙通常被小孔隙包围，同时在油注入水过程中，非湿润相（油）更容易占据，湿润相的水在注入过程中，在裂纹形成了一条路径，残余的油珠仍然占据原来的大孔隙位置（见图 1-5）。

致密油气储层在储气和气体流动方面与沉积和成岩过程密切相关，因此，对致密天然气的勘探开发要求我们对控制储层产能的因素进行详细的研究。尤其，致密气藏具有显著的中低孔隙率特征，孔隙的连通性被夹泥层制约，从而使这种孔隙对上覆地层的压力和岩石饱和程度十分敏感。Golab[76]采用 CT 技术研究了致密储层的孔隙结构。油藏工程中，由于储层岩石的特性会影响到产能效果而引起广泛的关注，使用 CT 测试能够更清楚地认识到了储层岩石的各向异性特征（孔隙率、水力传导性和扩散性）。储层岩石的岩石物性特征不仅对流动性能有一定影响，同时也是储层质量评价的一个重要方面。Li 等人[77]对中国鄂尔多斯盆地煤层气在煤岩试样中的气体流动特性和吸附特性进行了多尺度分析，认为微细观尺度下煤岩的强烈各向异性可以很好地得到表征，便于研究孔隙结构和基质特性

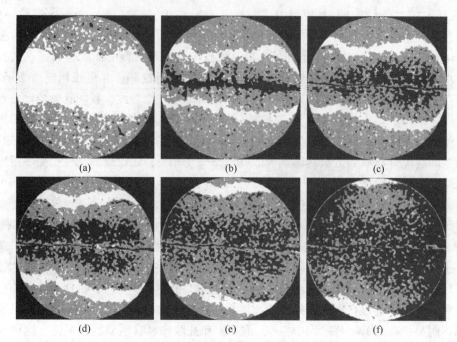

图 1-5　裂隙砂岩油水两相渗吸试验（监测时间为 1072min）[75]

(a) 17min；(b) 22min；(c) 34min；(d) 67min；(e) 145min；(f) 1072min

对气体流动的影响。

1.2.2　国内研究现状

国内学者将 CT 测试应用于岩石力学当中，主要在岩石细观损伤扩展及动态观测、岩石孔隙特征分析和流体流动监测等方面进行了系统的研究。

1.2.2.1　岩石细观损伤扩展及动态观测

在国内，将 CT 检测应用于岩石内部结构变化及损伤破裂分析一直是岩石力学的热点问题，如何从 CT 图像中提取有关岩石变形，裂纹参数等定量信息始终是 CT 图像分析的关键。国外在三维重建方面的研究工作较大，而国内学者主要对 CT 图像中 CT 数的规律进行了较多的分析，从理论上进行裂纹的定量分析。1996 年，杨更社等人[78]最早发表了国内岩石 CT 扫描的研究成果，重点分析了岩石 CT 图像的分布特征，发现无裂纹时 CT 数呈现单峰曲线的特点，有裂纹或空洞时直方图呈现出多峰曲线特点。1998 年，杨更社[79]又提出了基于 CT 数变化的岩石损伤变量演化公式。葛修润等人[80,81]使用自行研制的加载设置进行了煤岩的单轴和三轴 CT 扫描试验，获得了不同荷载作用下的试样内部的微孔洞和各个受力阶段的 CT 图像，从细观上证实了岩石疲劳破坏存在门槛值，以及疲劳损伤扩展具有不均匀性和局部化现象。任建喜等人[82,83]利用与 CT 机专门配套的三轴加载装置，研究了砂岩在三轴或单轴荷载作用下破坏全过程的细观损伤扩展规律，给出了砂岩应力损伤门槛值的范围，及砂岩的初始损伤具有不确定性的结论，将岩石破坏全过程应力-应变曲线划分为损伤弱化，准线性、扩展开始损伤、损伤稳定发展、损伤加速发展和峰后损伤剧变的阶段。丁卫华等人[84]提出了 CT 尺度的概念，是指通过 X 射线扫描后，能够从 CT 图像中识别的特定物质或结构的最小尺度（当时其使用设备的分辨率为 0.1mm）。为解决实际工程中的冻胀问题，赖远明等人[85]和张全胜[86]对冻融条件下岩石的损伤特性进行了系统的 CT 试验分析。仵彦卿等人[87]提出了岩石密度损伤增量概念，在理论上解决了从 CT 图像中提取岩石密度定量变化的问题。陈蕴生[88]利用非贯通裂隙试件在加载过程中的 CT 扫描资料与重建的三维 CT 图像，分析了破坏过程中试件内部裂纹的扩展规律，研究了不同角度的裂隙试件细观损伤演化特征。任建喜等人[89]首次采用 CT 专用岩石三轴试验装置，进行了单一裂纹岩石卸围压条件下的全过程 CT 监测试验，结果表明节理岩石的卸载破坏具有突发性。丁卫华等人[90]应用 CT 测试研究了低应变率下岩石内部裂纹的演化特征，认为由于岩石损伤高度局部化，声发射率参数不能精确反映岩石破坏的细观机制，而在 CT 尺度上则可较好地反映裂纹演化和破坏阶段。同年，丁卫华等人[91]采用 X 射线 CT 方法对软弱粉砂岩在三轴加载条件下的内部裂纹三维空间形态和演化过程进行了研究，认为软岩屈服的本质是 CT 尺度裂纹的演化。杨更社等人[92]设计三种不同岩样的冻结试验，利用 CT 扫描试验技术，研究了不同冻结温度条件下岩石内部的细观损伤扩展机理、水分迁移、冻的形成及其损伤结构变化。崔兴中[93]为从细观尺度提示水-岩相互作用的损伤扩展机理，采用 X 射线螺旋 CT 机和中低压多功能的岩石渗流装置，在三轴应力条件下，对砂岩试样的应力渗流相互作用的损伤全过程进行了三维实时 CT 动态观测。同年，仵彦卿等人基于 X 射线扫描对岩石小裂纹扩展进行了分析，建立了 CT 差值图像中方差值与应力-应变关系曲线，并对小裂纹的扩展规律进行了总结。曹广祝等人[94]通过采用螺旋 CT 机以及与其配套的实时三轴加载和渗透压力设备对砂岩进行了各种应力状态下的应变特征试验，结合 CT 图像和 CT 数对砂岩应变过程的孔隙率进行了计算，反映出了砂岩的破坏模式。李建胜等人[95]在对煤系地层泥岩样进行显微 CT 无损伤探测及其图像分析的基础上，提出了一种基于 CT 图像的孔隙率计算方法。2007 年，中国矿业大学最早将美国 BIR 工业 CT 引入到三轴试验机中，刘京红[96]采用工业 CT 机与全数字液压试验系统对大台煤矿煤层底板岩石进行了单轴压缩作用下的 CT 试验，得到了不同加荷阶段的微裂纹发展图像。付志亮[97]采用岩石三轴加载和 CT 专用设备，以红砂岩、油页岩、灰砂岩和灰绿泥岩作为研究对象，对岩石的蠕变破坏机理进行了初探，结果表明蠕变损伤过程是岩石试件的 CT 数减小、方差增大，岩石发生了脆性破坏。与连续扰动蠕变相比，单次扰动蠕变更具有突发性。2008 年，太原理工大学和中国工程物理研究院共同研制了微 CT 试验系统，康志勤[98]对油页岩热破裂过程中的结构特征进行了无损扫描分析，得出了不同温度下的油页岩孔隙的发展、演化规律，同年赵阳升[99]对花岗岩的热破裂特征进行了 CT 细观试验分析，结果表明随温度的升高，裂纹不断发展变大，且裂纹多数沿着岩石颗粒周边弱的胶结面上发展。丁梧秀等人[100]通过 CT 试验研究了渗透及无渗透环境下受化学腐蚀及未受化学腐蚀裂隙砂岩试件的三轴压缩破坏过程。李树春和杨春和等人[101]进行了细砂岩试样两级循环加载作用下的岩石疲劳损伤演化 CT 细观试验，得出了疲劳破坏过程中的砂岩细观损伤特性及裂纹扩展规律。陈世江等人[102]开发了基于 VC++的岩石图像处理程序，结合多重分形理论对岩石断裂破坏过程中的微缺陷进行了定量化分析。针对 CT 扫描过程中试样破坏过程中，因位移误差会引起扫描层定位不准确这一问题，王延琪[103]提出了基于图像检索技术的 CT 扫描图像处理方法，基于 Manhatan 距离的相似性计算方法，检索出岩石试样同一层位在不同应力状态下的相似扫描层。

1.2.2.2　孔隙特征分析

张顺康[104]利用指示克里金方法对微观 CT 层析图像中的剩余油图像和孔隙图像进行了分割，得到了二维 CT 层析图像中的孔隙及油水分布。在此基础上，利用 Marching Cubu 算法进行了连续 CT 层析图像的重建，实现了孔隙及不同驱油阶段中剩余油分布的可视化。吴爱祥等人[105]利用 CT 技术采集溶浸柱内矿岩散体浸出前后的孔隙图像，并基于图像处理技术计算了岩样的孔隙率和孔隙的连续性。杨永明等人[106]为研究孔隙对岩石性质的影响，利用自制的孔隙物理模型，通过单轴压缩和 CT 扫描试验对荷载条件下孔隙率对岩石孔隙结构的演化进行了研究，结果表明孔隙模型在受荷条件下裂纹主要发生在峰值后，主裂纹大多集中在孔隙密集的地方且伴随许多细小裂纹的产生，峰前出现了少数微裂纹，且其产生和演化主要在孔隙周边。陈玉莲等人[107]采用微焦点显微 CT 机研究了煤岩、油页岩、花岗岩在不同温度下的孔隙结构和钙芒硝的水溶过程，试验表明，煤岩孔隙率、连通性随温度的提高呈先增后减的变化，花岗岩随温度升高颗粒间裂纹增大，且穿晶裂纹的比例随温度的升高而增大。

1.2.2.3　流体流动试验

近年来，我国学者将 CT 技术不断地应用于储层无损测试领域，研究水力压裂裂纹的扩展、裂纹中油气混合的流动规律及 CO_2 驱替采油率等问题。王同雷[108]进行了 CO_2 驱替石油开采的可视化研究，分别利用核磁共振成像和 X 射线扫描技术定量研究了聚合物溶液和超临界 CO_2 的联合驱替过程，以及超临界 CO_2 的驱替过程。朱伯靖等人[109]利用 X 射线 CT 断层成像技术获取 $10\mu m$、$5\mu m$、$2\mu m$ 分辨率致密砂岩岩芯内部结构数据，应用基于量子力学第一性原理的 D3Q27 格子玻耳兹曼数字岩芯建立了数值模型，在并行 CPU-GPU 计算平台上计算了高温高压耦合作用下砂岩的渗透特性。杨勇等人[110]利用 CT 技术和自行开发的重建算法，提取并分析了三轴应力和水压力作用下，水力压裂裂纹的扩展和空间展布规律，探讨了地应力、岩性对裂纹扩展与空间形态的影响。贾利春等人[111]采用真三轴水力压裂模拟系统，对火山岩天然岩样进行了室内压裂模拟试验，对试验前后的岩样用工业 CT 进行扫描，对岩样的 CT 图像分析发现，经过压裂的岩样内部裂缝在延伸过程中会连通部分天然孔隙，但裂缝并没有沿着天然孔隙发育密集的区域延伸；裂缝延伸整体方向上与最大水平地应力方向趋于一致。

1.2.2.4　岩石破裂裂缝空间构型分析

Guo 等人[112]利用岩石真三轴压裂试验系统对页岩立方体试样进行体积压裂改造，研究了注入速率，水平应力差等因素对压裂改造结果的影响，并结合 CT 扫描试验对压裂裂缝进行观察扫描。他们的研究表明，在低注入速率条件下，裂缝通常沿天然裂缝以及层理面扩展，当注入速率超过 100mL/min 时，水力裂缝可以轻易穿过天然裂缝，沿最大主应力方向传播，减小裂缝网络的复杂程度。王宇等人[113]采用实时微米 CT 技术对龙马溪组页岩破裂过程中的孔隙，黄铁矿及裂缝演化特征进行了系统的研究，建立了裂缝空间形态与应力应变的关系。Wang 等人[114]为了揭示深部互层结构大理岩破裂过程中能量演化的各向异性特性，对岩石破裂后形态进行了工业 CT 扫描，得到了裂缝形态与互层夹角的关系，提示了岩石破裂能量耗散与释放的物理过程及力学行为。Wang 等人[115]对在经历三轴疲劳-卸围压条件下的大理岩试样进行了 CT 扫描试验，系统研究了互层结构对能量和破裂演化的细观力学机制。

1.2.3　国内外岩石 CT 研究的特点

从以上文献综述分析，国外岩石 CT 技术的研究起步较早，但国内学者也形成了自己的研究特色，国内外研究的侧重点有所不同，主要有以下几点：

（1）CT 图像的解析。如何从 CT 图像是提取有关岩石变形、破裂、气液运移等方面的定量信息，是 CT 资料分析的重中之重。国外在三维重建方面作的贡献比较多，相应的 CT 重构算法，图像处理手段的研究（如数字图像相关法等）更多一些，裂纹宽度主要采用标定法实现；国内主要基于二维 CT 图像的信息提取研究多一些，对 CT 图像中 CT 数的分布规律进行了系统的研究，对裂纹的定量分析主要从理论上进行。

（2）动态观测方面。国外岩石 CT 试验多在卸载后对试样进行扫描，受损岩石卸载后必会发生一部分的弹性恢复，致使图像不能完全反映加载时的结构特性。中国在岩石 CT 试验方面形成了自己鲜明的特色，不但可以实现加载过程中的实时扫描，而且可以实现不同卸载、加卸载循环条件下的实时测试，应力路径更为复杂，这方面要归功于葛修润院士等人研发的与医用 CT 机配套加载装置。另外，中国科学院地质与地球物理研究所的李晓团队，研制成功世界第一台高能加速器 CT 可旋转式岩石力学刚性伺服试验机，首次实现了大尺度试样、模拟深部地层温压环境、可透视岩石损伤破裂全过程的试验目标，突破了岩石破裂演化与气液运移试验的技术瓶颈，揭示了岩石内部裂缝形成发展、渐进破坏、空间展布的机理与规律，为深部资源能源开发、天然气水合物开采、核废料地质处置、重大工程建设、地质灾害防治等领域提供了新的科学实验平台。

（3）损伤破裂机制方面。国外多采用定量方法研究不同加载路径下裂纹的形态、内部细观结构的变化特征，侧重点在图像特征值提取上，尤其是连续和离散数字图像相关法的应用，可以得到岩石试样内部的剪切带分布、颗粒的旋转位移场等的分布，并且动态加载条件下试样的破裂过程的研究也有报道。中国学者的基本学术思路是利用细观尺度的试验研究为宏观的试验结果提供物理依据和解释，在理论上推导并建立了密度损伤增量的概念，实现了对岩石密度损伤增量的定量描述，从损伤力学机制方面分析不同加卸载条件下的岩石变形破坏机制。

参 考 文 献

［1］ Sok R M, Varslot T, Ghous A, et al. Pore scale characterization of carbonates at multiple scales：Integration of Micro-CT, BSEM, and FIBSEM ［J］. Petrophysics, 2010, 51 （6）：379~387.

［2］ Brunke O, Neuber D, Lehmann D K. Nano CT：visualizing of internal 3Dstructures with submicrometer resolution ［C］//Materials Research Society Symposium：Materials, Processes, Integration and Reliability in Advanced Interconnects for Micro- and Nanoelectronics. Materials Research Society, San Francisco, CA, 2007：325~331.

［3］ Weinekoetter C. X-ray nanofocus CT：visualising of internal 3D-structures with submicrometer resolution ［M］//Munshi P. Tomography Confluence. Aip Conference Proceedings. Amer Inst Physics, Melville,

2008: 3~14.

[4] Brunke O, Santillan J, Suppes A. Precise 3D dimensional metrology using high resolution X-ray computed tomography (mu CT) [M]// Stock S R. Developments in X-Ray Tomography Vii. Proceedings of SPIE-The International Society for Optical Engineering. Spie-Int Soc Optical Engineering, Bellingham, 2010.

[5] Sakellariou A, Kingston A M, Varslot T K, et al. Tomographic image analysis and processing to simulate micro-petrophysical experiments [M]//Stock S R. Developments in X-Ray Tomography Vii. Proceedings of SPIE-The International Society for Optical Engineering. 2010.

[6] Coles M E, Muegge E L, Sprunt, E S. Applications of CAT scanning for oil and gas-production research [J]. IEEE Transactions on Nuclear Science, 1991, 38 (2): 510~515.

[7] Coles M E, Spanne P, Muegge E L, et al. Computed microtomography of reservoir core samples [J]. International Symposium of the Society of Core Analysts, Proceedings, 1994: 9~21.

[8] Coles M E, Hazlett R D, Spanne P, et al. Pore level imaging of fluid transport using synchrotron X-ray microtomography [J]. Journal of Petroleum Science and Engineering, 1998, 19 (1~2): 55~63.

[9] Spanne P, Jones K W, Prunty L, et al. Potential applications of synchrotron computed microtomography to soil science [M]//Anderson, S H H J W. Tomography of Soil-Water-Root Processes. Sssa Special Publications, 1994: 43~57.

[10] Spanne P, Thovert J F, Jacquin C J, et al. Synchrotron computed microtomography of porous-media -topology and transports [J]. Physical Review Letters, 1994, 73 (14): 2001~2004.

[11] Ruiz V G, Rey R A, Clorio C, et al. Characterization by computed X-ray tomography of the evolution of the pore structure of a dolomite rock during freeze-thaw cyclic tests [J]. Phys. Chem. Earth, 1999, 7 (24): 633~637.

[12] McCoy T J, Ketcham R A, Wilson L, et al. Formation of vesicles in asteroidal basaltic meteorites [J]. Earth and Planetary Science Letters, 2006, 246 (1~2): 102~108.

[13] Rozenbaum O. 3-D characterization of weathered building limestones by high resolution synchrotron X-ray microtomography [J]. Science of the Total Environment, 2011, 409 (10): 1959~1966.

[14] Dewanckele J, De Kock T, Boone M A, et al. 4D imaging and quantification of pore structure modifications inside natural building stones by means of high resolution X-ray CT [J]. Science of the Total Environment, 2012, 416: 436~448.

[15] Grader A S, Clark A B S, Al-Dayyani T. Computations of porosity and permeability of sparic carbonate using multi-scale CT images [J]. International Symposium of the Society of Core Analysts, 2009.

[16] Bhuiyan I U, Mouzon J, Forsberg F, et al. Consideration of X-ray microtomography to quantitatively determine the size distribution of bubble cavities in iron ore pellets [J]. Powder Technology, 2013, 233 (4): 312~318.

[17] Appoloni C R, Fernandes C P, Rodrigues C R O. X-ray microto- mography study of a sandstone reservoir rock [J]. Nuclear instrument and methods in physics research, 2007, 580: 629~632.

[18] Zhao J, Yang D, Kang Z Q, et al. A micro-CT study of changes in the internal structure of Daqing and Yan'an oil shales at high temperatures [J]. Oil Shale, 2012, 29 (4): 357~367.

[19] Agbogun H M D, Hussein E M A, Al T A . Assessment of X-ray micro-CT measurements of porosity and solute concentration distributions during diffusion in porous geologic media [J]. Journal of Porous Media, 2013, 16 (8): 683~694.

[20] Bai B, Zhu R K, Wu S T, et al. Multi-scale method of Nano (micro) -CT study on microscopic pore structure of tight sandstone of Yanchang formation, ordos Basin [J]. Petroleum Exploration and Development, 2013, 40 (3) : 354~358 .

［21］ Tiwari P, Deo M, Lin C L, et al. Characterization of oil shale pore structure before and after pyrolysis by using X-ray micro CT ［J］. Fuel, 2013, 107 (9): 547~554.

［22］ Wang Y, Pu J, Wang L, et al. Characterization of typical 3D pore networks of jiulaodong formation shale using nano-transmission X-ray microscopy ［J］. Fuel, 2016, 170: 84~91.

［23］ Zhang L, Chen S, Zhang C, et al. The characterization of bituminous coal microstructure and permeability by liquid nitrogen fracturing based on μCT technology ［J］. Fuel, 2020, 262: 116635.

［24］ Maji V, Murton J B. Micro-computed tomography imaging and probabilistic modelling of rock fracture by freeze-thaw ［J］. Earth Surface Processes and Landforms, 2019, 45, 666~680.

［25］ Park J, Hyun C U, Park H D. Changes in microstructure and physical properties of rocks caused by artificial freeze-thaw action ［J］. Bulletin of Engineering Geology and the Environment, 2015, 74 (2): 555~565.

［26］ de Paulo Ferreira L, Surmas R, Tonietto S N, et al. Modeling reactive flow on carbonates with realistic porosity and permeability fields ［J］. Advances in Water Resources, 2020: 103564.

［27］ Ikeda S, Nakano T, Tsuchiyama A, et al. Nondestructive three-dimensional element-concentration mapping of a Cs-doped partially molten granite by X-ray computed tomography using synchrotron radiation ［J］. American Mineralogist, 2004, 89 (8~9): 1304~1313.

［28］ Jerram D A, Mock A, Davis G R, et al. 3D crystal size distributions: A case study on quantifying olivine populations in kimberlites ［J］. Lithos, 2009, 112: 223~235.

［29］ Masad E, Saadeh S, Al-Rousan T, et al. Computations of particle surface characteristics using optical and X-ray CT images ［J］. Computational Materials Science, 2005, 34 (4): 406~424.

［30］ Benedix G K, Ketcham R A, Wilson L, et al. The formation and chronology of the PAT 91501 impact-melt L chondrite with vesicle-metal-sulfide assemblages ［J］. Geochimica et Cosmochimica Acta, 2008, 72 (9): 2417~2428.

［31］ Ersoy O, Sen E, Aydar E, et al. Surface area and volume measurements of volcanic ash particles using micro-computed tomography (micro-CT): A comparison with scanning electron microscope (SEM) stereoscopic imaging and geometric considerations ［J］. Journal of Volcanology and Geothermal Research, 2010, 196 (3~4): 281~286.

［32］ Polacci M, Baker D R, Mancini L, et al. Three-dimensional investigation of volcanic textures by X-ray microtomography and implications for conduit processes ［J］. Geophysical Research Letters, 2006, 33 (13): 315~326.

［33］ Gualda G A R, Pamukcu A S, Claiborne L L, et al. Quantitative 3D petrography using X-ray tomography 3: Documenting accessory phases with differential absorption tomography ［J］. Geosphere, 2010, 6 (6): 782~792.

［34］ Lesher C E, Wang Y B, Gaudio S, et al. Volumetric properties of magnesium silicate glasses and supercooled liquid at high pressure by X-ray microtomography ［J］. Physics of the Earth and Planetary Interiors, 2009, 174, (1~4): 292~301.

［35］ Arns C H, Bauget F, Ghous A, et al. Digital core laboratory: Petrophysical analysis from 3D imaging of reservoir core fragments ［J］. Petrophysics, 2005, 46 (4): 260~277.

［36］ Arns C H, Bauget F, Limaye A, et al. Porescale characterization of carbonates using X-ray microtomography ［J］. SPE Journal, 2005, 10 (4): 475~484.

［37］ Uchida T, Dallimore S, Mikami J. Occurrences of natural gas hydrates beneath the permafrost zone in Mackenzie Delta — visual and X-ray CT imagery ［M］//Holder G D B P R. Gas Hydrates: Challenges for the Future: Annals of the New York Academy of Sciences, 2000: 1021~1033.

[38] Coenen J, Tchouparova E, Jing X. Measurement parameters and resolution aspects of micro X-ray tomography for advanced core analysis [C]//. Proceedings of International Symposium of the Society of Core Analysts, Abu Dhabi, UAE, 2004.

[39] Wellington S L, Vinegar H J. X ray computerized tomography [J]. J Pet. Technol, 1987, 39 (8): 885~898.

[40] Nishizawa O, Nakano T, Noro H, et al. Recent advances of X-ray CT Technology for analyzing geologic materials [J]. Bull Geol Surv Jpn, 1995, 46 (11): 565~571.

[41] Raynaud S, Fabre D, Mazerolle F, et al. Analysis of the internal structure of rocks and characterization of mechanical deformation by a nondestructive method: X ray tomodensitometry [J]. Tecto nop hysics, 1989, 159 (1): 149~159.

[42] Johns R A, Stude J S, Castainer I M, et al. Nondestructive measurements of fracture aperture in crystalline rocks cores using X-ray computed tomography [J]. Jour Geophys Res, 1993, 98 (1): 1889~1900.

[43] Kawakata H, Cho A, Kiyama T, et al. Three-dimensional observations of faulting process in Westerly granite under uniaxial and triaxial conditions by X-ray CT Scan [J]. Tectonophysics, 1999, 313 (11): 293~305.

[44] Ron C K, Wong. Mobilized Strength Components of Athabasca Oil Sand in Compression [J]. Can Geotech J, 1999, 36 (4): 718~735.

[45] Ueta K, Tani K, Kato T. Computerized X-ray tomography analysis of three-dimensional fault geometries in basement-induced wrench faulting [J]. Engineering Geology, 2000, 56 (1): 197~210.

[46] Wang L B, Frost J D, Voyiadjis G Z, et at. Quantification of damage parameters using X-ray tomography images [J]. Mechanics of Materials, 2003, 35, (8): 777~790.

[47] Laurent Louis, Teng-fong Wong, et al. Imaging strain localization by X-ray computed tomography: discrete compaction bands in Diemelstadt sandstone [J]. Journal of Structural Geology, 2006, 28: 762~772.

[48] Raynaud Suzanne, Ngan-Tillard Dominique, et al. Brittle-to-ductile transition in Beaucaire marl from triaxial tests under the CT-scanner [J]. International Journal of Rock Mechanics & Mining Sciences, 2008 (45): 653-671.

[49] Zabler S, Rack A, Manke I, et al. High-resolution tomography of cracks, voids and micro-structure in greywacke and limestone [J]. Journal of Structural Geology, 2008 (30): 876~887.

[50] Raynaud Suzanne, RogerSoliva GuyVasseur. In vivo CT X-ray observations of porosity evolution during triaxial deformation of a calcarenite [J]. International Journal of Rock Mechanics & Mining Sciences, 2012, 56: 161~170.

[51] Bay B K, Smith T S, Fyhrie D P, et al. Digital volume correlation: Threedimensional strain mapping using X-ray tomography [J]. Experimental Mechanics, 1999: 39 (3), 217~226.

[52] Besuelle P, Vigginiani G, Lenoir N. X-ray Micro CT for studying strain localization in clay rocks under triaxial compression [M]. Advances in X-Ray Tomography for geomaterials, 2006.

[53] Wildenschild D, Sheppard A P. X-ray imaging and analysis techniques for quantifying pore-scale structure and processes in subsurface porous medium systems [J]. Advances in Water Resources, 2012, 51: 217~246.

[54] Tarplee M F V, van der Meer J J M, Davis G R. The 3D microscopic "signature" of strain within glacial sediments revealed using X-ray computed microtomography [J]. Quaternary Science Reviews, 2011, 30 (23~24): 3501~3532.

[55] Silin D, Tomutsa L, Benson S M, et al. Microtomography and pore-scale modelling of two-phase fluid dis-

tribution ［J］. Transport in Porous Media, 2011, 86 (2): 495~515.

［56］ Iglauer S, Paluszny A, Pentland C H, et al. Residual CO$_2$ imaged with X-ray micro-tomography. Geophysical Research ［J］. Letters, 2011, 38: 214~218.

［57］ Alajmi A F, Grader A. Influence of fracture tip on fluid flow displacements ［J］. Journal of Porous Media, 2009, 12 (5): 435~447.

［58］ Bertels S P, DiCarlo D A, Blunt M J. Measurement of aperture distribution, capillary pressure, relative permeability, and in situ saturation in a rock fracture using computed tomography scanning ［J］. Water Resources Research, 2001, 37 (3): 649~662.

［59］ Dvorkin J, Derzhi N, Qian F, et al. From micro to reservoir scale: Permeability from digital experiments ［J］. Leading Edge, 2009, 28 (12).

［60］ Karpyn Z T, Alajmi A, Radaelli F, et al. X-ray CT and hydraulic evidence for a relationship between fracture conductivity and adjacent matrix porosity ［J］. Engineering Geology, 2009, 103 (3~4): 139~145.

［61］ Toumllke J, Baldwin C, Yaoming M, et al. Computer simulations of fluid flow in sediment: from images to permeability ［J］. Leading Edge, 2010, 29 (1): 68~74.

［62］ Keller A. High resolution, non-destructive measurement and characterization of fracture aperture ［J］. International Journal of Rock Mechanics and Mining Sciences, 1998, 35 (8): 1037~1050.

［63］ Ketcham R A. Computational methods for quantitative analysis of three dimensional features in geologic specimens ［J］. Geosphere, 2005 (1): 32~41.

［64］ Keller A A, Roberts P V, Blunt M J. Effect of fracture aperture variations on the dispersion of contaminants. Water Resources Research, 1999, 35 (1): 55~63.

［65］ Voltolini M, Marinoni N, Mancini L. Synchrotron X-ray computed microtomography investigation of a mortar affected by alkali-silica reaction: A quantitative characterization of its microstructural features ［J］. Journal of Materials Science , 2011, 46 (20): 6633~6641.

［66］ Montemagno C D, Pyrak-Nolte L J. Fracture network versus single fractures: Measurement of fracture geometry with X-ray tomgraphy ［J］. Phys. Chem. Earth, 1999, 24 (7): 575~579.

［67］ Zhu W C, Liu J, Elsworth D, et al. Tracer transport in a fractured chalk: X-ray CT characterization and digital-image-based (DIB) simulation ［J］. Transport in Porous Media, 2007, 70 (1): 25~42.

［68］ Renard F, Dominique B, Desrues J. 3D imaging of fracture propagation using synchrotron X-ray microtomography ［J］. Earth and Planetary Science Letters, 2009 (286): 285~291.

［69］ Karpyn Z T, Alajmi A, Radaelli F, et al. X-ray CT and hydraulic evidence for a relationship between fracture conductivity and adjacent matrix porosity ［J］. Engineering Geology, 2009, 103: 139~145.

［70］ Shi Jiquan, Xue Ziqiu, Durucan Sevket. History matching of CO$_2$ core flooding CT scan saturation profiles with porosity department capillary pressure ［J］. Energy Procedia, 2009 (1) : 3205~3211.

［71］ Shi Jiquan, Xue Ziqiu, Durucan Seket. Supercritical CO$_2$ core flooding and imbition in Tako-sandstone-Influence of sub-core scale heterogeneity ［J］. International Journal of Greenhouse Gas Control, 2011, 5: 75~87.

［72］ Emily V L R, Jeffery A P, Chris R I C. The structure of methane gas hydrate bearing sediments from the Krishna-Godavari Basin as seen from Micro-CT scanning ［J］. Marine and Petroleum Geology, 2011, 28: 1283~1293.

［73］ Liu J, Sheng J, Polak A, et al. A fully-coupled hydrological-mechanical-chemical model for fracture sealing and preferential opening ［J］. International Journal of Rock Mechanics & Mining Science, 2006, 43: 23~26.

［74］ Bohloli B, de Pater C J. Experimental study on hydraulic fracturing of soft rocks: influence of fluid rheology and confining stress [J]. Journal of Petroleum Science and Engineering, 2006, 53: 1~12.

[75] Karpyn Z T, Grader A S, Halleck P M. Visualization of fluid occupancy in a rough fracture using micro-tomography [J]. Journal of Colloid and Interface Science, 2007, 307: 181~187.

[76] Golab A N, Knackstedt M A, Averdunk H, et al. 3D porosity and mineralogy characterization in tight gas sandstones [J]. Leading Edge, 2010, 29 (12): 234~253.

[77] Li Y, Tang D Z, Elsworth Derek, et al. Characterization of coalbed methane reservoirs at multiple length scales: A cross-section from southeastern ordos basin, China [J]. Energy & fuels, 2014, 28 (9): 5587~5595.

[78] 杨更社, 谢定义, 张长庆, 等. 岩石损伤特性的 CT 识别 [J]. 岩石力学与工程学报, 1996, 15 (1): 48~54.

[79] 杨更社, 孙钧, 谢定义. 岩石损伤检测技术及进展 [J]. 长安大学学报 (自然科学版), 1998, 23 (4): 401~405.

[80] 葛修润, 任建喜, 蒲毅彬, 等. 煤岩三轴细观损伤演化规律的 CT 动态试验 [J]. 岩石力学与工程学报, 1999, 18 (5): 497~502.

[81] 葛修润, 任建喜, 蒲毅彬, 等. 岩石细观损伤演化规律的 CT 实时试验 [J]. 中国科学 E, 2000, 30 (2): 104~111.

[82] 任建喜, 葛修润, 蒲毅彬, 等. 岩石单轴细观损伤演化特性的 CT 实时分析 [J]. 土木工程学报, 2000, 30 (6): 99~104.

[83] 任建喜, 葛修润, 蒲毅彬, 等. 岩石卸荷损伤演化机理 CT 实时分析初探 [J]. 岩石力学与工程学报, 2000, 19 (6): 697~701.

[84] 丁卫华, 仵彦卿, 蒲毅彬, 等. 受力岩石密度损伤增量及其数字图 [J]. 西安理工大学学报, 2000, 16 (1): 61~64.

[85] 赖远明, 吴紫汪, 朱元林, 等. 大阪山隧道围岩冻融损伤的 CT 分析 [J]. 冰川冻土, 2000, 22 (3): 206~210.

[86] 张全胜. 冻融条件下岩石细观损伤力学特性研究初探 [D]. 西安: 西安科技大学, 2003.

[87] 仵彦卿, 丁卫华, 蒲毅彬, 等. 压缩条件下岩石密度损伤增量的 CT 动态观 [J]. 自然科学进展, 2000, 10 (9): 830~835.

[88] 陈蕴生. 单轴压缩条件下非贯通裂隙介质损伤演化特征试验研究 [D]. 西安: 西安理工大学, 2002.

[89] 任建喜, 葛修润, 蒲毅彬. 节理岩石卸载损伤破坏过程 CT 实时检测 [J]. 岩石力学, 2002, 23 (5): 576~578.

[90] 丁卫华, 仵彦卿, 蒲毅彬, 等. 低应变率下岩石内部裂纹演化的 X 射线 CT 方法 [J]. 岩石力学与工程学报, 2003, 22 (11): 1793-1797.

[91] 丁卫华, 仵彦卿, 曹广祝, 等. 三轴条件下软岩变形破坏过程的 CT 图像分析 [J]. 煤田地质与勘探, 2003, 31 (3): 32~25.

[92] 杨更社, 张全胜, 蒲毅彬. 冻结温度对岩石细观损伤扩展特性影响研究初探 [J]. 岩石力学, 2004, 25 (9): 1410~1412.

[93] 崔兴中. 基于 CT 实时观测的水-岩力学耦合机理研究 [D]. 西安: 西安理工大学, 2005.

[94] 曹广祝, 仵彦卿, 丁卫华. 单轴-三轴和渗透水压条件下砂岩应变特性的 CT 试验研究 [J]. 岩石力学与工程学报, 2005, 24 (增2): 5734~5739.

[95] 李建胜, 王东, 康天合. 基于显微 CT 试验的岩石孔隙结构算法研究 [J]. 岩石工程学报, 2010, 32 (11): 1704~1708.

[96] 刘京红, 姜耀东, 赵毅鑫, 等. 单轴压缩条件下岩石破损过程的 CT 试验分析 [J]. 河北农业大学

学报，2008，31（4）：113~115.

[97]　付志亮．岩石蠕变扰动效应与损伤特征理论与试验研究［D］．青岛：山东科技大学，2007.

[98]　康志勤．油页岩热解特性及原位注热开采油气的模拟研究［D］．太原：太原理工大学，2008.

[99]　赵阳升，孟巧荣，康天合，等．显微 CT 试验技术与花岗岩热破裂特征的细观研究［J］．岩石力学与工程学报，2008，27（1）：29~34.

[100]　丁梧秀，冯夏庭．渗透环境下化学腐蚀裂隙岩石破坏过程的 CT 试验研究［J］．岩石力学与工程学报，2008，27（9）：1866~1873.

[101]　李树春，许江，杨春和．循环荷载下岩石损伤的 CT 细观试验研究［J］．岩石力学与工程学报，2009，28（8）：1605~1609.

[102]　陈世江，张飞．基于图像处理技术的岩石裂纹演化及其多重分形的研究［J］．金属矿山，2010，11：43~46.

[103]　王彦琪，冯增朝，郭红强，等．基于图像检索技术的岩石单轴压缩破坏过程 CT 描述［J］．岩石力学，2013，34（9）：2535~2540.

[104]　张顺康．水驱后剩余油分布微观实验与模拟［D］．北京：中国石油大学，2007.

[105]　吴爱祥，杨保华，刘金枝，等．基于 X 光 CT 技术的矿岩散体浸出过程中孔隙演化规律分析［J］．过程工程学报，2007，10（5）：961~966.

[106]　杨永明，宋振铎．压缩荷载下孔隙结构变化的 CT 实验研究［J］．力学与实践，2009，31（5）：16~20.

[107]　陈玉莲，杨桢，孟巧荣，等．微焦点显微 CT 机在岩石微细观结构中的应用［J］．有色金属，2013，65（5）：2~5.

[108]　王同雷．CO_2 驱替原油提高石油采收率的可视化研究［D］．大连：大连理工大学，2013.

[109]　朱伯靖，石耀霖．波尔兹曼数字岩芯致密砂岩渗透率研究［J］．力学学报，2013，45（3）：385~393.

[110]　杨勇，杨永明，马收，鞠杨，等．低渗透岩石水力压力裂纹扩展的 CT 扫描［J］．采矿与安全工程学报，2013，30（5）：740~743.

[111]　贾利春，陈勉，孙良田，等．结合 CT 技术的火山岩水力裂缝延伸实验［J］．石油勘探与开发［J］．2013，40（3）：377~380.

[112]　Guo T，Zhang S，Qu Z，et al. Experimental study of hydraulic fracturing for shale by stimulated reservoir volume［J］. Fuel，2014，128：373~380.

[113]　Wang Y，Li C H，Hao J，et al. X-ray micro-tomography for investigation of meso-structural changes and crack evolution in Longmaxi formation shale during compressive deformation［J］. Journal of Petroleum Science and Engineering，2018，164：278~288.

[114]　Wang Y，Tan W H，Liu D Q，et al. On anisotropic fracture evolution and energy eechanism during marble failure under uniaxial deformation［J］. Rock Mechanics and Rock Engineering，2019：1~17.

[115]　Wang Y，Gao S，Liu D，et al. Anisotropic fatigue behaviour of interbeded marble subjected to uniaxial cyclic compressive loads［J］. Fatigue Fract Eng. Mater Struct，2020：1~14.

2　工业 CT 扫描基本原理介绍

2.1　计算机断层扫描基本原理

2.1.1　CT 扫描技术的物理原理

CT 技术是利用 X 射线源围绕物体旋转收集射线衰减信息来重建图像的一种无损检测技术[1]，CT 装置的工作原理为：射线源与检测接收器固定在同一扫描机架上，同步地对被检物进行联动扫描，在一次扫描结束后，机架转动一个角度再进行下一次扫描，如此反复下去即可采集到若干组数据。假如平移扫描一次得到 256 个数据，那么每转 10°扫描一次，旋转 180°即可得 256×18＝4608 个数据，将这些信息综合处理后便可获得被检物体某一断面层的真实图像。CT 机的基本物理原理示意图如图 2-1 所示。

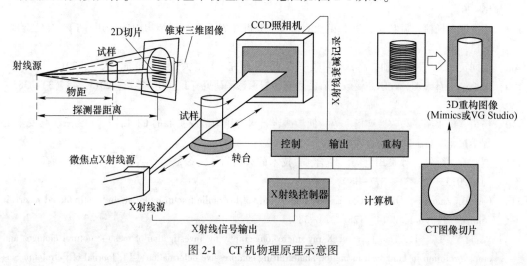

图 2-1　CT 机物理原理示意图

2.1.2　CT 扫描技术的数学原理

CT 设备主要由放射源和探测器组成。CT 装置的放射源 X 射线可穿透非金属材料，不同波长的 X 射线穿透能力不同。而不同物质对同一波长 X 射线的吸收能力不同。物质密度越大及组成物质的原子中原子序数越高，对 X 射线的吸收能力越强[1]。当放射源发出的射线穿透物体时，其射线强度便由于物体的吸收而衰减了，遵循如下方程：

$$I = I_0 \mathrm{e}^{-\mu x} = I_0 \mathrm{e}^{-\mu x \rho x} = \int_0^{E_{\max}} I_0(E) \mathrm{e}^{-\int_0^d (E)\,\mathrm{d}s} \mathrm{d}E \tag{2-1}$$

式中，I 为 X 射线穿透物质后的光强，$\mathrm{eV}/(\mathrm{m}^2 \cdot \mathrm{s})$；$I_0$ 为 X 射线穿透物质前的光强，$\mathrm{eV}/(\mathrm{m}^2 \cdot \mathrm{s})$；$\mu$ 为被检测物质单位质量的吸收系数，cm^2/g；ρ 为物质密度，g/cm^3；x 为入

射X射线的穿透长度，cm。

一般情况下，被检测物单位质量的吸收系数只与入射 X 射线的波长有关，而对于固定的 X 射线，其波长一般是一定的，所以可将单位质量吸收系数和物质密度合并在一起，变为单位体积的吸收系数：

$$\mu = \mu_m \rho \tag{2-2}$$

式中，μ 为物体对 X 射线的吸收系数；对于水 $\rho = 1.0$，因此其吸收系数

$$\mu_w = \mu_m \tag{2-3}$$

投影值 P 用以记录初始强度值 I_0，与穿过物体后的衰减强度值 I 之间的相对关系，以便计算从放射源到探测器的每一条射线上的衰减情况，其遵循下式：

$$P = \ln \frac{I_0}{I} = \mu_m \rho X = \sum_{i=1}^{n} \mu_i \rho_i X_i \tag{2-4}$$

式中，射线路径中的每段间隔 X_i，所产生的对总的衰减程度的影响取决于局部衰减系数 μ_i；μ 表示为在这一路径上的线积分，以便于计算从放射源到探测器的每一条射线上的衰减值。

在对这条路径中所有间隔段进行累加时，必须将小的厚度 X_i 计算进去，因此表示为 μ 在这一路径上的线积分。CT 实际上就是由精确测量许多这样的线积分组成，所以为了获得令人满意的图像质量就要记录足够多的衰减积分或投影值，至少要在 180° 范围内测量（现在通常是在 360° 范围内以扇形束的方式进行测量），并在每个投影中确定众多的间隔非常窄小的数据点来保证质量与精度。为了计算 $\mu(x, y)$，必须保证由测量投影得出 N_X 个独立方程，并计算出 $N \times N$ 图像矩阵中的 N^2 个未知数（其中 $N_X =$ 投影个数 $N_P \times$ 每个投影中的数据点个数 N_D），满足条件 $N_X \geqslant N^2$ 时，$\mu(x, y)$ 可反复迭代计算得出。因此，CT 图像是由大量投影数据求解出被检测物质密度分布函数 $\mu(x, y)$。

在实际扫描中要对 P 进行校准和归一化处理，以消除各种探测器的不均匀性和得到绝对测量数值，方法是通过对空气和标准水膜进行预扫描：

$$P' = \frac{P - P_A - P_B}{P_B} \tag{2-5}$$

式中，P' 为经过预处理的投影数据；P_A 为对空气扫描的投影值；P_B 为对标准水膜扫描的投影值。

显示图像的重建方式有很多，常用卷积反投影法（CBP 法，见图 2-2），计算公式为

$$\mu(x, y) = \int_0^{2\pi} \frac{1}{L^2} Pg(\alpha) \, d\beta \tag{2-6}$$

式中，$g(\alpha)$ 是卷积核函数，此函数的设计是在牺牲一定密度分辨率的同时尽量消除探测器间隔造成的伪影，减小中心反投影与边缘反投影的计算差异；$\mu(x, y)$ 对应于被检测点的 X 射线吸收系数，并常将其作为 CT 数（H 值），CT 的发明者 Housfield 教授将空气、纯水和冰的 CT 值分别定义为 -1000、0 和 -100，所以被检测物体对 X 射线的吸收系数与 CT 数之间的关系换算为

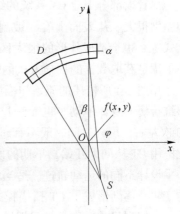

图 2-2　CT 扫描数学原理

$$CT(H) = \frac{\mu - \mu_{\mathrm{m}}}{\mu_{\mathrm{m}}} \times 1000 \qquad (2\text{-}7)$$

CT 扫描仪工作时，射线管和探测器围绕中心旋转，前者发出的 X 射线穿透物体断面被后者接收，并进行光电转换，而后通过模数转换器作模拟信号和数字信号的转换，对转换后的投影数据按一定算法进行图像重建，得出反映断面各点物质对 X 射线吸收系数的定量数据，从而形成一幅物体扫描层面的 μ 值数字图像。

2.2　工业 CT 系统的基本组成

由重建 CT 图像的基本过程出发，我们可以想象一下组成一台工业 CT 设备的基本要求：它应该能够测量射线穿透被检物体以后射线的强度，同时能够完成 X 射线机-探测器系统与被检测物体之间的扫描运动，从而获得重建 CT 图像所需的完整数据；最后用这些数据通过一定的算法重建出物体的断面图像[2~4]。自然地，从扫描到重建图像都是由计算机来控制或完成计算的。这样，一个工业 CT 系统大致应包括下列的基本部件（见图 2-3）：射线源、辐射探测器和准直器、数据采集系统；样品扫描机械系统、计算机系统（硬件和软件）及辅助系统（如辅助电源和辐射安全系统等）等。

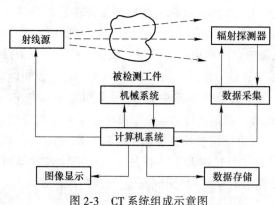

图 2-3　CT 系统组成示意图

2.2.1　工业 CT 常用的两种扫描模式

尽管大部分工业 CT 系统的结构原理图都与图 2-3 大同小异，但是实际的系统看上去却差别很大。从表面上看，被测工件大小形状不同或者检测过程工件的姿态（如卧式、立式等）也会造成外形的很大区别。但是从内在因素考虑，系统结构设计中的核心还是为了满足获取数据的扫描方式的需求。为此需要对获取数据的扫描方式有进一步的了解。

用图 2-4 所描述的原始扫描模式采集数据是十分费时的。对于医学应用来说，就算能够维持病人身体不动，也无法控制人体内的脏器保持静止。例如，正常人每分钟要呼吸 20 次左右，屏气时间一般不宜超过 10s；心脏的运动还要更快一些，而且不可能停止。因此医用 CT 从问世开始，早期的发展过程基本上围绕一条提高扫描速度的主线。其方法不外乎设计不同的运动轨迹、适当增加探测器数量或改变它们的布置方式等。根据这些结构的变化，逐渐形成了 CT 扫描模式中"代"的概念。在早期发展中"代"的特征比较明显，人们到目前也还常常习惯性地应用这个有确定意义的名词。但是 CT 技术经历了几十

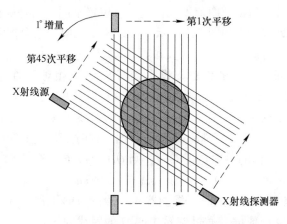

图 2-4　最原始的 CT 扫描方式

年的进步，"代"的概念已不能反映技术的先进与落后，加上很多新出现的扫描方式已经难以归入"代"的原始范畴，至今仍然有人使用仅仅是为了简便地表示系统结构上的特点。因此更加值得推荐的分类方法如下：按照扫描方式，可以分为平移—旋转（TR）扫描方式、只旋转（RO）扫描方式和螺旋扫描方式三大类；按照图像重建算法，可以分为平行束重建、扇形束重建和锥形束重建三大类。

　　工业 CT 目前最常用的是 TR 和 RO 两种扫描方式（即传统说法的二代和三代扫描模式）。近年来，螺旋扫描方式在工业 CT 中的应用也在不断增加。其中，TR 扫描方式（二代）对应了平行束图像重建算法，而 RO 扫描方式（三代）对应了扇形束重建算法。螺旋扫描方式及锥形束重建算法相对比较复杂，属于更加专门的问题，本书也只能对目前发展动态作一些概述。

　　在 CT 的原始扫描方式（一代）中，射线源和探测器相对于检测工件要做旋转和平移两种相对运动，也应该算 TR 扫描方式。由于仅仅采用了一个 X 射线探测器，每移动一步仅能测得一个投影数据，从 X 射线管中发射的大部分射线都没有得到利用，效率很低。人们最容易产生的想法就是应用多个探测器（探测器线阵列），在平移的每个位置一次可以测得多个投影数据，效率即可成倍提高。这样就产生了现在称为 TR 的第二代扫描模式。图 2-5 所示为采用 6 个探测器的 TR 扫描方式示意图。在任何

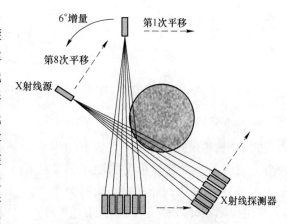

图 2-5　TR 扫描模式的几何条件

瞬间从 6 个不同角度测量，X 射线源和探测器仍然需要直线移动。如果每个探测器对于 X 射线源的张角是 1°，在 X 射线源和探测器完成平移运动以后，每次可以旋转 6°。

　　初看起来，在平移和旋转的一个位置上测得的一组投影数据，在正弦图上似乎对应了 y 轴上同一旋转角度下探测器位置不同的一组数据。稍微仔细一点的分析就可发现探测器

阵列的每组投影数据对应到正弦图上不仅仅是平移位置不同，而是旋转角度和平移位置都不相同的投影数据。具体分析如图 2-6 所示。假设该系统用了三个探测器，探测器之间相对于 X 射线机的原点 S_0 的张角是 Δ，它们的原始位置分别为 A_0、B_0、C_0。首先，分析探测器 A 测得的数据在正弦图上的位置。投影数据 S_0-A_0，相对于通过旋转中心 O 的射线 S_0-B_0 逆时针旋转了 Δ；投影数据 S_0-A_0 应该归于相对于原始位置旋转了 Δ 的那组平行移动数据，即射线源起始点在 S_1，通过旋转中心 O 的射线为 S_1-A_1，因此 A_0 相当于旋转角度等于 Δ，源点从 S_1 平移到 S_0 的那一组投影数据。这时正弦图上探测器位置应当是线段 OD_0 的长度，假定 S_0-S_1-S_2 的方向是正方向，则 OD_0 的方向是负方向，得

$$OD_0 = S_1S_0\cos\Delta = -S_0S_1\cos\Delta$$

当射线源由 S_0 点平移到 S_2 点时，探测器 A 的投影数据 A_2 属于 X 射线方向逆时针旋转了角度 Δ 的那组平行移动数据，通过旋转中心 O 的射线为 S_1-A_1，因此 A_0 相当于射线源由 S_1 平移到 S_2 的投影数据，这时的探测器位置应当是线段 OD_2

$$OD_2 = S_0S_2\cos\Delta - S_0S_1\cos\Delta = S_1S_2\cos\Delta$$

对探测器 C 的投影数据的分析基本相同，只是旋转方向与探测器 A 相对于中心探测器 B 是对称的。如果多于 3 个探测器，分析方法也是类似的。每个探测器的投影数据对应的是不同的旋转角度，同时这组探测器的投影数据在正弦图上的横坐标"探测器位置"分布并不按照等距离直线排列（虽然通常探测器本身都是等间隔排列的），而是一条余弦曲线。

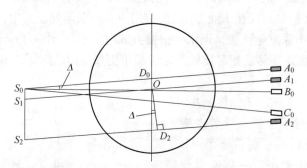

图 2-6　TR 扫描模式下投影数据的位置信息分析

从上面的分析可以知道，对于多个探测器的 TR 扫描模式，每一个位置上的测量相当于完成了多个旋转角度的测量，参见图 2-7，如果每两个探测器中心线的夹角是 Δ，这组探测器（或称为探测器的线阵列）由 n 个等角度分布的单元组成，线阵列总的张角等于 $n\Delta$，这样在扫描过程中，每次完成了平移运动以后，可以一次旋转 $n\Delta$，直到完成一组完整的 $180°$ 或 $360°$ 旋转。每组平移扫描时的角度称为"视角"（view）。一般情况下，视角 $n\Delta$ 应该按整数等分半圆

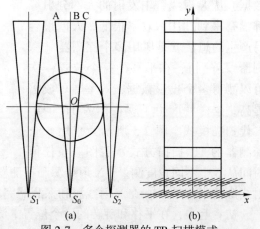

图 2-7　多个探测器的 TR 扫描模式

或整圆。扫描过程中虽然每次旋转角度等于视角 $n\Delta$，但正弦图上旋转角度方向上的步长等于每个探测器的张角 Δ。

由于应用探测器线阵列以后，并没有在平行移动的方向上增加数据，因此平移扫描的步长应当不发生变化。考虑到对于每个视角下线探测器得到的各组数据在正弦图上是一系列倾斜的余弦曲线，如果平移扫描长度不够，正弦图上可能出现没有数据的空白区，所以平移扫描要像图 2-7（a）那样，从射线源与线探测器形成的扇形与被检测工件范围（假设是圆的）相切开始，直到扇形完全移出被检测工件范围为止。很明显这样会得到相当一批无用的数据，但是这点"浪费"似乎是无法避免的。图 2-7（b）是 TR 扫描模式下正弦图的示意，由于各探测器张角一般很小，探测器位置的余弦分布看上去很接近于直线，当线探测器的单元数量很多时，余弦与直线的差别就会明显起来。

综上所述，TR 扫描模式的运动组合可以用图 2-8 说明，每个视角下完成一次平移扫描，直到旋转半周或一周。可以看出，与第一代的单探测器扫描模式不同，多探测器扫描模式下测得的投影数据在正弦图上的分布并不是均匀的方形点阵。如果需要变换成像单探测器那样的方形点阵，需要将测得的数据经过插值后重排。

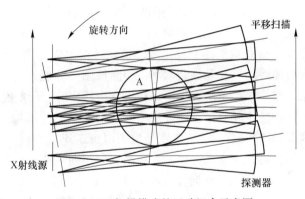

图 2-8 TR 扫描模式的运动组合示意图

进一步增加探测器数量，使射线源和线探测器阵列组成的扇形能够覆盖整个被检测工件的范围，只要射线源-探测器组成的扇形围绕工件旋转 360°，射线源-探测器系统不用做平行移动就可以获得重建 CT 图像的完整数据。这样射线的利用效率可以显著提高，省去了费时的多次平移往复运动，完成一次完整扫描的时间可以显著提高。这就是目前在医学应用中占有绝对统治地位的 RO 扫描模式（螺旋扫描模式也可以看成是 RO 扫描模式的变体），历史上将 RO 扫描模式称为第三代扫描模式，如图 2-9 所示。

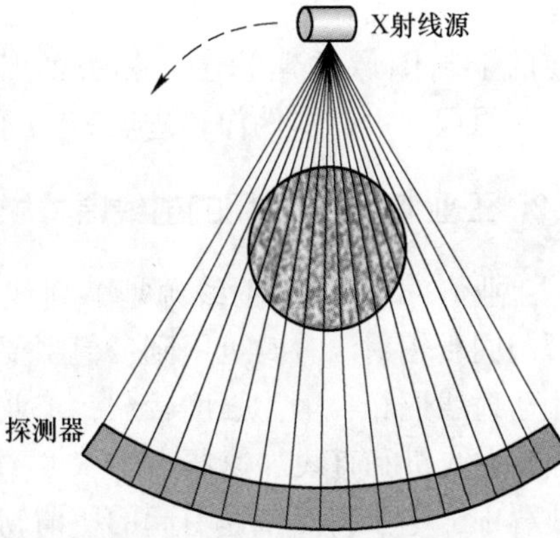

图 2-9 RO 扫描模式

前文中提过，投影数据矩阵和 CT 图像矩阵的元素，两者应当大小相同。十分明显，为得到比较精细的重建图像，RO 扫描模式要求采用足够多的探测单元，同时采用很小的旋转步长。扫描过程中，射线源与探测器阵列之间的几何位置不变，它们形成的扇形始终覆盖检测工件。

为了以后叙述方便，我们将从射线源经过旋转中心到"中心探测器"的直线定义为 CT 系统的"对称中心线"。在静止的直角坐标系中，对称中心线的方向定义为 y 方向，断层平面内垂直于对称中心线的方向定义为 x 方向，垂直于断层平面的方向定义为 z 方向。如果没有特殊的说明，本书将始终使用这样的规定。除了专门明属于三维 CT 的情形，否则总是将我们的讨论限制在二维 CT 的范围。对于二维 CT，无论是 TR 扫描模式还是 RO 扫描模式，测量投影数据时，X 射线在 x 方向有一定张角，在 x 方向仅使用一个很小的固定张角。习惯上将 X 射线直接穿透的薄层称为切片。切片的上、下表面严格地说并不完全平行，考虑到通常射线源有一定大小，而切片"厚度"不大，在实际应用中把切片看成上、下表面平行不会带来很大误差。

RO 和 TR 两种扫描模式看似仅为探测器数量多少的变化，实际上两者之间的差别是很大的。前面曾经提到，TR 扫描模式的 CT 图像重建用的是平行束算法，而 RO 扫描模式的图像重建属于扇形束算法。它们的正弦图也很不同。RO 模式下，横坐标直接表示探测器单元的编号，纵坐标表示射线源-探测器组成的扇形围绕工件所做的相对旋转角度。两种扫描方式在工业 CT 的应用领域里的优劣比较，将在今后相关的章节中具体分析。

上述两种扫描模式，都可以归结为步进-采集模式，是一种单次扫描方式。其检测过程由数据获取周期与非数据获取周期交替组成。也就是在完成重建一个 CT 断层图像所需完全的数据获取以后，要将工件移动到获取下一个断层图像的位置，在移动到下一个位置的过程中不进行数据采集。这种单次扫描模式在医学应用中除了影响完成一个器官的总体检测速度以外，由于设备的不断启停，还会带来运动引起的图像模糊。这样从 20 世纪 90 年代初期开始出现螺旋扫描模式的 CT，也就是病人以恒定速度平移，同时 X 射线机与探测器连续不断地做旋转扫描。这样就去掉了非数据获取周期，节省了扫描时间。螺旋扫描模式把面向切片的成像方式带入了面向器官的成像方式，引起了 CT 技术的一系列新的变化，是 CT 发展过程中一个划时代的标志。近年来螺旋扫描模式也开始被应用到工业 CT 领域。需要指出的一个特点是，在步进-采集模式中，图像重建平面与获取投影数据的平面完全一致；而在螺旋扫描模式中已经没有这样的"完全一致"。这就要求有一套与之相适应的全新图像重建算法。相关的基本概念可以参见谢强所著《计算机断层成像技术——原理、设计、伪像和进展》[3]或其他专著及文献。

2.2.2　工业 CT 系统常用的射线源

工业 CT 最常用的射线源是 X 射线机和直线加速器，统称电子辐射发生器。同位素辐射源与同步辐射源有时也用到，但主要还是一些专门应用的场合。小型电子回旋加速器有时用于射线照相，因为强度较弱，工业 CT 一般不予考虑。

X 射线机和直线加速器产生 X 射线的机理大体相同，都是利用高速电子轰击靶物质的过程中，电子突然减速引起的所谓轫致辐射。除轫致辐射以外，高速电子和靶物质的内层电子作用时还可能发生一些特征辐射。特征辐射的能量与靶材料原子序数有关，大致在数千电子伏到数十千电子伏的范围，相对于大多数工业 CT 检测的射线能量来说较低，可以不用专门考虑其影响。

轫致辐射的 X 射线能量取决于高能电子与原子核相互作用的强弱，高能电子距离靶物质中的原子核越近，相互作用越强。由于高能电子与原子核相互作用的强度不同，X 射线能量也不相同，形成了有一定分布的连续谱，其最高能量等于入射电子的能量。因为轫致辐射的总强度与靶材料原子序数平方成正比，所以通常都选用重材料制作。另外，在高速电子轰击物质产生 X 射线的过程中，一般工业探伤 X 射线机的能量转换效率都不到 1%，能量高于 10MeV 的加速器的能量转换效率高一些，也仅能达到 10%。大部分输入能量都转换成了热量，所以靶材料必须选用耐高温的物质，最常用的就是金属钨。虽然钨的熔点是 3300℃，但是也必须有良好的散热设计才能防止钨靶熔化。事实上 X 射线管能够输出的最大功率并不是受高压发生器方面的限制，而是由阳极靶的散热能力决定的。散热问题在很多情况下是限制射线机性能指标不能进一步提高的决定因素，因此良好的散热设计往往都是 X 射线机生产厂家的关键技术之一。

X 射线机和直线加速器加速电子的机理有所不同，X 射线机内就是由电子枪发射出的电子简单地在电场中加速，电子到达阳极时的能量就等于阴阳两极之间的电位差。习惯上用 kV_p 表示两极之间的电位差，以便与 X 射线能量单位（keV、MeV）相区分。X 射线机的峰值射线能量和强度都是可调的，市售 X 射线机的峰值射线能量范围从数十千电子伏到 450keV，电子加速器的加速原理要复杂得多，不同类型的加速器也有所不同。探伤用电子直线加速器有行波加速器和驻波加速器两种。直线加速器的峰值射线能量一般不可调，实际应用的峰值射线能量范围为 1～16MeV，更高的能量虽可以达到，但主要用于有限的实验工作中。

探伤用 X 射线机也有许多种类。工业 CT 由于内在性能的要求，对 X 射线机的基本要求除了合适的最高工作电压以外，还要求足够的电流强度、较小的焦点、良好的稳定性和可靠性。整流式的便携高压发生器和玻璃 X 射线管一般不考虑使用，所以工业 CT 通常使用由恒压高压发生器和金属陶瓷 X 射线管组成的系统。表 2-1 是一台 450kV 工业探伤用恒压双焦点 X 射线机的典型技术参数，这些典型技术参数差不多已经反映了对于 X 射线机的基本要求。

IEC336 和 EN12543 是两种焦点尺寸的标准。在购买 X 射线机时，应该注意厂家所采用的标准。IEC336 通常用于医用 X 射线机系统，而 EN12543 用于工业 X 射线机系统，两种标准规定的焦点尺寸对应关系如图 2-10 所示。近似地可以认为按 EN12543 给出的数据大约等于 IEC336 的 2 倍。

表 2-1 450kV$_p$ 工业探伤用恒压双焦点 X 射线机的典型技术参数

X 射线管	
名义管电压/kV	450
连续工作额定功率（小焦点/大焦点，下同）/W	1500/4500
焦点尺寸（按照 EN12543）/mm	$d=2.5/d=5.5$
固定过滤器	2.3mmFe+1.0mmCu
靶材料	W
辐射视野/(°)	40
辐射泄漏/mSv·h^{-1}	10

X 射线管	
冷却介质	油
冷却介质流量/L·min⁻¹	141
管头总量/kg	95

恒压高压发生器	
管电压范围/kV	20~450
管电压调整最小步长/kV·步⁻¹	0.2
高压精确度/kV	±1%设定值±0.2
高压重复性（固定温度下）	±0.01%最大高压值
高压波纹（10m 高压电缆）	10V/mA，min，40V
高压温度漂移（设定值）	8×10^{-5}/℃
管电流范围/mA	0~15
管电流调整最小步长/mA·步⁻¹	0.01
管电流精确度（固定温度下）/mA	±0.2%设定值±0.01
管电流重复性（固定温度下）/μA	±2
管电流温度漂移	5×10^{-5}/℃设定值（3×10^{-5}/℃可选）
最大输出功率/W	4500
控制单元尺寸（$W \times H \times D$）/mm×mm×mm	483×133×300
控制单元质量/kg	12.5
高压发生器单元尺寸（$W \times H \times D$）/mm×mm×mm	340×350×628
高压发生器单元质量/kg	45
高压绝缘油罐单元尺寸（$W \times H \times D$）/mm×mm×mm	514×364×624
高压绝缘油罐单元质量/kg	80
高压电缆长度（标准长度）/m	10

图 2-11 所示为一个单极金属陶瓷 X 射线管头的剖面图。除了发射电子的灯丝阴极和阳极靶以外，还有用于高压连接的陶瓷绝缘体、辐射铅屏蔽、射线出口窗、金属外壳以及液体冷却回路等。

值得一提的是，X 射线机的焦点形状大致是长方形的，在两个方向上并不一定相等。这是由于普通工业用小焦点 X 射线机内的电子枪灯丝的形状近似地是一个圆柱体，电子枪灯丝的投影是长方形的，所以 X 射线焦点形状大致也是长方形，但是长方形的长宽两个方向上一般说来并不一定相等。

同时，阳极靶表面与电子束的方向通常有一个夹角，这将会影响到 X 射线在出束方向上的"实际"焦点的尺寸。假定阴极灯丝是直径为 D、长度为 L 的圆柱形，灯丝与阳极靶的布置如图 2-12 所示，图 2-12（a）和（b）是不同方向投影的示意图。如图 2-12（b）从 X 射线出束方向看，射线焦点的形状仍是一个长方形，长度 1 保持不变，但是灯丝直径 D 的投影变成了 H，如果阳极靶面的倾角是 A，则

$$H = D \tan A$$

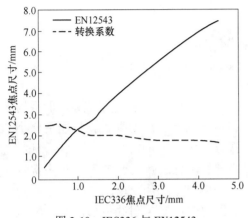

图 2-10　IEC336 与 EN12543
之间焦点尺寸的对应关系

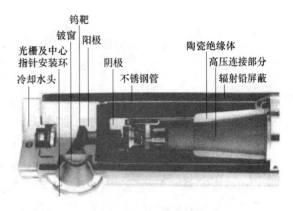

图 2-11　单极金属陶瓷
X 射线管头剖面图

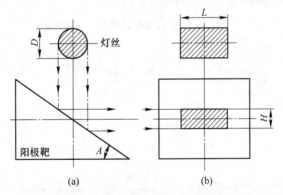

图 2-12　阳极靶面的倾角使 X 射线机的实际焦点发生变化

利用这种作用可以使一个方向上的焦点变小，可以看出倾角 A 越小焦点的"高度"H 也越小，这种作用称为"线聚焦原理"。由于小焦点 X 射线机的焦点在长、宽两个方向上可能并不相等，所以在安装 X 射线管时应当考虑选用更加合适的方向。X 射线管内阳极靶面倾角也称为靶角，靶角的存在可以在不减小轰击面积的条件下减小有效焦点。另外带来了所谓"脚跟效应"的影响，图 2-13 说明了脚跟效应的机理。由于脚跟效应，不同方向出射的 X 射线在钨靶内经过了不同长度的路径，会受到不同程度的衰减，而且低能部分受到更多的衰减。对于仅仅利用一个薄层的扇形束进行 CT 扫描时，可以不注意这方面的影响，但是对于利用锥形束的情况就不能忽略这种影响。

微焦点 X 射线机一般指焦点尺寸小于 $100\mu m$ 的 X 射线机。目前实用的系统最小焦点可以达到 $1\mu m$ 甚至更小，主要用于检测更加精细的微小物件。由于焦点尺寸比常规小焦点 X 射线机更小，靶的散热问题更显突出。可以想象如果焦点尺寸等于小焦点 X 射线机

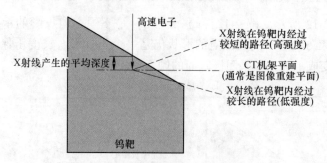

图 2-13　"脚跟效应"的机理

的千分之一，焦点面积就等于原来的百万分之一。钨靶上单位面积受到电子流轰击的平均功率（功率密度）如果保持不变，则微焦点 X 射线机的电流、电压的乘积就只能是原小焦点 X 射线机的百万分之一。实际设计时虽然由于总功率减小，可以增大一点功率密度，但是由于传热方面的限制，过高的功率密度将引起钨靶的熔化。微焦点 X 射线管头常常做成可拆卸的动态真空，以便更换容易损坏的阴极灯丝和修理烧熔了的阳极钨靶，这样同时带来了一些系统的复杂性和维护上的麻烦。目前市售的微焦点 X 射线机最高工作电压不超过 250kV，最大工作电流通常在微安量级。焦点尺寸的选用必须根据实际需要，原则上说凡是需要功率高的，焦点尺寸就要选用大一点的，基本的限制在于散热。表 2-2 列出了几种典型 X 射线机阳极靶功率密度的比较。

表 2-2　几种典型 X 射线机阳极靶功率密度的比较

X 射线机类型	焦点直径/mm	焦点面积/mm²	工作电压/kV	工作电流/mA
纳米焦点	0.0003	0.0000000675	100	0.02
微焦点	0.02	0.0003	225	0.156
微焦点	0.05	0.002	225	0.156
小焦点	1	0.75	450	1
小焦点	2	3	450	2
中焦点	4	12	450	8

对于射线无损检测的应用，行波电子直线加速器和驻波电子直线加速器的技术指标并没有很大的差别。目前工业 CT 应用主要选用驻波电子直线加速器的原因是它的结构更加紧凑。几种不同能量的驻波电子直线加速器典型技术数据见表 2-3。

表 2-3　几种不同能量的驻波电子直线加速器典型技术数据

电子能量/MeV	2	4	6	9
X 射线剂量率（距靶 1m 处）/cGy·min⁻¹	200	500	1000	3000
靶点尺寸/mm	1.5~2	1.5~2	1.5~2	1.5~2
最大脉冲重复频率/s⁻¹	250	250	250	250
射线可利用角度/(°)	±7.5	±7.5	±7.5	±7.5
X 束流平坦度（轴线任一边 7.5°处）/%	75	70	60	55

剂量稳定性/%	1	1	1	1
辐射泄漏（束外距靶 1m 处任意 100mm² 面积上）	0.1%轴线剂量	0.1%轴线剂量	0.1%轴线剂量	0.1%轴线剂量
钢铁材料对宽束 X 射线的半价层/mm	20	25	28	31
有机玻璃对宽束 X 射线的半价层/mm	121	168	199	225

许多 X 射线机和加速器生产厂家常常给出某种能量下，该设备的"透照厚度"或"透照等效钢厚度"等技术参数。这些多半是参考了在一定条件下胶片照相的某些经验数据。将这些数据简单地用到工业 CT 上，显得缺乏科学性。对于 X 射线而言，穿透物质时只是按照一定规律衰减，并不存在什么"可以"或"完全不能"穿透的概念。在考虑选择射线源能量时还是应当根据被检测材料对射线的衰减系数来决定的。为了便于在实际应用时进行估算，常常使用材料半价层的概念，半价层是使一定能量 X 射线的强度衰减到入射线一半的材料厚度。有了半价层的数据就可以很方便地算出任意厚度材料对于射线的衰减。表 2-4 列出了几种材料在一些特征能量下直线加速器 X 射线的半价层厚度。尽管这些数据出自世界知名生产厂家的正规产品样本，但是仍然仅能作为设计使用时的参考。其原因在于有明显散射时的宽束测试条件难以严格定义或进行有效控制。

表 2-4 几种材料对于一些特征能量下直线加速器 X 射线的半价层厚度[5]

材料	密度/g·cm⁻³	单位	1MeV	2MeV	4MeV	6MeV	9MeV	15MeV
钨	18	cm	0.55	0.90	1.15	1.20	1.20	1.15
		in	0.21	0.36	0.45	0.48	0.48	0.45
铅	11.3	cm	0.75	1.25	1.60	1.57	1.52	1.37
		in	0.30	0.49	0.63	0.62	0.60	0.54
钢	7.85	cm	1.6	2.00	2.50	2.80	3.00	3.30
		in	0.63	0.79	1.00	1.10	1.20	11.30
铝	2.70	cm	3.90	5.40	8.90	8.90	9.60	11.0
		in	1.50	2.10	3.50	3.50	3.80	4.30
混凝土	2.35	cm	4.50	6.20	10.20	10.20	11.00	12.70
		in	1.80	2.40	4.00	4.00	4.30	5.00
固体火箭推进剂	1.7	cm	6.10	8.40	13.80	13.80	14.90	20.40
		in	8.00	2.40	4.60	4.60	5.40	5.90
有机玻璃	1.2	cm	10.50	12.10	19.90	19.90	21.50	29.50
		in	4.10	4.80	7.80	7.80	8.50	11.60
橡胶	1.11	cm	11.18	12.70	21.00	21.00	24.40	29.80
		in	4.40	5.00	8.30	8.30	9.60	11.75

注：利用感光胶片技术测出的数值，可能有微小的变化。该变化取决于物质的实际性能，以及对散射的控制及其他因素。

　　电子辐射发生器的共同优点是切断电源以后就不再产生射线，这种内在的安全性对于工业现场来说是非常有益的。电子辐射发生器的共同缺点是 X 射线能谱的多色性，这种连续能谱的 X 射线会引起衰减过程中的能谱硬化，导致各种与硬化相关的伪像。与电子辐射发生器相反，同位素辐射源的最大优点是它的能谱简单，同时又消耗电源很少，设备体积小且相对简单，并且具有输出稳定的特点。但是其致命的弱点是辐射源的强度低，为了提高辐射源的强度必须加大辐射源的体积，导致"焦点"尺寸增大。全面考虑 CT 各方面的技术要求时，就会顾此失彼，很难制造出高性能的 CT 设备。因此，在工业 CT 中应用越来越少。

　　同步辐射本来是连续能谱，经过单色器选择可以得到定向的几乎单能的高强度 X 射线，因此可以做成高空间分辨率的 CT 系统。但是由于射线能量为 10~30keV，实际只能用于检测 1mm 左右的小样品，主要用于一些特殊的场合。

　　由于 X 射线多色性造成了射线硬化现象，射线穿透被检测物体时，低能部分比高能部分衰减得快，造成对称圆柱工件的 CT 图像上出现圆盘状伪像。一种改善的办法是在 X 射线机的射线出口附近加上一定厚度的铜片或铝片，减少射线低能部分所占比重，称为射线过滤器。

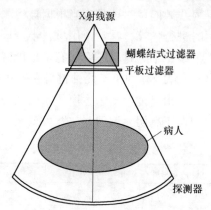

图 2-14　蝴蝶结式过滤器的原理

　　除了平板形过滤器以外还有专门设计的异形过滤器，配合被检测工件的形状，可以使到达探测器的射线强度更加均匀。蝴蝶结式过滤器可见于医用 CT，过滤器与病人身体的组合使最后到达探测器的射线强度均匀化。图 2-14 所示为蝴蝶结式过滤器的原理。

　　加速器的能量比较高，应用几毫米金属片的过滤器的作用就很不明显。另外，由于加速器的束流强度在整个视场内差别较大，对辐射强度测量十分不利。常常在射束出口采用重金属制成的射线均整器，使视场内束流强度均匀化。均整器对于抑制射线的低能成分、减轻射束硬化也有一定作用。

　　无论射线过滤器还是射线均整器都会使射线强度减弱，这对于测量又是不利的，实际应用时只能折中考虑各方面影响，才能达到最好的结果。

2.2.3　射线探测器和准直器

　　工业 CT 所用的探测器按照物理结构形态大致可以分为两种主要的类型，分立探测器和面探测器。分立探测器是比较传统的线状排列的探测器阵列。从字面上可以理解，这种阵列中的探测单元之间具有较明显的独立性。每个探测单元不仅射线转换部分独立，而且多半带有自己的准直器和前端的电子电路。另一类在工业 CT 里常用到的探测器阵列，它们各探测单元的射线转换部分不独立，多数情况下是一块"连续的"闪烁屏。在这里我们把它们合成一类，总称为面探测器。这样分类是因为对于工业 CT 而言，同类型之间有一些非常基本的共同点，而不同类型的探测器之间有着重要性能差别。

2.2.3.1 分立探测器

分立探测器常用的探测单元有气体和闪烁两大类。

气体探测器的优点是具有天然的准直特性，较好地限制了散射线的影响，几乎没有审扰，且器件一致性好。其缺点是探测效率不易提高，高能应用有一定限制，探测单元间隔为数毫米，对于有些应用来说显得太大。

应用更为广泛的还是闪烁探测器。闪烁探测器的光电转换部分可以选用光电倍增管或光电二极管。前者有极好的信噪比，但是因为器件尺寸大，难以达到很高的集成度，造价也高，可以根据实际情况选用。工业 CT 中应用最多的是闪烁体-光电二极管组合。

应用闪烁体的分立探测器阵列的主要优点为：

（1）探测单元有独立的射线准直器，可以有效地抑制散射线。

（2）闪烁体在射线方向上的深度可以不受限制，从而使射入的大部分 X 射线光子被俘获，提高了探测效率，增大了通常情况下非常微弱的输入信号。尤其在高能条件下，这个特点更加明显。

（3）因为闪烁体是独立的，所以几乎没有相邻探测单元之间的光学审扰；同时闪烁体之间还有钨或其他重金属隔片，可以有效地控制探测单元之间的射线审扰。

（4）分立探测器一般都有比较完善的前端电子电路，以保证最小的电子学噪声。

（5）探测器本身具有 16~20bit 的动态范围。在存在电子学噪声、散射和审扰等干扰的条件下，仍然可以保持比较大的有效动态范围。

（6）分立探测器的读出速度很快，在微秒量级。同时可以用加速器输出脉冲来选通数据采集，最大限度地减小信号上叠加的噪声。

（7）分立探测器对于辐射损伤也是最不敏感的。分立探测器是可以提供最好信噪比的探测器。它的主要缺点是单元尺寸不可能做得太小，其相邻间隔（节距）一般大于0.1mm；另外其价格也要比面探测器的高一些。

2.2.3.2 面探测器

面探测器主要有三种类型：高分辨半导体芯片、平板探测器和图像增强器。

"半导体芯片"探测器有时也译作"固态探测器"，指的是集成在同一基片上的电荷耦合器件图像传感器（charge coupled device，CCD）或光电二极管阵列，根据实际应用，可以制成一维的线阵列，也可以制成二维的面阵列。比起各种 CT 用探测器，这类探测器具有最小的像素尺寸，像素尺寸小于 10μm 无任何技术上的困难；像素尺寸的最大数量取决于硅单晶的最大尺寸，目前用于探测器的硅单晶最大直径可达 50mm 以上，必要时还可以将几片硅片封装在一起，进一步增加探测单元数量。

由于硅的原子序数小，直接用硅作为 X 射线的吸收体，转换效率很低，因此一般都要在半导体芯片的表面覆盖一层 X 射线转换体，最常用的闪烁体是碘化铯和硫氧化钆，为了避免光在闪烁体内的弥散作用，影响图像清晰度，闪烁体不能太厚；另外，考虑到进入探测器的 X 射线总量，闪烁体厚度大一些有利。最终只能折中选取，实际应用大致在0.1~0.5mm，对于使用厚度 0.1mm 闪烁体的探测器阵列，由于光的弥散作用其空间分辨能力大致只能等于 0.1mm，大于探测单元的物理尺寸。

因为"半导体芯片"探测器的单元尺寸很小，信号强度也很小，可以将若干探测单元合并以增大测量信号，这时相当于探测单元尺寸加大了。此外，为了扩大有效探测面积可以用透镜或光纤将它们光学耦合到大面积的闪烁体上。用光纤耦合的方法理论上可以把探测器的有效面积在一个方向上延长到任意需要的长度。反过来将光纤耦合到小面积的闪烁体上，也可以将空间分辨率提高到微米量级。光纤的应用给设计带来许多应用上的灵活性，但是也应当注意结构上的变化会给性能带来相应的影响。

图 2-15 所示为一种用于工业 CT 的固态线探测器典型结构示意图。

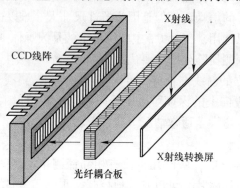

图 2-15　一种固态线探测器典型结构示意图

"半导体芯片"探测器一般都对 X 射线的辐照敏感，大剂量的辐照首先引起性能下降，直到完全损坏。在系统结构设计时要采取措施，避免射线对器件的直接照射。通常用物理屏蔽或使用光纤耦合的方法减轻半导体器件的辐照损伤。"半导体芯片"探测器无法使用比较完善的射线准直器，不能有效抑制散射线的干扰；同时每一个探测单元对应的闪烁体有效尺寸小、信号强度低；也无法控制相邻探测单元之间光学和辐射的串扰；一般采用集成的电子读出电路，只能达到一般的性能。总体上说，除了探测器尺寸小，固有的空间分辨能力高这个突出优点外，总体性能无法与分立探测器相比。它比较适合检测较小的精密样品。其主要特点仍然是价格低廉。

图像增强器是一种采用真空器件的传统面探测器，也需要内置专门的闪烁体将光电子转换成敏感的可见光。常用转换为在光阴极上产生光电子，在图像增强器内的高压电场下加速并聚焦到输出转换屏上，成为亮度得到增强的可见光图像，再经过摄像机的光学变换，最后转换成标准的电视信号。图像增强器结构原理图如图 2-16 所示。

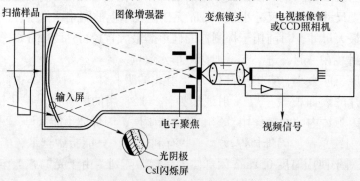

图 2-16　图像增强器结构原理图

对于工业 CT 应用，还要有将电视信号输入到计算机内的数字化电路，将电视信号数字化。当读出信号数字化为 1024～2048 像素的方阵时，名义上的像素尺寸小于 100μm。但是它的实际空间分辨能力还要受到输出屏及摄像机固有分辨能力的限制。读出速度与输出数据矩阵大小有关，要受到数字化电路的限制，通常可达 15～30 帧/s，在各类 CT 探测器中这是获取数据速度最快的探测器。由于图像增强过程中的统计涨落产生的固有噪声，图像质量比较差，用在射线照相上灵敏度仅为 7%～8%，在计算机做多次累加的情况下，射线照相灵敏度可以提高到 2% 以上。另外的缺点就是器件易碎和有图像扭曲。

平板探测器（FPD）是比较新型的面探测器，按其能量转换方式可分为直接和间接两类。

间接 FPD 的结构主要是由表面覆盖闪烁晶体的具有光电二极管作用的非晶硅层（amorphous Silicon，a-Si）加薄膜晶体管（thin film transistor，TFT）阵列构成的。闪烁晶体厚度大约数百微米或更薄一些。其原理为闪烁体将 X 射线光子转换为可见光，而后由具有光电二极管作用非晶硅层变为图像电信号，最后获得数字图像。在间接 FPD 的图像采集中，由于有转换为可见光的过程，因此会有光的散射问题，从而导致图像的空间分辨率及对比度解析能力的降低。闪烁体目前主要使用的是碘化铯或硫氧化钆两种。

直接 FPD 的结构主要是由非晶硒层（amorphous Selenium，a-Se）加薄膜晶体管阵列构成的。由于非晶硒是一种光电导材料，因此经 X 射线曝光后直接形成电子-空穴对，产生电信号。通过 TFT 检测阵列读出，再经 AD 转换（数字/模拟转换）获得数字化图像。从根本上避免了间接转换方式中可见光的散射导致的图像分辨率下降的问题。直接转换式 FPD 对于大物体的检出能力与间接转换型大致相同，但对于微小病变，直接转换型具有更强的检出能力，在医学应用领域有着特别的意义。另外，非晶硒对于 X 射线的转换能力不如专门的闪烁晶体，较高能量的工业应用自然要差一些。

不管是非晶硒、非晶硅还是 CCD，平板探测器使用一定年限或者经过一定次数曝光，老化损坏是不可避免的。所以平板需要经常地进行校准，用软件剔除那些已经损坏的单元。同时射线辐照损伤会使转换层老化，效率降低，这与累积的照射剂量有关，因此使用中要将没有检测物体阻挡的直接受照射部分尽可能屏蔽起来，延长器件的使用寿命。此外，非晶硒怕冷，非晶硅怕潮，对于工作环境都有一定的限制。

平板探测器像素尺寸数十微米到 200μm，平板尺寸最大约 18 英寸（45cm），读出速度为 3～7.5 帧/s。由于它的主要市场在医学领域，参数大体上是根据医用的要求确定的。FPD 的优点是使用比较简单，没有图像扭曲。图像质量接近于胶片照相，显著好于图像增强器，基本上可以作为图像增强器的升级换代产品。其主要缺点是表面覆盖的闪烁晶体不能太厚，与分立探测器相比，对高能 X 射线探测效率低，难以解决散射和窜扰问题，使实际动态范围大大减小。在较高能量应用时，还要注意对电子电路进行射线屏蔽。一般说在 150kV 以下的低能应用效果较好。

面探测器的基本优点是不言而喻的——它有着比线探测器高得多的射线利用率，特别是适合透视（DR）成像，可以进行实时或准实时的动态照相。面探测器也比较适合用于三维直接成像。另外，所有面探测器由于结构上的原因都有共同的缺点，即射线探测效率低，无法限制散射和窜扰，动态范围小等。高能范围应用效果一般较差。有一些关于 CdZnTe 半导体探测器阵列用于工业 CT 的报道[6~8]，半导体探测器也称为固体电离室。

这种探测器的结构似乎介于上述的分立探测器和面探测器之间，既可以做成一维的线探测器阵列，也可以做成面阵列形式。CdZnTe 本身具有对 X 射线较高的线衰减系数，无须外加闪烁体，这种探测器尺寸可以做得较小，没有光学的窜扰。如果探测单元之间没有重金属隔片，仍然无法避免散射 X 射线的影响。CdZnTe 半导体探测器还具有能量测量特点，这是其他 CT 探测器所不具备的，也许在某些特殊场合可以找到它的应用。应当说这是一种很有应用前景的 CT 探测器，但目前还有余辉过长等一些技术问题需要解决。

2.2.3.3　准直器

准直器可以分为前准直器和后准直器两种。通常用铅、钨甚至贫铀等重金属材料制成。虽然它们的基本作用都是挡掉多余的射线，但仔细考虑起来作用还是有所不同的。

前准直器安装在射线源和工件之间。对于二维的 CT，前准直器的作用是挡住大部分从 X 射线源发出的射线，把锥形束变成扇形束。原则上说扇形的厚度薄一些好，但是必须以不明显降低到达探测器上的射线强度为基准。由于控制的是射束的立体角，准直器安放得离射线源越近，尺寸可以越小。前准直器从源头上减少了进入"工作区域"的无用射线，也就从源头上减少了散射线的总量。

后准直器又分为平面内准直器和垂直平面准直器（见图 2-17）。所谓平面内指的是在重建 CT 图像的平面方向，按照功能来说，平面内准直器决定了工件上被检测的切片厚度。垂直平面的准直器主要用于分立探测器阵列，形状像一组栅格，一般排列成对准射线源的圆弧形。垂直平面准直器的狭缝宽度是决定系统本征空间分辨率的主要因素之一，从某种意义上说，它们才是真正的"探测器"，而原有的探测器在某种意义上说只不过是射线强度记录设备。

图 2-17　后准直器实例

前后准直器的组合对于改善 CT 系统成像质量是不可忽视的重要部件，合理设计准直器对于正确平衡 CT 系统的各项性能指标具有决定性意义。

对于医用 CT 和工业 CT 来说，前准直器和后准直器在尺寸上的配合是有所不同的。医用 CT 更多地考虑病人所受的照射剂量，所以从限制射线束有效宽度的张角来看，前准直器更狭窄一些，为的是尽可能减少病人受到不必要的照射，后准直器仅仅是为了减少经过人体以后的散射线。反之，工业 CT 的后准直器一般要比前准直器更狭窄一些，射线束有效尺寸是由后准直器决定的。因为对于一般工件而言，后准直器可以更加容易地控制准直尺寸的精确度。相对于辐射剂量来说，工业 CT 的探测器有效孔径的控制重要性更高一些。

2.2.3.4 数据采集系统

数据采集系统主要指的是从辐射探测器输出直到计算机读入之间的电子电路。由于 CT 系统的最后性能指标受到射线强度统计涨落和散射线等干扰的限制，而这些影响因素目前还几乎没有有效的方法进行改善，所以从系统设计的理念上说，应当使数据采集系统对 CT 系统的最后性能指标没有明显影响。

数据采集系统应当包括探测器输出信号的放大、信号的 AD 变换和数字信号的输出等电路。由于探测器一般都有成百上千个通道，从经济性和系统维护两个方面考虑，一般不可能每个探测器通道都配备独立的 AD 变换电路，因此对探测器的通道就会适当分组，共用结构比较复杂且价格相对昂贵的 AD 变换电路，这样在信号的放大电路与信号的 AD 变换电路之间需要设置模拟多路选择开关电路。为了保证整套电路协调一致工作，硬件时序电路（或相应的软件管理程序）及时钟电路（或由外部触发信号保证系统内外的同步）都是必不可少的。

数据采集系统的主要指标大致应该有通道总数、AD 变换位数和数据处理速度等，但是这些指标都是表面上的。对于 CT 性能有决定性影响的应当是信号噪声比（信噪比），在这里我们把噪声广义地理解为一切干扰信号与无用信号的总和（包括计数本底和统计涨落在内）。尽管信噪比并不是仅由数据采集系统一个部分决定的，但是如前所说，一个良好的数据采集系统的噪声相对于整个 CT 系统的广义"噪声"来说应当可以忽略。

对于有放大单元的电路系统而言，前级的贡献一般比后级更为重要，分立探测器阵列的每个通道有独立的前置放大器，无论是噪声还是线性动态范围，都可以选择最佳的设计条件。而面探测器系统的前端电路多半是集成的，无论是噪声还是线性动态范围都很难达到最理想的设计。虽然噪声水平实际上是数据采集系统的核心指标，然而遗憾的是很难针对各种不同的探测器系统制定出统一的测试标准，也就没有简单的办法比较各个 CT 系统之间性能的优劣。最终只能由对 CT 图像的影响来判别，以致人们容易忽略数据采集系统噪声水平的重要意义。

AD 变换位数往往代表了 AD 变换电路本身最重要的性能，位数过少固然会影响射线强度测量的精度，但是位数的增加往往也意味着变换速度的降低和价格的增长，所以也要折中选取。到达 AD 变换器输入端的最大辐射强度信号是由 X 射线源、探测器的效率与几何条件及放大器的增益等条件决定的，而可用的到达 AD 变换器输入端的最低辐射强度信号应当与等效的"噪声总和"同数量级，比噪声水平低很多的信号在 CT 设备内是没有实际意义的。我们可以把有效噪声水平到最大信号之间称为信号的"有效动态范围"，这对于不同的工业 CT 系统是大不相同的，这个范围应当是确定 AD 变换合理位数的客观标准。以往市售的快速 AD 变换器芯片最大位数是 16 位，对有些 CT 系统来说这个范围还不够大。采用"浮点放大"技术，可以保持 AD 变换的有效数据位数大体不变，而提高了 AD

变换器的动态范围。也可以把"浮点放大"和 AD 变换两部分组装在一起做成模块，达到 20 位以上的动态范围。目前使用 Delta-Sigma 技术的 AD 变换模块可以达到 20 位以上的动态范围，在工业 CT 领域内有逐步代替传统 AD 变换器的趋势。

2.2.3.5　扫描机械系统

工业 CT 的扫描机械系统并不是单纯的载物工作台，而是为了实现工件和射线源-探测器系统之间的相对运动，在不同方位测量投影数据而专门设计的一种数控扫描工作台。

数控扫描工作台形式上就像一台没有刀具的数控机床。必须考虑检测样品的外形尺寸和质量，要有足够的机械强度和驱动力来保证以一定的机械精度和运动速度来完成扫描运动。同样重要的事情是还要从物理上考虑，选择最适合的扫描方式和几何布置；确定扫描机械系统的精度要求，并对各部分的精度要求进行平衡；根据扫描和调试的要求选择合适的传感器以及在计算机软件中对扫描的位置参数作必要的插值或修正等。从本质上说，扫描机械系统实际是一个位置数据采集系统。从对于最后成像质量的影响来看，位置数据与射线探测器测得的射线强度数据并没有什么不同。

实现对扫描系统的精确控制，除了加工本身的要求外，机械系统的刚度也是不可忽视的，特别在被检工件比较巨大笨重时更是如此。运动的驱动部件一般选用步进电机或伺服电机。相比之下，步进电机比较适合于轻便廉价的系统，伺服电机得到了更多的应用。无论采用哪一种电机驱动，精确的测量系统常常是不可少的。特别是那些经常运行于启停状态的电机，更要靠独立且精确的位置测量系统来监测运动的准确性，常用的位置测量元件是光栅尺和旋转编码器。安装这些设备不仅是为了防止电机"丢步"，同时还应该注意导轨丝杠等可能存在的"空行程"。因此在安装位置的选择上应当有所考虑。

仅从对于最后检测效果考虑，机械系统的精度自然是越高越好。但是到了一定程度以后，加工精度的提高往往带来生产成本呈指数般地上升。合理的要求是在成本没有快速上升以前，达到尽可能高的加工精度。通常情况下，都希望机械加工精度能够高到几乎不是 CT 图像质量的影响因素，实际上还是只能在价格和性能之间折中。经验上有一个很好的参照标准，就是测量投影数据时的像素尺寸大小。如果在完成采集一个断层所需要的全部数据的过程中，由于机械精度的影响，使采集到投影数据对应的"体素"距离理想位置最大偏差不到像素尺寸的 1/3 时，被认为是可以接受的系统；偏离理想位置不到 1/5 时，被认为是很好的系统。

前文中说到了在工业 CT 领域常用的两种扫描方式，即 TR 方式和 RO 方式。RO 扫描方式无疑具有更高的射线利用效率，可以得到更快的成像速度；然而，TR 扫描方式的伪像水平远低于 RO 扫描方式的，可以根据样品大小方便地改变扫描参数（采样数据密度和扫描范围），特别是检测大尺寸样品时其优越性更加明显；射线源-探测器距离较小，从而提高信号幅度；另外，探测器通道少还有降低系统造价、便于维护等重要优点。

TR 方式比 RO 方式除了必须增加工件扫描运动之外，系统设计上也有所不同。同时具有两种扫描方式的系统，实际上还是基于 RO 方式的结构，在进行 TR 扫描时只是部分避免了 RO 扫描的固有缺点，如消除年轮状伪像，并且可以扫描较大样品。但从根本上说，为了迁就 RO 扫描几何条件的要求，往往增加了射线源到探测器的距离，牺牲了一些非常宝贵的信号强度。所以说同时具有两种扫描方式的 CT，采用的几何条件对于 TR 方式来说很可能不是最佳的。

2.2.3.6　计算机硬件和软件

计算机系统要完成的基本工作是采集数据过程的扫描控制、CT 图像的重建，以及 CT 图像的观测、分析和管理。由此决定了计算机硬件和软件的结构与组成。

采集数据过程的扫描控制的主要任务是按照预定的扫描模式对控制各运动分系统的电机驱动器发出命令、测定运动的实际位置并通过反馈系统保证运动准确性符合预定的技术要求、同步地控制射线源及射线测量系统按照预定的位置读出测量投影数据，并在分配好的时间段里将位置数据和射线强度数据分期、分批传送到主计算机内，供重建 CT 图像使用。不同 CT 设备的扫描控制计算机系统的复杂程度可以有很大差别，单板机、工控机、PLC（可编程逻辑控制器）或与个人计算机的混合系统在实际中都被采用。需要强调的是，整个扫描过程中都应该在无人干预控制的情况下运行，所以系统还要有很好的保护功能，无论机架本身还是机架与工件之间都不能发生碰撞。

通常把完成 CT 图像重建的计算机称为主计算机。主计算机上应当装有完整的系统操作的人机对话界面，能完成对计算机进行所有的操作，并能反馈回全部系统运行状态的信息。主计算机要完成全部扫描数据的获取，包括一部分重建之前的预处理，最后重建出 CT 图像。医用 CT 为了及时得到重建图像，常常用专用的阵列处理机完成大量的重建计算。但是工业 CT 图像一般用个人计算机就已经可以满足要求。目前 CT 算法中最大量的还是乘加运算，同时需要处理的数据量大，所以对个人计算机的基本要求是运算速度快和内存容量大。优质显卡中的 GPU 可以并行地完成浮点运算，计算速度可以比直接使用个人计算机中的 CPU 明显提高，近年来越来越多的人使用 GPU 提高 CT 图像重建和处理的速度。

计算机软件无疑是 CT 的核心技术，对于 CT 的性能有重大影响。计算机软件尤其是图像重建技术和图像处理技术包含一些内容十分广阔的主题。需要指出的是数据采集完成以后，软件的"活动舞台"也已经确定，CT 图像的质量已经基本确定，不良的计算机软件只会降低 CT 本来可以达到的图像质量，而良好的计算机软件的作用仅仅是尽可能充分利用已有信息，得到尽可能好的结果。

CT 图像的观测、分析可以统称为图像后处理。比较传统也是最基本的还是对平面图像的处理。由于人眼的分辨能力所限，显示器的亮度仅仅分为 256 级，而 CT 图像多半采用 16 位二进制，窗宽窗位调整是最常用也是最有效的观测工具。其他可能还有各种有关图像的缩放、图像的增强、伪彩色处理以及对图像进行标注和编辑等一般图像处理工具。图像的分析工具与 CT 检测的应用目的，即使用者关心的是内部缺陷还是内部装配情况等有关。近年来，三维图像可视化技术较多地应用到工业 CT 中。

CT 图像的管理对于实际应用是不可缺少的部分。能够直接引用数字化的管理，把被检测工件的检测结果建立便于查阅的档案也是 CT 的一个优点。为了适应档案存储和查阅的要求，从硬件上应当选择可靠的存储介质，并保证足够的储存空间。值得注意的是，一般刻录光盘不一定能永久保存档案资料，其可靠性不一定比大容量的硬盘更可靠。对于资料的备份和更新问题还没有解决到可以让人完全放心的程度。

2.2.3.7　辅助系统（辅助电源和安全系统）

一个工业 CT 系统的部件往往都自带可以独立使用市电的电源系统。但对于那些不能保证电压稳定或干扰严重的电网，就需要有专业的供电系统。

作为 CT 系统比较专业的问题是辐射防护。在应用加速器的高能 X 射线 CT 系统的过程中，射线的防护措施更需要许多专业的知识，提供工业 CT 系统的生产厂家应当提供尽可能详尽的注意事项。在使用工业 CT 设备的过程中，需要考虑两类安全防护问题：一类是对操作人员的，特别要注意对泄漏或散射 X 射线的防护；另一类是对那些精密电子设备的防护，如晶体管类集成电路等一般都经受不起很大剂量的照射。

关于工业 CT 的安全，国家有一系列专门的规定和标准，都必须严格遵守。任何工业 CT 设备都应有符合安全防护要求的辐射工作场所，装备完备的安全联锁装置。

2.3　工业 CT 系统的性能和指标

2.3.1　工业 CT 的性能参数概述

工业 CT 系统的主要性能参数包括：试件范围（直径、高度、质量、等效钢厚等）、检测时间（扫描、重建时间）和图像质量（密度分辨率、空间分辨率、伪像等），其中图像质量为工业 CT 系统的核心指标。

制造工业 CT 的初衷是检测样品中的缺陷，其价值也在于可以发现用其他无损检测方法检查不出或检测效果不佳的缺陷。自然地，使用者最关心的显然是用 CT 究竟是不是能够检测出希望发现的各种缺陷。然而由于实际问题的复杂性，各种实际条件下的缺陷难以严格量化描述，首先是制作真实缺陷的可行性，同时个别的缺陷也不一定具有足够的代表意义。实践中通常用密度分辨率、空间分辨率、伪像等三个方面来表征工业 CT 的图像质量，不仅可操作性较好，而且对于不同 CT 系统的性能可以作更为客观、科学和定量的比较。这些经过了一定抽象得到的概念虽然不等于实际的检测能力，或者具体的缺陷尺寸，但是它们之间有着紧密的联系，可以合理地反映系统的检测能力，是公认的判别系统性能的标准。

关于密度分辨率和空间分辨率似乎存在一些翻译上的问题，有人认为空间分辨率应该译成空间外辨力或空间分辨能力，密度分辨率应该译成密度分辨力或密度分辨能力。甚至英语原文也应用不同的术语，如对比度分辨率、对比度灵敏度或对比度鉴别能力等。从本质上说，提出这两类技术指标的目的是企图分别描述对应于实际物体细节的数字图像中像素位置及数值两者的确定性。如果用频谱分析的观点来看这两个指标，空间分辨率更着重于高频端的截止频率，而密度分辨率更着重于低频端的信噪比。上述各种名词术语在不同场合下的具体定义可能有些差别，但是好在一旦说明以后并不会产生太多的歧义，这里就没有必要去讨论哪一种说法更合理些，本书仍然选用在国内比较普遍接受的密度分辨率和空间分辨率进行论述。

空间分辨率是工业 CT 系统鉴别和区分微小缺陷能力的量度，定量地表示为能够分辨的两个细节最小间距。空间分辨率的实用单位是单位长度上的线对数（lp/mm）。常用线对卡或丝状、孔状测试卡进行测定，但是用肉眼观测测试卡测定的方法往往受到测试者的主观影响，比较客观的测定方法是 MTF 方法[9,10]。

应当注意的是，空间分辨率要在两个正交方向上测量：切片平面（x-y）内和垂直于切片平面（x-y）即习惯定义的 z 方向上。大多数实际应用的情况下，CT 扫描机主要用于产生切片平面（x-y）内的二维图像，在垂直于切片平面的方向上空间分辨率要比切片平面内的空间分辨率差很多。即使在切片平面内，各个方向上的空间分辨率也不一定完全相同。密度分辨率又称对比度分辨率，是分辨给定面积映射到 CT 图像上射线衰减系数差别（对比度）的能力。定量地表示为给定面积上能够分辨的细节（给定面积）与基体材料之间的最小对比度。工业 CT 所用密度分辨率和医学上的低对比度分辨力的概念非常接近，取决于 CT 图像噪声水平。

密度分辨率的测定为在统计标准模体的 CT 图像上给定尺寸方块 CT 值，求出标准偏差，采用三倍标准偏差为密度分辨率，这表示有 95% 以上的可信度。密度分辨率还有一些传统的测定方法，如利用部分体积效应形成不同平均密度的方法，或制备不同密度的液体试件或固体试件的测试方法。但是液体试件多用盐水制备，密度值往往与工业 CT 检测对象相差甚远，实际的代表意义受到一定影响；固体试件又往往因为成分不同，辐射密度与材料密度有时并没有简单对应关系；同种材料（如石墨）本身各部分密度又未必均匀，都容易引起误会，因此标准试样的制作是一个相当复杂而精细的工作。

由于空间分辨率与检测对象中图像细节的对比度有关，当对比度减小到一定程度时，空间分辨率将迅速下降。因此 CT 的空间分辨率实际上是在有足够高对比度时测定的。医学界根据本身检测特点，规定高对比度分辨力的定义是物体与匀质环境的 X 射线线衰减系数的相对值大于 10% 时，CT 图像能分辨该物体的能力[11]。但是工业 CT 的测试对象十分广泛，高对比度的范围难以作出比较合适的规定，幸好在多数具有"较高"对比度的情况下，空间分辨率的实际数值已经趋于稳定。另外，医学界一般用低对比度分辨力来描述密度分辨率相关的概念。它的定义是物体与匀质环境的 X 射线线性衰减系数的相对值小于 1% 时，CT 图像能分辨该物体的能力。对于工业 CT 而言，低对比度分辨力虽然也是十分有意义的概念，但是并没有得到广泛重视，实际应用较少。

需要强调一下的是，空间分辨率指的是分辨相互紧密靠近物体的能力，密度分辨率反映了 CT 图像上能检测到的最小细节，与给定面积大小有关。一般地说，可以被识别的最小缺陷尺寸要大于空间分辨率的数值。但是前面已经提到，能发现被检对象内部辐射密度的微小变化是 CT 最宝贵的特性。在医学上将此特性定义为低对比度可探测能力（LCD），它是 CT 和常规射线照相之间的关键区别。工业 CT 的情况也差不多，材料中缺陷能否被发现首先取决于这一技术指标，发现以后是否看得清楚才取决于空间分辨率。所以应当清楚地意识到密度分辨率是比空间分辨率更为基础的技术指标。

除了上面两个主要技术指标以外，特别需要注意的是 CT 伪像。伪像不是 CT 检测图像本身应有的部分，而是一种"干扰"。理论上伪像可以定义为 CT 图像中的数值与物体真实衰减系数之间的差异。这个定义包含了所有非理想图像，但它没有多少实际价值，因为按照这个定义，没有说明多大程度的"差异"可以称之为"伪像"。按此定义极端地说几乎整个 CT 图像都可以归结为"伪像"。从本质上说，CT 比常规的射线照相更容易产生伪像，甚至可以说是不可避免的。这是由于反投影过程是将投影中一点要映射到图像中一条直线，不像常规射线照相时投影读数的一个误差仅仅限于局部区域。CT 图像是由大量投影生成的，通常要使用大约 10^6 个独立测量数据形成一个二维图像。任何不准确测量结果的表现就是在重建图像中产生误差，所以 CT 产生伪像的概率要高得多。也就是说，CT 图像中大部分像素都是以某种外形或形式出现的"伪像"。然而有些误差或伪像只是使检测人员烦恼，有些则可能产生误判。在实际应用中，需要更加着重考虑的是那些影响检测人员判断的差异或伪像。

事实上 CT 的部件或者整个系统的运行都远不是理想的。这些不理想的条件自然会导致图像上出现不代表实际物体的伪像。人们通常并没有意识到 CT 在今天能够成为一种可行的医疗设备的真正秘密既不是成千上万篇论文讨论的重建算法，也不是令人"眼花缭乱"的图像显示方法，而是伪像的处理方法。换句话说，如果不能有效限制或降低伪像的水平，CT 图像可能没有任何实际应用价值。然而非常遗憾，这是所有 CT 制造商很少公开讨论的技术。虽然在不同杂志或会议论文集上可以找到一些相关研究论文和报道，但更大部分研究结果是以专利形式出现或根本不以任何形式公开，被当作专有技术或商业秘密。仅仅这一现象就足以向人们说明，减少伪像在 CT 技术中的重要性。工业 CT 也和医用 CT 一样，只有伪像水平降低到一定的水平，这样的设备才有实际的应用价值。

产生伪像的来源很多，表现形式也很多，不同场合危害程度也不一样。这就导致实际上难以制定比较严格的标准来描述伪像的水平或在不同设备上进行比较。可以有一种考虑方法，即把伪像看成是一种广义的噪声，而后按照密度分辨率的方式来描述其强度，应用信噪比的概念来判断其对于图像质量的破坏程度。如果能够将伪像降低到密度分辨率要求的水平以下，则伪像不致对图像的分析带来很多困难。但是相当多的情况下，伪像水平要高得多，这时只能依靠分析伪像的形貌和出现位置等性质来识别它们和真实细节特征之间的差异。尽管不同场合下不同类型的伪像对缺陷鉴别的影响确实是一项十分复杂的事情，但是按照"广义噪声"来理解伪像可能会有利于将伪像的描述趋向定量化。

检测时间通常指的是一个断层图像的平均生成时间，它主要是由（采集数据的）扫描时间与（图像重建的）计算时间两部分组成的。更全面地还应当考虑改变切片位置和更换样品的时间。前面已经提到检测速度相对比较慢，也就是产出速度低是工业 CT 的一个主要缺点，这主要是因为重建断层图像需要采集的数据量数百倍于传统的射线（透视）检测方法，不仅采集数据需要一定的时间，大量数据的计算也需要相当的时间。由于计算机性能近年来日新月异的提高和重建算法的改进，现代工业 CT 使用高端个人计算机已可满足要求，一般二维图像重建所需要的时间相对于扫描时间几乎可以忽略。由于检测对象不同，工业检测对象在辐射剂量方面可以比医用 CT 放松一些要求，另外较大、较重工件也需要更长的照射时间，所以实际应用中工业 CT 生成一个断层图像的时间要比医用 CT 长得多，大概从几分钟到几十分钟。

从原理上说，生成一个断层图像的时间与 CT 系统的两项基本技术指标—空间分辨率和密度分辨率是互相制约的，因此在实际应用中往往只能在保证图像质量的条件下，提高检测速度。没有质量的速度是没有任何意义的[12,13]。

最后需要说明的是，在 CT 相关技术中，提到的密度都是指辐射密度。CT 检测得到的是辐射密度分布图像，更专业一些应当称为射线衰减系数的分布图像。辐射密度和日常生活中常用的与物体质量相关联的物理量——密度有着不同的意义，它指的是与射线穿过某种材料时的衰减相关的一个物理量，射线在物质中的衰减是由第 2.1 节中所描述射线与物质的各种相互作用决定的。由于在大多数情况下辐射密度与材料密度有近似的对应关系，人们往往习惯性地把 CT 图像误认为就是一般（材料）密度的分布图像。这种混淆在很多实际应用情况下并无很大害处，然而在精确定量分析检测结果时就有可能导致一些错觉。

2.3.2 图像对比度

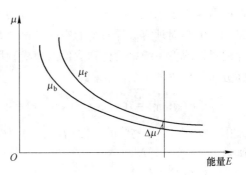

图 2-18　线衰减系数差 $\Delta\mu$ 与射线能量关系

首先来考察在基体材料内包含若干"细节"材料的射线衰减情况。线衰减系数是射线能量的函数[14,15]。假设细节和基体这两种不同材料的 X 射线线衰减系数（μ_f 和 μ_b）和能量的关系如图 2-18 所示。

根据历史上的定义，CT 图像对比度表示成细节与背景材料线衰减系数差的百分比。

$$Contrast = \frac{|\mu_f - \mu_b|}{\mu_b} \times 100\% \qquad (2-8)$$

式中，$Contrast$ 为对比度；μ_f 为细节的线衰减系数；μ_b 为基体材料的线衰减系数。

以上对比度的定义是假定细节厚度大于 CT 切片厚度。如果细节厚度为 h，CT 切片厚度 t 大于 h 时，则对比度需要乘以比例因子 h/t。式（2-8）的致命弱点是当基体材料的吸收系数为零时（如空气），对比度变成无穷大；但是多数情况下，对于同一基体材料上存在多种细节时，很容易对这些细节的对比度进行相对的比较。

一个细节（μ_f）在背景材料（μ_b）上的理想 CT 扫描结果如图 2-19 所示，线衰减系数为 μ_f 的小的细节在线衰减系数为 μ_b 的背景材料中的 CT 扫描图如图 2-19（a）所示；穿过图 2-19（a）所示细节的 CT 值轮廓曲线如图 2-19（b）所示；图 2-19（a）中识别细节和背景材料线衰减系数的概率分布函数（PDF）如图 2-19（c）所示，它是指细节和背景能够被识别的概率。理想情况下，背景的线衰减系数为 μ_b，细节的线衰减系数为 μ_f。线衰减系数差的定义如下：

$$\Delta\mu = |\mu_f - \mu_b| \qquad (2-9)$$

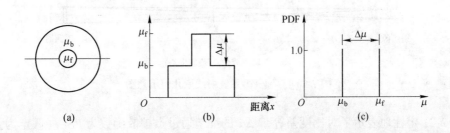

图 2-19　细节（μ_f）在背景材料（μ_b）上的理想 CT 扫描结果

2.3.3　点扩散函数和调制传递函数

2.3.3.1　点扩散函数对 CT 图像的影响

对于工业 CT 这样的成像系统，一个理想点状物体的图像都会扩散成为一个分布，这个分布称为点扩散函数（PSF）。事实上这个现象存在于任何的成像系统中。数学上点扩散函数可以表示成一维的分布，也可以表示成二维的分布。上述定义在数学上虽然不是严格的，但是对理解成像系统的空间分辨率却是十分重要的。它的意义在于可以预测实际物体通过该成像系统以后得到图像的模糊程度。数学上可以表示成物体的图像等于物体的实际分布与点扩散函数的卷积

$$F(x, y) = f(x, y) * g(x, y) = \int_{-\infty}^{\infty} \int_{-\infty}^{\infty} f(\mu, \nu) \cdot g(x - u, y - v) \mathrm{d}u \mathrm{d}v \quad (2\text{-}10)$$

式中，$F(x, y)$ 为物体的图像；$f(x, y)$ 为物体的实际分布；$g(x, y)$ 为成像系统的点扩散函数。

一维的形式如下：

$$F(x) = f(x) * g(x) = \int_{-\infty}^{\infty} f(\tau) \cdot g(x - \tau) \mathrm{d}\tau \quad (2\text{-}11)$$

在这里我们并没有设想利用点扩散函数作具体的计算。主要是能够从实际应用的角度理解点扩散函数是工业 CT 系统对理想的点状物体的图像响应。由于点扩散函数的影响，小细节对应的图像尺寸可能变大，使得边界变得模糊不清，同时会降低实际图像的对比度。其结果是使得细节的辨别变得困难。

为了形象地说明这个问题，可以将 PSF 近似看做一个直径为 BW 的圆柱[16]。BW 称为射线等效束宽，BW 的表达式如下（见图 2-20）：

$$\mathrm{BW} = \frac{\sqrt{d^2 + [a(M - 1)]^2}}{M} \quad (2\text{-}12)$$

式中，BW 为有效射束宽度；d 为探测器宽度；a 为射线源焦点尺寸；M 为放大倍数，$M = L/S$，L 为射线源到探测器距离，S 为射线源到物体距离。

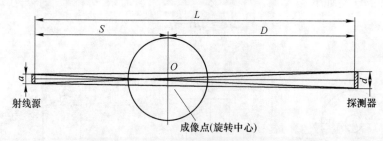

图 2-20　工业 CT 系统射线束几何示意图

图 2-21 定性地表示了对比度差等于 $\Delta\mu$ 的细节通过点扩散函数为 PSF（假定为直径等于 BW 的圆柱）的 CT 系统后得到的图像，分别画出了小于、等于及大于 BW 的三种细节与 PSF 卷积后的结果。从图 2-21（a）可以看出，当细节尺寸 SW 小于射束宽度时，系统点扩散函数 PSF 降低了细节的对比度，对比度差由 $\Delta\mu$ 降低为 $\Delta\mu(\mathrm{SW/BW})^2$，同时细节

图像的宽度有所增加，变成下底为（BW+SW）、上底为（BW-SW）的圆台。从图2-21（b）可以看出，当细节等于射束宽度 BW 时，对比度差 $\Delta\mu$ 不变，但是图像细节成为底部直径等于 2BW 的圆锥。从图2-21（c）可以看出，当细节 LW 大于射束宽度时，图像细节成为下底为（LW+BW）、上底为（LW-BW）、对比度差为 $\Delta\mu$ 的圆台。显然，点扩散函数 PSF 对直径大于 PSF 的细节影响不大，而且中心部分的对比度没有改变。

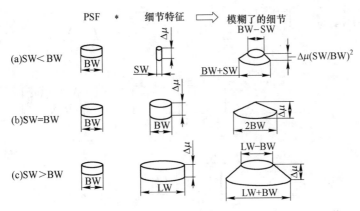

图2-21 定性表示对比度差为 $\Delta\mu$ 的细节通过 CT 系统后的图像

工业 CT 数据采集不是连续的过程，投影数据是在一些离散的间隔为 s 的点上进行采样的。根据采样定理，s 最大等于 BW/2，另外重建图像也是离散的，采样定理要求重建图像中的像素尺寸 Δp 应不大于 s 以保证空间分辨率。因此最小细节要占用 $2^2 = 4$（个）像素或者更多。

细节（μ_f）在背景材料（μ_b）上的实际 CT 扫描结果如图2-22所示，PSF 与图2-19（a）中的理想图像卷积以及离散采样的结果如图2-22（a）所示，细节 CT 值的轮廓在细节背景的边界处呈梯度变化。新的 PDF 如图2-22（b）所示，细节和背景的 PDF 都小于1，且比起图2-19（c）的理想图像来，背景材料的 PDF 中多出了线衰减系数大于 μ_b 的成分，细节 PDF 中多出了线衰减系数小于 μ_f 的成分。

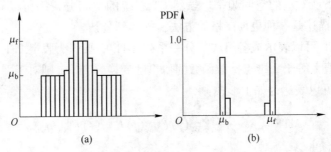

图2-22 细节（μ_f）在背景材料（μ_b）上的实际 CT 扫描结果

2.3.3.2 调制传递函数对 CT 图像的影响

图2-23 显示出了宽度为 BW 的 PSF 函数与线宽为 D、间隔为 $2D$ 的周期性细节的卷积计算结果，并以此形象地说明调制传递函数的意义。当 $D \geqslant$ BW 时，细节和背景之间的有

效对比度（$\Delta\mu_e$）等于实际对比度（$\Delta\mu$）；反之，当 $D<$BW 时，有效对比度会降低；当 $D=$BW/2 时，有效对比度基本等于零。$D=$BW/2 的空间分辨率（1/BW）称为系统的截止频率，它表征了系统对周期性细节响应的极限。

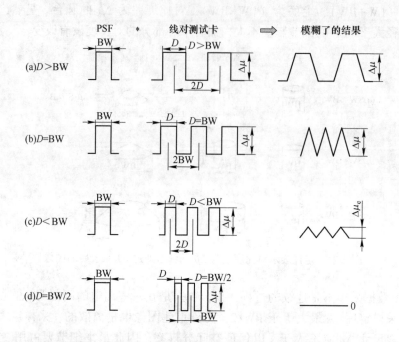

图 2-23　宽度为 BW 的 PSF 函数与线宽为 D、间隔为 $2D$ 的周期性细节的卷积计算结果

对于实际的系统，周期性细节的空间频率等于 $1/2D$，在不同的空间频率下，有效对比度（$\Delta\mu_e$）将小于实际对比度（$\Delta\mu$），有效对比度和实际对比度的比值称为调制度，将空间频率和调制度的关系画成曲线称为系统的调制传递函数（MTF）曲线，曲线反映了系统对周期性细节响应的特性，也就是系统的空间分辨率。可以将系统的空间分辨率定义为一定的调制度下所对应的空间频率。虽然 CT 系统的空间分辨率可以有多种表示方法，但是使用 MTF 来描述是一种更加严格的方法，并得到公认。

全系统的 MTF 可以表示成各组成部分一系列 MTF 的乘积。假定 PSF 是圆对称的，调制传递函数在数值上等于一维点扩散函数的傅里叶变换（FT），则对于平行束的 CT 系统，MTF 的近似理论可以表达为如下形式：

$$\text{MTF} = \frac{F_{\text{CON}}(f)}{f} F_{\text{BW}}(f) F_{\text{Mov}}(f) F_{\text{INT}}(f) F_{\text{PIX}}(f) \tag{2-13}$$

式中，$F_{\text{CON}}(f)$ 为滤波函数的 FT；$F_{\text{BW}}(f)$ 为等效束宽的 FT；$F_{\text{Mov}}(f)$ 为有限大小线性采样间隔的贡献；$F_{\text{INT}}(f)$ 为线性插值的贡献；$F_{\text{PIX}}(f)$ 为显示矩阵有限大小的贡献；f 为空间频率变量。

在高信噪比的情况下，可以使用空间分辨率较高的 Ramachandran 滤波函数[17]，这时 $F_{\text{CON}}(f)/f = 1$。在噪声水平较高的情况下，一般可以采用 Shepp & Logen 滤波函数[18]，这时 $F_{\text{CON}}(f)/f = \sin(\pi fs)/(\pi fs)$。表示等效束宽贡献[17]的 FT。

$$F_{\text{BW}}(f) = \frac{\sin \dfrac{\pi f d}{M}}{\dfrac{\pi f d}{M}} \cdot \frac{\sin \dfrac{\pi f a(M-1)}{M}}{\dfrac{\pi f a(M-1)}{M}} \tag{2-14}$$

式中，s 为投影数据的采样间隔；d 为探测器有效宽度；a 为射线源焦点尺寸；M 为放大倍数。

根据 PSF 与 MTF 的关系式（2-13）原则上说可以用来测量一个实际系统的 MTF 曲线。

但是在实际应用中理想的点状物体成像很难实现，为此一般用从圆柱图像得到 MTF 的方法（见图 2-24），其基本原理是对边缘响应函数（ERF）求一阶导数近似获得线扩展函数（LSF），再用 LSF 来近似 PSF，直接对 LSF 进行 FT 得到 MTF，选择圆柱的原因是在它的质量中心被确定以后，通过质量中心的直线都正交于圆柱的边界。对 CT 轮廓多次求平均可以减少 ERF 的系统噪声。通过圆柱图像中心的几条不同直线的剖面如图 2-24（a）所示；多个边缘响应整理和平均求出 ERF，如图 2-24（b）所示；对边缘响应函数求导，得到系统的 LSF，如图 2-24（c）所示；对线扩散函数求离散傅里叶变换，得到系统的 MTF，如图 2-24（d）所示。

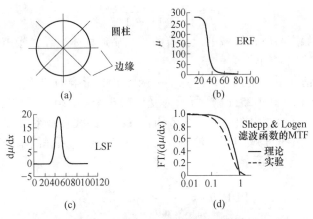

图 2-24　利用圆柱图像得到 MTF 的过程

2.3.4　噪声对 CT 图像的影响

工业 CT 成像过程中不可避免地会出现噪声，即使电噪声和散射噪声能够降低到最小，X 射线本身的量子统计噪声也是无法避免的，量子统计噪声服从泊松分布，这就使得测量到的光子数是一个随机数。假定光子的平均值为 n，给定的采样周期内检测到光子数在 $n \pm \sqrt{n}$ 范围内的概率大约为 68.3%。统计学中称 $\sqrt{n}$ 为标准偏差，常用希腊字母 σ 表示。将实际测量数据落在一定偏差范围的概率称作置信度。

在平行束扫描方式下，半径为 R 的圆柱体[19]，其 CT 图像中心的噪声计算公式如下：

$$\sigma_{\text{R}} = \frac{0.91}{s\sqrt{V}}\sigma_{\text{d}} \quad (\text{Ramachandran 滤波函数}) \tag{2-15}$$

$$\sigma_{S\&L} = \frac{0.71}{s\sqrt{V}}\sigma_d \text{（Shepp \& Logan 滤波函数）} \tag{2-16}$$

在 X 射线的统计噪声占统治地位时，σ_d 可以表示为

$$\sigma_d = \left[\frac{1}{n\exp\left[-2\mu_b(\bar{E})R\right]} + \frac{1}{n}\right]^{\frac{1}{2}} \tag{2-17}$$

式（2-15）~式（2-17）中，V 为投影视角数；s 为投影数据的采样间隔；σ_d 为断层图像数据噪声的标准偏差；$\mu_b(\bar{E})$ 为圆柱体对等效能量为 $\bar{E}$ 的 X 射线的线衰减系数。

那么容易理解，噪声随光子数 n 的增加而减少，随圆柱体半径 R 及其线衰减系数 μ_b 的增加而增加。

实际测量时首先选定一定大小的均匀图像，测出上面的 m 个像素对应的线衰减系数（CT 值）μ_i，再根据一般统计学的方法求出平均值 $\bar{\mu}$ 和标准偏差 σ。

$$\bar{\mu} = \frac{1}{m}\sum_{i=1}^{m}\mu_i \tag{2-18}$$

$$\sigma = \sqrt{\frac{\sum_{i=1}^{m}(\mu_i - \bar{\mu})^2}{m-1}} \tag{2-19}$$

重建图像中的噪声与所选区域的位置有关，越靠近物体边界，噪声数值变化越大。因此一般不建议选用特别大的选区。

在存在噪声的情况下，受到非理想点扩散函数 PSF 影响的细节图像将进一步由图2-22 变化成如图 2-25 所示。图 2-25（a）所示为受到噪声影响的细节图像，其线衰减系数的 PDF 如图 2-25（b）所示。由图可见，细节和背景材料的线衰减系数进一步向两边扩散且相互重叠。采样过程中光子噪声服从泊松分布，但多次独立采样的组合可近似看做正态分布，公式如下：

$$\text{PDF}(\mu) = \frac{1}{\sqrt{2\pi}\sigma}\exp\left(-\frac{\mu - \bar{\mu}}{2\sigma^2}\right) \tag{2-20}$$

用光滑曲线绘制的 PDF 如图 2-25（c）所示。图中分别给出了细节和背景材料的像素平均值、标准偏差值以及它们之间的对比度。

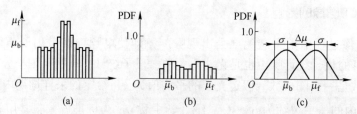

图 2-25　在有噪声情况下细节的图像结果

图 2-25（c）表明由于受到噪声的影响，细节和背景材料之间的对比度减小。线衰减系数差为细节平均值 $\bar{\mu}_f$ 和背景材料平均值 $\bar{\mu}_b$ 的差。在细节和背景材料线衰减系数分布的重叠区域，细节像素和背景材料像素难以区分。

2.3.5 CDD 曲线

在实际生活里，细节能否被识别最后还是取决于肉眼的观察。文献［20~22］都报道了肉眼可以 50%概率识别直径为 D 的细节，其图像噪声为 σ 与等效对比度（$\Delta\mu_e$）的关系如下：

$$\Delta\mu_e = \frac{c\sigma\Delta p}{D} \qquad (2-21)$$

式中，Δp 为像素尺寸，mm；c 为常数，变化范围为 $2 \leqslant c \leqslant 5$。

在细节 $D>BW$ 的情况下，细节对比度 $\Delta\mu$ 没有受到影响

$$\Delta\mu_e = \Delta\mu = \frac{c\sigma\Delta p}{D} \qquad (2-22)$$

等式两边同除以背景材料的线衰减系数 μ_b 得到

$$\frac{|\mu_f - \mu_b|}{\mu_b} \times 100\% = \frac{c\sigma\Delta p}{D\mu_b} \times 100\% \qquad (2-23)$$

在细节 $D<BW$ 的情况下，细节对比度 $\Delta\mu$ 要减小 D^2/BW^2 倍

$$\Delta\mu_e = \frac{\Delta\mu D^2}{(BW)^2} = \frac{c\sigma\Delta p}{BW} \qquad (2-24)$$

$$\frac{|\mu_f - \mu_b|}{\mu_b} \times 100\% = \frac{c\sigma BW\Delta p}{D^2\mu_b} \times 100\% \qquad (2-25)$$

工业 CT 检测时，不仅需要看到单个细节的特征，而且要把距离很近的两个细节分开。在 50%的鉴别概率下，将线宽为 D、间隔为 $2D$ 的细节分开所需要的实际对比度与细节的线宽之间的关系曲线称为 CDD（contrast detail dose）曲线。根据 MTF 的定义，原始的对比度差 $\Delta\mu CDD$ 要减小，变成有效对比度差 $\Delta\mu CDD_e$。利用式（2-21）可得到

$$\Delta\mu CDD_e = \Delta\mu CDD \cdot MTF\left(\frac{1}{2D}\right) = \frac{c\sigma\Delta p}{D} \qquad (2-26)$$

再将式（2-25）表示为密度分辨率和细节线宽的关系，可以得到如下计算公式：

$$\frac{|\mu_f - \mu_b|}{\mu_b} \times 100\% = \frac{c\sigma\Delta p \times 100\%}{MTF\left(\frac{1}{2D}\right)D\mu_b} \qquad (2-27)$$

由于 MTF 数值通常都小于 1，比较式（2-25）和式（2-27）可以发现，区分线宽为 D、间隔为 $2D$ 的两个相邻细节所需要的物体对比度要大于检测出线宽为 D 的单一细节所需要的物体对比度。细节之间越近，也就是空间频率越高，MTF 数值也越小，两者之间的差距也越大。从式（2-27）还可看到空间分辨率和材料反差的关系，在材料反差大的情况下，比较有利于区分邻近的细节；反之，在材料反差小的情况下，CT 系统的空间分辨率降低。归根到底，都取决于被检测物体中材料的反差对比度与噪声水平的比值。这才是我们最应该关心的 CT 系统的性能。

图 2-26 是系统检测能力和 CDD 曲线的实例。计算数据是根据一个半径为 2.54cm 的铁圆柱在 0.8MeV 的 X 射线透照下获得的。

图 2-26 中采用对数坐标系，纵坐标为对比度，横坐标为检测目标直径 D（以像素数

为单位）。对直径 $D > BW$ 目标的检测能力曲线由实线表示，直径 $D < BW$ 的目标的检测能力曲线由短虚线表示。可以用于预测一个线衰减系数为 μ_f（0.8MeV）、宽度为 D 的目标是否能在该铁圆柱中心被检测出来。如果坐标点落在线的右边，其检出概率大于 50%；如果它落在线左边，就不能检测。注意当目标的高度 h 小于 X 射线切片的宽度 t 时，百分比对比度需乘以 h/t 比例系数。

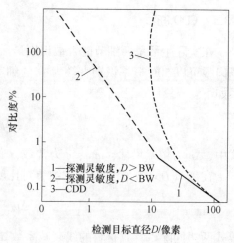

图 2-26 中同时绘制了由式（2-27）算出的理论 CDD 曲线（见图 2-26 中线 3）。只要根据该点相对于曲线的位置，就可以确定线宽为 D、中心间隔为 $2D$ 的两个细节的识别概率。如果它位于曲线的右边，相邻细节至少能以 50% 的概率检出；如果它位于曲线的左边，细节就不能被分开。

图 2-26　系统检测能力和 CDD 曲线的实例

2.3.6　伪像概述

伪像是指在 CT 图像上出现了与物体的物理结构不相符的图像特征。引起伪像的原因大体分为两类：一类是与 CT 技术本身的原理有关，如部分体积效应；另一类是与 CT 设备的硬件、软件及扫描工艺技术有关，如射束硬化、数据精度不够及扫描工艺不合适等。

伪像的类型和严重程度是区分同种规格的 CT 系统的两个因素。检测人员应当掌握伪像之间的区别以及它们对测量变量的影响。例如，杯状伪像会严重影响绝对密度的测量，但不影响径向裂纹的检测。

（1）部分体积效应伪像。当一个体素内包含多种结构特征时，所对应的图像像素值是此体素内各种结构特征线衰减系数的平均值。由于射线强度按指数规律衰减，当射线束同时穿过线衰减系数不同的两种材料时（如在切片厚度内，一部分射线穿过一种材料，另一部分射线穿过另一种材料），实际的衰减方程应是每种材料线衰减系数指数项的和，而不是线衰减系数和的指数项。对像素值进行平均处理的过程会造成投影数据的非线性或不一致，从而引起图像上的条状伪像。减小部分体积效应伪像的办法是尽可能减小切片厚度，并对图像进行光滑滤波处理。另外，试件周围填充液体或线衰减系数相近的材料，减小边界对比度也有利于改善这类伪像。

（2）射束硬化伪像。射线 CT 其能量是连续谱，穿透试件后，低能量光子比高能量光子更易被材料吸收，这样，X 射线穿过厚截面部位的有效能量要高于薄截面部位，这种现象称为射束硬化。射束硬化会引起测量数据不一致，扫描圆柱形均匀样品时呈现出 CT 值随半径减小而减小，产生类似"杯子"形状的 CT 图像，也称为杯状伪像。射束硬化现象可以通过预先滤波法、数据软件校正法及双能量法进行校正。

（3）采样数据不足引起的伪像。在工业 CT 扫描过程中，若投影数据的采样间隔过疏，会造成高频成分丢失，引起环状伪像，在二代扫描模式下，通过调整平移过程中测量点的线性距离容易校正；在三代扫描模式下，采样间隔实际上由探测器晶体之间的死区间隔决定，改进办法是通过增加旋转次数进行采样插值。除采样间隔外，采集幅数不足也容易产生辐射状伪像，特别是在图像的外边缘更为突出。在三代扫描方式下，采集幅数是容易调整的参数。

（4）散射线引起的伪像。散射线产生的信号与一次信号相比尽管很弱，但由于工业CT探测器灵敏度高，同样能带来不利的影响。探测器测到多余的错误信号，相当于降低了试件的线衰减系数，引起与射束硬化现象类似的伪像。为了减少散射线，可以采用准直器严格控制射线束宽度，或利用前后准直器进一步屏蔽散射线信号。有时增加物体至探测器距离也有利于减少散射线，但此时要考虑空间分辨率的影响。

2.3.7 工业 CT 系统的验收和指标测定

因为 CT 产品的各项技术指标的测定本身比较复杂，不同测试条件下的结果可能有很大的差别。所以验收工作是一种技术性很强的复杂工作，应当在购买者和提供者最初签订合同时给予足够细致的考虑才能减少最后的麻烦。

前面讲过，制作与实际缺陷完全一致的标准样品几乎是不可能的，常常只能制作包含了形态近似缺陷的标准样品来模拟。由于实际情况五花八门，应当说很多情况下制作的带有缺陷的"标准样品"与实际情况相差甚远，检测结果仅有参考意义。

有一些经验的方法可以作为评定 CT 产品性能的参考[16]。例如，检测主要目标在于发现夹杂等细小（如 4 个像素）的高对比度缺陷，在背景均匀的情况下，其图像对比度只要高于单个像素平均噪声 5~6 倍就可以被识别。如果感兴趣区内图像噪声水平是 2%，小的缺陷至少要有大约 10% 的对比度才能被识别。再假定检测主要目标在于鉴别大面积（如 400 个像素）的微小辐射密度变化，在背景均匀的情况下，可以识别的密度变化等于3 倍单个像素平均噪声除以像素数的平方根。如果感兴趣区内图像噪声水平还是 2%，上述面积内 $0.3\%(3 \times 2\% \sqrt{400})$ 的密度变化可以被识别。从上面的实例，可以更进一步了解到一台工业 CT 的检测能力与系统噪声的关系是多么密切。作为参考，有人这样来评价CT 系统的优劣，图像噪声水平低于 1% 的为优，图像噪声水平在 2%~4% 的为好，图像噪声水平等于 5% 的算中等，图像噪声水平大于 10% 的为差。

相对以上种种方法，用标准化的模体来测量空间分辨率和密度分辨率这类典型化的技术指标，能够更加客观地反映 CT 系统的真实性能，更容易比较出不同工业 CT 产品性能的优劣，同时具有好的可操作性，得到了广泛的采用。

2.3.7.1 检测空间分辨率的传统模体和方法[10,11]

A 用线对测试卡测试空间分辨率

图 2-27 所示为一种包括 4 个线对组的线对测试卡示意图。它的基体一般由低密度的透明有机材料做成，内部镶嵌一系列金属片制成的线对组，每个线对组中的金属片厚度为 D，相邻金属片中心间隔为 $2D$，则线对组对应的空间频率为 $1/2D$。当最宽的那组 CT 图像的 CT 值分布曲线为明显的矩形平台时（见图 2-28），可以将相应的对比度差 $\Delta\mu$ 当成基准，其余的线对组对应的对比度差 $\Delta\mu$。作归一化处理，就得到了不同空间频率对应的调

制度 $\Delta\mu_e/\Delta\mu$ 。以空间频率为横坐标，调制度为纵坐标，可绘制出 MTF 曲线（见图 2-29）。很多情况下都将 10% 调制度对应的空间频率定义为系统的空间分辨率。

B　用圆孔测试卡测试空间分辨率

图 2-30 所示为一种圆孔测试卡的示意图。它的基体一般由高密度的圆柱形材料（钢、铝或塑料等）制成，加工孔径和间隔不同的圆孔组，孔径为 D 时，相邻孔间距为 $2D$，则每个圆孔组的空间频率为 $1/2D$，进行 CT 扫描以后的处理方与对测试卡大体相同，绘出 MTF 曲线以后，查出 10% 调制度对应的空间频率，即系统的空间分辨率。

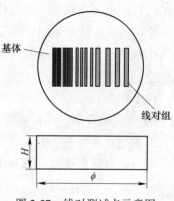

图 2-27　线对测试卡示意图

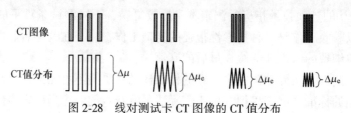

图 2-28　线对测试卡 CT 图像的 CT 值分布

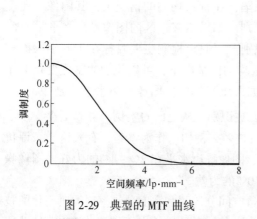

图 2-29　典型的 MTF 曲线

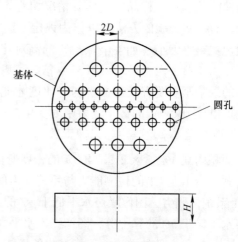

图 2-30　圆孔测试卡示意图

2.3.7.2　检测密度分辨率的传统模体和方法

A　用液体密度差试件检测密度分辨率

液体密度差试件（见图 2-31）是在纯水中的特定范围内加入可溶性介质（一般选用氯化钠），使介质溶液和纯水存在一定的密度差。根据 CT 图像能够分辨的密度差即可确定系统的密度分辨率。由于密度分辨率与测定面积大小有关，因此测定密度分辨率时必须事先确定介质溶液的断面面积。这种方法本来可以用肉眼能否区分来判断密度分辨率，但是容易加入人为的主观因素。更加严格的方法是测出介质溶液的 CT 平均值和标准偏差，并认定标准偏差值的 3 倍除以介质溶液的 CT 平均值为给定面积下的密度分辨率。

这种试件的好处是十分容易控制密度变化，缺点是对于大多数工业 CT 的检测系统来说水或盐的水溶液密度都太低，因此噪声水平差别很大，不一定能反映系统检测实际对象时的性能。

B 用固体密度差试件检测密度分辨率

固体密度差试件（见图 2-32）是在均质材料（常用金属或塑料等材料）为基体中特定部位插入一系列与基体密度相近的固体圆柱（固体密度差试件）。这种方法本来也是用肉眼能否区分来判断密度分辨率的。更加严格的方法也是认定给定面积下测出 CT 值的标准偏差值的 3 倍除以插入圆柱的 CT 平均值为系统的密度分辨率。

虽然固体密度差试件可以避免液体密度差试件密度太小的问题，但是实际应用时，往往不容易找到合适的材料，既可以由相同材料组成，又可以随

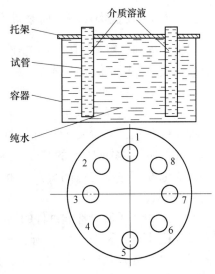

图 2-31 液体密度差试件示意图

意挑选相近密度的材料。事实上包括单一金属棒材由于轧制过程的影响，密度并不均匀，更不用说不同成分合金材料的线衰减系数并不一定和密度成正比，这样用肉眼能否区分来判断密度分辨能力就更加不可靠了。

C 用空气间隙法检测密度分辨率

空气间隙试件是在均质刚性基体材料（常用金属或塑料等材料）中人工制造一定直径和高度的空气间隙，使 CT 扫描时切片厚度范围内局部的平均密度发生变化，从而测定系统的密度分辨率，空气间隙法试件结构如图 2-33 所示。

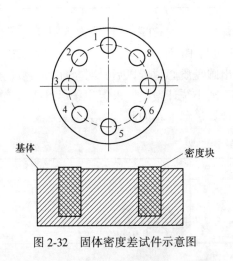

图 2-32 固体密度差试件示意图

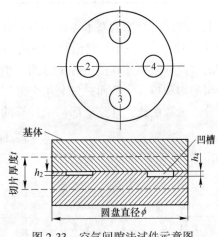

图 2-33 空气间隙法试件示意图

这时系统密度分辨率就等于能够分辨的最小空气间隙厚度与切片厚度的比值。对于这种测试方法，部分体积效应将影响测定结果，幸好部分体积效应的影响是使测量结果偏于保守的。

2.3.7.3　圆盘法检测空间分辨率和密度分辨率

前文中提到利用圆柱图像的 ERF 求导得到近似的 PSF，最终求得 MTF 的过程；以及测试密度模体时用 3 倍标准误差定义密度分辨率的事实已经向我们暗示，利用一个圆盘模体的 CT 图像就可以直接将空间分辨率和密度分辨率测出。

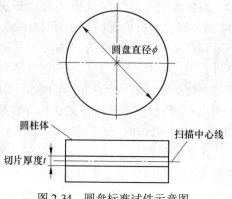

问题在于什么样的方法可以尽可能充分利用全部实验数据，减少实验和计算过程产生的误差。在参照 ASTM E1695 的基础上推荐了一套利用圆盘标准试件测定空间分辨率和密度分辨率的完整方法。

图 2-34 绘出了圆盘标准试件的结构示意图，圆盘模体设计要求参见表 2-5。圆盘材料应与被检测对象的线衰减系数相同或相近，圆盘直径最好也与检测对象相近。圆盘厚度应大于扫描时切片厚度，圆盘上、下表面的平行度及侧面的圆柱度的加工应当足够精细。

图 2-34　圆盘标准试件示意图

表 2-5　圆盘模体设计要求

材料	圆盘的材料和直径应使得模体和检测对象的吸收范围相近，最好选用检测对象的同一种材料
直径	直径应该保证圆盘在重建图像中占有明显的份额，同时所选用直径的材料应使模体与检测对象的吸收范围相近
厚度	圆盘厚度应大于扫描检测对象时的切片厚度
形状	旋转轴线相对于 CT 设备上安装模体表面的垂直度必须不影响测量的几何清晰度
加工	模体的曲面粗糙度必须不影响测量的几何清晰度

测试空间分辨率的基本原理如下：通过圆盘标准试件的 CT 扫描图像得到圆盘边缘 CT 数据获得 ERF，对 ERF 求导得到 PSF，再对 PSF 进行 FT 计算得到 MTF 曲线，从而确定系统的空间分辨率。其中十分关键的一步是在求出圆盘质心位置以后，对全部边缘数据进行分组平均和拟合，从而充分利用全部实验数据，减小统计误差，求得一条尽可能精确的边缘分布函数曲线，这是全部测量计算的基础。计算过程推荐的测量参数见表 2-6。

表 2-6　推荐的测量参数[10]

图像矩阵大小/像素	圆盘图像直径/像素	最大方块尺寸/像素	ERF 分组大小/像素	拟合点数量
256	235	12	0.100	11
512	470	24	0.050	21
1024	940	48	0.025	41

测定密度分辨率时，首先在图像中心区域特定范围内选择一系列方块（见图 2-35），计算各个方块中的像素平均值，得到这种方块尺寸下像素值的平均标准误差。对于各种尺寸的方块建立起方块尺寸和平均误差之间的关系。用平均标准误差值除以各自的像素平均值，表示为相对于像素平均值的百分比，以各种方块尺寸为横坐标，各种方块相对误差的

3 倍作为纵坐标，就得到了对比度鉴别函数（CDF）的曲线。从 CDF 就可以查出不同尺寸范围下的密度分辨率。

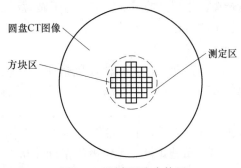

图 2-35　测定区和方块区

尽管有上述各种传统测量方法，或是圆盘试件的测试方法，但目前无论国内还是国外，关于工业 CT 的空间分辨率和密度分辨率的测定方法都还没有排他的强制性标准。上述种种方法测试结果不一定完全一致，也可能没有简单的对应关系，但不是相互排斥的，同时应当特别注意具体测试条件，以便对 CT 系统的性能得到比较客观准确的评价。

2.4　岩石力学测试 CT 扫描常用述语

以下列举几个工业 CT 扫描过中常用的专业术语[23,24]，以便更好地将工业 CT 扫描用于岩体细观结构力学中去。

（1）扇角。扇角指射线源发出的 X 射线经滤线器对边缘射线进行阻挡后的有效发射角度，一般为 30°~60°。从减小设备尺寸上看，扇角大为好，但 X 光球管不能保证边缘与中心的一致，虽采用中心滤线器加以纠正，仍很难保证在球管长时间使用或变化扫描参数时射线的均匀性，因此通过试验优化设计来确定。

（2）扫描范围（scan field diameter）。扫描范围指有效进行扫描重建的区域，一般为直径为 40~70cm 的圆形区域。早期的 CT 机由于校准软件的限制，即便在此区域内扫描，也要求居中，否则引起数据非正常歧变（伪影），新型 CT 机对此大大改善。对于高密度的被测物体，实际较好成像的扫描野小于标称值。

（3）扫描层厚（slice thickness）。扫描层厚指扫描被测体的标称层厚，一般为 1~10mm。在设备校准过程中分级调整摄像源和探测器端滤线器的宽度，限制穿透被测体到达探测器的射线束，达到观测有限厚度信息的目的，通常以扫描野中心为准。显然，为获得被测体细小部位的图像要采用较薄的层厚，这样限制了能量的输送，探测器接收的信息水平降低，会降低信噪比。实践中要根据对检测的目的性加以确定。

（4）管电压。管电压指为发出 X 射线加于球管阳极的电压，通常为 80~140kV。在医学使用中，往往针对不同的脏器选择固定的电压条件，以避免 X 光谱改变对被检部位的曲解，早期的 CT 机由于软硬件的限制，通常固定在 120kV。对岩土试验中也应针对不同试样进行不同电压的标定扫描，确定该电压条件下被测体的响应。

（5）管电流。管电流指通过光球管的电流，通常为 10~500mA。在考虑球管效率后，管电流对应着射线源的能量。管电流有脉冲、连续和持续几种，早期有用脉冲方式工作以减少对球管热容量的要求，通常为 0.5~1.0MHu；连续型是在一层扫描中连续发射 X 射线；持续型是对螺旋 CT 而言，多层位扫描中不间断地发出 X 射线，对 X 光球管热容量提出了相当大的要求，目前已经达到 3.5~8.0MHu。管电流的选择要根据被测体的密度和尺寸加以考虑，保证有足够的剂量穿透目标并有效地被探测器接收。

（6）焦点。焦点指球管内灯丝的大小，通常为 0.4~1.5mm。常有大、小两种焦点可以选择，小焦点的射线集中，易于做薄层扫描；大焦点可以提供较大的管电流，易于穿透较粗重的目标。岩土试验中试样密度较大，因此足够的能量是主要矛盾，常采用大焦点扫描。

（7）扫描速度。扫描速度指完成一层所需要的 X 射线曝光时间，通常为 0.5~40s，现代 CT 机做到秒级和亚秒级，经常有几种选择，慢速可以获得较多的原始数据，图像质量较好些。对常规的岩土试验而言，医用 CT 机提供了足够快的扫描速度，因此常采用其慢速进行扫描。对某些希望获得高分辨率三维立体结构的试验，可以采用螺旋扫描方式。

（8）重建矩阵。重建矩阵指计算机对收集的数据计算出的点阵数，通常在 160×160 到 512×512 之间。CT 机有不同的采样方式，其有效原始数据介于 10 万~200 万之间，足够多的精确原始数据是计算成像的基础，因此重建矩阵往往是图像质量的粗略标志。

（9）显示矩阵。显示矩阵指由计算机对重建矩阵按照 CT 图像规范处理并适当内插形成的可显示的数据阵列，通常为 320×320 到 1024×1024，对显示图像可以进一步局部放大，使每一个数据点代表更小的空间尺寸。

（10）密度分辨率（低反差分辨率）。密度分辨率指 CT 图像数据反映真实目标的准确程度，通常为 0.5%~0.1%。直观上表现为对接近于设计中等密度的较均匀被测体，所测得数据的正确程度。可见，这一指标越小，对均匀物体测量得到的 CT 数越一致，标志着在不同时间和选择不同的扫描条件时获得的数据越可靠。因此这是 CT 技术指标中十分重要的一个参数。在岩土试验中，某层面的 CT 平均值可靠性达到千分之几的水平，基本可以满足实验的要求。

（11）空间分辨率。空间分辨率是指 CT 图像数据反映被测参数空间变化的精确程度，通常为 1~0.2mm（5~20lp/cm）。

以上数据是 CT 最重要的性能指标之一，标志了 CT 对被测体识别的能力。

在岩土 CT 试验中，空间分辨率的不足是一个突出的问题，岩土的微裂隙发生后有时已经从区域数据的改变有所察觉，但裂隙点的 CT 数尚不能正确的表现，只有当裂隙已经发育得比较宽，图像中才能表现出来，但其宽度和数据均不太准确。这就要求我们对 CT 图像进行后续的增强处理或在扫描中采取特殊方法突出裂隙。在设备能力有限时找到合理的技术方法较好地完成检测任务[25]。

CT 机还有许多技术指标，虽然与岩土扫描没有直接关系，但与试验装置的安排、扫描定位、图像的显示、图像的存储、数据格式的转换、数据的处理及信息的提取等密切相关，应在试验中予以考虑。

2.5　岩石力学工业 CT 扫描方法介绍

应用 X 射线 CT 进行岩石试样检测时，主要采用的扫描方法有重复定位扫描、间断定位扫描、连接动态扫描、预制损伤（应力集中）试验、预制裂纹流动试验及添加敏感物质等[26]。

2.5.1　重复定位扫描

重复定位扫描主要是指将试样在 CT 机扫描一次后，并由于特殊的目的取下来，经过一定的处理，再放到 CT 进行相同扫描的方法。对某些周期较长的试验，或者对试验样品需要进行特殊处理，经过一定 CT 扫描的试样需要脱离 CT 机进行这些处理，对这样的试样就需要多次重复定位。比如岩石长周期的风化试验、反复冻融试验、化学污染效果处理等，不可能长期占据 CT 机，设备也不能长期连续开机并保持稳定的工作状态，试样必然要放置到继续试验的地点或装置中去，尤其是岩石力学受力作用下的细观演化测试，由于缺少相应的高精度伺服加载设备，通常都是加载到一定的应力水平进行 CT 扫描，然后取下来再加载，再进行扫描，如此反复，达到测试目的，这样一来就存在再次扫描前的重新定位问题。为此，需要做好两方面的准备：一是对设置的使用条件参数进行详细记录，保证再次扫描时各方面的条件均一致；对试样做好精确标记，必要时制作简单的模具，使重新定位放置时误差小于±0.5mm，以保证多次扫描的 CT 图像具有进一步计算对比的可能性。由于当前没有与工业 CT 相配套的专用高精度加载装置，要进行较大试验的岩石精细测试，只能每次将试样在三轴试验机上加载到预定应力水平后，卸载再次放到 CT 机上进行扫描。

2.5.2 间断定位扫描

对短周期岩石试验在选定扫描参数后，即进行初次基本扫描，同时试验过程开始，仔细做好试验数据记录，注意观察试样的形状、位置的变化。试样初次扫描完成后，对试样进行加载，加载到预定的位移或载荷时，移动试验加载装置到初始位置，继续进行扫描，如此反复多次，直到试验结束。在试验过程中要检测试样的变形，跟踪原定的扫描位置，保证获得同样位置被测物体内部的 CT 图像，这样就能基本反映整个试验过程试样内部的变化。

2.5.3 连接动态扫描

对瞬间或有特别意义的岩石试验，可以选择可灵敏度的高能加速器工业 CT 机，配置具有更高动态响应范围的 CT 扫描系统新型的探测器，提高 CT 成像的对比灵敏度，以动态扫描方式进行体扫描或连续多次重复扫描，以观测试样内部的瞬间变化，实现样品内部细观结构变化的高分辨率成像。如突然加大载荷后试样的迅速爆破、急剧补充渗流时液体的流动过程、急剧卸荷时试样的膨胀等，必须有针对性地设计试验并准确地操作才能得到满意的试验结果。

2.5.4 预制损伤（应力集中）试验

在岩石损伤力学研究中可以对原状或模拟试样制造一些损伤区，在压缩、拉伸、弯曲等试验中需特别地观测这一区域的内部变化，并与其他部位加以对比获得有意义的结果。

2.5.5 预制裂纹流动试验

在进行 CT 扫描试验前，利用三轴试验机进行岩样预裂，向裂纹中注入油气等，采用 CT 扫描裂纹平面，分析流体介质的分布和流动规律，分析裂缝的缝隙分布和临近区域岩石基质孔隙度的关系，寻找裂缝的导流能力与裂纹周围基质体孔隙的关系，以探明岩石的水力裂纹的扩展规律。

2.5.6　添加敏感物质

为了增加对某种试验观测的效果，可以添加一些敏感物质以加强被测体的反差。在医学上所谓的增强扫描，如选择高密度的造影剂注射到静脉血管中观测血流情况，将低密度油脂喝入肠胃中观测肠胃结构，如医学胃镜检查等。这一方面在岩石 CT 试验中有更多的选择，如在试样中注入含金属的流体观测孔隙扩展，采用缺氧方法增加空隙的显示等。这方面的研究成果主要有：Alajmi 和 Grader[26] 通过在 Berea 砂岩中预设垂直于天然岩层的裂纹，采用 micro-CT 测试，油水介质添加示踪剂（碘化钠），以查明油水两相介质在裂隙中的流动规律。施斌等人[27] 采用 CT 扫描技术，研究了外力作用下土体内部裂隙发育过程，为了清楚观察试样的变形过程，在试样中间铺放了一薄层硅粉作为标志层，它的力学性质与试验材料相似，但对 X 光的吸收衰减值与上下层的试验材料有明显区别，这样可以明显看到试样的变形过程。李守定等人[28] 提出一种基于工业 CT 扫描的裂隙显像增加方法，通过将裂隙岩石浸泡在纳米级别的金、汞和铋粉末组成的溶液中，改变了裂隙两侧岩石的密度，从而增大了 X 射线的衰减，达到增强显像的效果。

2.5.7　模型放大法

许多岩石力学试验由于 CT 空间分辨率不足得不到满意的试验结果，这时可以设计放大的模型进行试验。比如，有人曾用不同尺寸和形状的较大的有机材料颗粒模拟敦煌鸣沙，用振动模拟风吹效果，研究在外动力作用下颗粒位置的改变，最终用数学公式说明为什么敦煌鸣沙（以及类拟的结构）会造成声响；还有人用纯冰包含柱状海水，在进一步深度降温时观测海冰形成时盐分的结晶过程。总之，采用尺度或密度等方面放大的模型进行试验，只要试验设计合理，可以得出非常好的效果。如 Mongemagno[29] 为了对比研究单一裂隙和裂隙网络的各向异性差别，以研究流体在裂纹中的流动规律，采用 Wood 的金属贯入方式来产生复杂裂隙网络，用 CT 技术观察裂网的空间构型。

2.5.8　预制敏感材料

CT 无损测试只要是分析岩石内部的微细观结构变化，岩石试验内某些物理参数是 CT 无法测量的，但是可以通过间接方法加以测量。如果要测试试样内部的应力状态，可以在试样内埋设具有较大弹性并已知其密度和弹性模量的弹性球体材料，对这些层面进行扫描，测量它的 CT 数，就可以估算出该点的应力状态；同理，可以埋设热膨胀系数较大的球体于试样内，测量它的 CT 数用于该处温度的测量。

参 考 文 献

[1] 朱泽奇，肖培伟，盛谦. 基于数字图像处理的非均质岩石材料破坏过程模拟 [J]. 岩土力学，2011，32（12）：3780~3786.

[2] Jiang Hsieh. Computed Tomography: Principles, Design, Artifacts, and Recent Advances [M]. Bellingham: SPIE Press, 2003: 265~306.

[3] 叶云长. 计算机层析成像检测，国防科技工业无损检测人员资格鉴定与认证培训教程 [M]. 北京：

机械工业出版社，2006.

［4］ 高上凯. 医学成像系统［M］. 北京：清华大学出版社，2000：43~69.

［5］ Varian 公司. http：//www. varian. com/media/security-and-inspection/resources/technical information/pdf/ LinatronAppManual7. pdf.

［6］ Iwata, Koji, et al. Description of a prototype combined CT-SPECT system with a single CdZnTe detector ［C］//Proceedings of IEEE Nuclear Science Symposium and Medical Imaging Conference，2000，3：1~5.

［7］ Stéphane R，Francis G，Michel G. CdTe and CdZnTe detectors behavior in X-ray computed tomography conditions［J］. Nuclear Instruments and Methods in Physics Research，Section A：Accelerators，Spectrometers，Detectors and Associated Equipment，2000，442（1）：45~52.

［8］ Bloser P，et al. CdZnTe background measurement at balloon altitudes with an active BGO shield［J］. Proceedings of SPIE-The International Society for Optical Engineering，1998，3445：186~196.

［9］ 国防科学技术工业委员会. GJB 5311—2004 工业 CT 系统性能测试方法［S］. 北京：国防科工委军标出版发行部，2004.

［10］ 张朝宗，郭志平，张朋，等. 工业 CT 技术和原理［M］. 北京：科学出版社，2009.

［11］ 李月卿，李萌，等. 医学影像成像原理［M］. 北京：人民卫生出版社，2002.

［12］ 张朝宗，郭志平，董宇峰. 工业 CT 的系统结构与性能指标［J］. CT 理论与应用研究，1994，3 （3）：13~17.

［13］ 郭志平，董宇峰，张朝宗. 工业 CT 技术、无损检测［J］. 1996，18（1）：27~30.

［14］ ASTM Committee of Standard. E 1441-00 Standard Guide for Computed Tomography（CT）Imaging［S］. West Conshohocken，PA 19428，USA：ASTM，2000.

［15］ ASTM Committee of Standard. E 1672-95 Standard Guide for Computed Tomography（CT）System Selection［S］. West Conshohocken，PA 19428，USA：ASTM，1995.

［16］ Yester M W，Barnes G T. Geometrical limitations of computed tomography（CT）scanner resolution［J］. Proceedings Applications of Optical Instrumentation in Medicine，SPIE，1977，5（127）：296~303.

［17］ Ramachandran G N，Lakshminaravanan A V. Three dimensional reconstruction from radiographs and electron micrographs：Application of convolutions instead of Fourier transforms［J］. Proceedings of the National Academy of Science，1970，68：2236~2240.

［18］ Shepp L A，Logan B F. Reconstructing interior head tissue from X-ray transmissions［J］. IEEE Transactions on Nuclear Science，1974，NS-21：228~236.

［19］ Barrett H H I，Swindell W. Radiological Imaging［M］. 2ed. New York：Academic Press，1981.

［20］ Hanson K M. Detectability in the presence of computed tomographic reconstruction noise［J］. SPIE Optical Instrumentation in Medicine VI. 1977，27：304~312.

［21］ Hanson K M. Detectability in computed tomographic images［J］. Medical Physics，1979，6（5）：441~451.

［22］ Sekihara K，Kohno H，Yamamato S. Theoretical prediction of X-ray CT image quality using contrast detail diagrams，IEEE Transactions on Nuclear Science，1982，NS-29：2115~2121.

［23］ 杨更社，刘慧. 基于 CT 图像处理的冻结岩石细观结构及损伤力学特性［M］. 北京：科学出版社，2016.

［24］ 葛修润，任建喜，蒲毅彬，等. 岩土损伤力学宏细观试验研究［M］. 北京：科学出版社，2004.

［25］ 任建喜. 岩石损伤演化机理 CT 实时检测［M］. 西安：陕西科学技术出版社，2003.

［26］ Alajmi A F，Grader A. Influence of fracture tip on fluid flow displacements［J］. Journal of Porous Media，2009，12（5）：435~447.

［27］ Shi B，Murakami B Y，Wu Z，et al. Monitoring of internal failure evolution in soils using computerization

X-ray tomography [J]. Engineering Geology, 1999 (54): 321~328.

[28] Li S, Zhou Z, Li X, et al. One CT imaging method of fracture intervention in rock hydraulic fracturing test [J]. Journal of Petroleum Science and Engineering, 2017, 156: 582~588.

[29] Montemagno C D, Pyrak-Nolte L J. Fracture network versus single fractures: Measurement of fracture geometry with X-ray tomography [J]. Phys. Chem. Earth, 1999, 24 (7): 575~579.

3 工业 CT 扫描数字图像处理理论

3.1 图像重建基本概念

3.1.1 数字化图像

如前文所述，CT 图像与传统胶片照相不同，它是一种数字化图像[1]。数字化图像最普遍的数学表达式为

$$I = I(x, y, z, \lambda, t) \tag{3-1}$$

式中，λ 为波长；t 为时间；I 为图像的强度；(x, y, z) 表示空间坐标。

所谓数字化图像，是指空间坐标 (x, y, z) 和图像强度 I 都是离散化的变量。这个表达式代表的是一幅活动的、彩色的、立体图像。但在多数情况下研究的主要是二维的图像。CT 图像在没有专门说明的情况下也是二维图像。如果把对象局限于不随时间变化的单色图像，则式（3-1）就变成了

$$I = I(x, y) \tag{3-2}$$

可以将数字化图像考虑为一个矩阵。矩阵的行和列，表示位置坐标，每一组位置坐标 (x, y) 对应了图像上的一个点。矩阵元素的值就是图像强度，在实际图像中就是（黑白）图像中的灰度等级。我们把平面图像的数字化阵列元素称为图像元素，简称像素。将上述概念扩展到立体的空间图像，其图像元素简称为体素。由于我们所观测的图像代表着实际物体一定面积或体积的大小，因此把图像分为数字阵列元素以后，每个阵列元素在空间坐标对应的点也代表了一定的实际面积或体积。但是数字化图像不再区分对应每个点代表的面积元或体积元上图像强度的差别，仅仅赋予唯一的灰度值。不言而喻，对于实际上连续的空间，这种离散化的表示自然会有一定误差。图像矩阵的行列数量越大，也就是图像越精细，误差就越小。但在实际应用中，只能根据实际可能性和需要的精确度折中选取图像矩阵的大小。

在实际应用中，人们习惯地将被检测物断面的数字化图像上每个像素对应的小面积元也称为像素，将被检测物空间中对应于数字化图像上每个像素对应的小体积元也称为体素。也就是说，像素和体素既可表示数字化图像中的元素，也可用于表示实际物体中相应的面积元或体积元。

从数字化图像的来源来看，它们实际上应该分为两类。一类图像来自光学图像本身，将图像由原来"连续"的模拟量，经过"数字化"，变成了"离散"的一组数字；另一类图像就其本身性质而言，是一组物理量在某一平面上（或确定空间内）的分布。只是为了能够便于人们直观地观测，人为地给这组数据"赋予"图像的表示方式。例如，CT 图像是反映被检测对象中某一断层结构的图像，更加确切地说是该种材料对于 X 射线的线衰减系数在空间的分布，应当属于后一类。

3.1.2 投影

先假设入射 X 射线是横断面足够小的单能光子束[2,3]。在均匀材料 x 处选取薄层 $\mathrm{d}x$，若入射 X 射线强度为 $I(x)$，出射的 X 射线强度为 $I + \mathrm{d}I$（见图 3-1）。当 $\mathrm{d}x$ 层厚极薄时，一般地有如下关系：

$$\mathrm{d}I = -\mu I(x)\mathrm{d}x \tag{3-3}$$

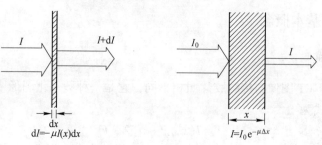

图 3-1　射线在物质中的衰减

前面对材料作了均匀的假定，也就是假定了式（3-3）中 $I(x)$ 和 $\mathrm{d}I$ 之间的比例因子 μ 是不随 x 变化的常数。式（3-3）中的负号表示 X 射线穿透材料以后强度是衰减的。经过简单的定积分运算，可得到入射和出射的 X 射线强度的关系

$$I = I_0 \mathrm{e}^{-\mu \Delta x} \tag{3-4}$$

式中，I 为出射 X 射线强度；I_0 为入射 X 射线强度；Δx 为厚度；μ 为材料的线衰减系数。式（3-4）说明在均匀材料中窄束单能 X 射线光子是按照简单的指数规律衰减的。由于式（3-4）与计算溶液中透光度的 Lambert-Beer's 定律的推导过程及最后形式基本相同，后来有人误将两者混为一谈，因此式（3-4）也逐渐被称为 Lambert-Beer's 定律。

实际上，μ 是一个随 X 射线能量 E 和所选材料而改变的物理量。如果材料的等效原子序数用 Z 表示，其密度用 ρ 表示，则线衰减系数 μ 的写法应该是 $\mu(E, Z, \rho)$。

由式（3-4）可知，μ 值高的物体比 μ 值低的物体会使 X 射线光子衰减更多。空气的 μ 值几乎为零，因此在穿过空气的路径上（$\mathrm{e}^0 = 1$），X 射线的强度几乎没有改变。

在很多实际应用中，将式（3-4）稍微改写一下

$$\mu \Delta x = \frac{\mu}{\rho} \cdot \Delta x \rho$$

定义

$$\Delta x_{\mathrm{m}} = \Delta x \rho$$

$$\mu_{\mathrm{m}} = \mu / \rho$$

式中，x_{m} 为质量厚度，物理意义是单位面积上的质量；μ_{m} 为质量衰减系数。式（3-4）变成了以下形式：

$$I = I_0 \mathrm{e}^{-\mu_{\mathrm{m}} \Delta x_{\mathrm{m}}} \tag{3-5}$$

对于非单一元素组成的混合物或化合物材料，使用质量衰减系数计算会更加方便一些。混合物或化合物对于单一能量的 X 射线的"等效"质量衰减系数可用式（3-6）计算：

$$\mu_{\mathrm{m}} = \sum_i a_i \mu_{\mathrm{m}}^i \tag{3-6}$$

式中，μ_{m}^i 为第 i 种组分的质量衰减系数；a_i 为第 i 种组分的质量分数。

使用质量衰减系数表示时，式（3-5）保持形式不变。

对于非均匀的物体（物体各处衰减系数不等），射线穿透物体时总的衰减特性可将物体分割成小单元来计算，如图 3-2（b）所示。当单元尺寸足够小时，每个单元可以看做一个均匀物体，这时 μ 的精确的写法应该是 $\mu(x, E, Z, \rho)$。对每个单元，式（3-4）均能有效描述入射和出射 X 射线强度。当一个单元出射 X 射线束流是相邻单元入射 X 射线束流时，式（3-4）可以以级联形式重复应用。数学上，它可以表示如下：

$$I = I_0 e^{-\mu_1 \Delta x} e^{-\mu_2 \Delta x} e^{-\mu_3 \Delta x} \cdots e^{-\mu_n \Delta x} = I_0 e^{-\sum\limits_{n=1}^{N} \mu_n \Delta x} \tag{3-7}$$

式中，N 为级联的单元数。

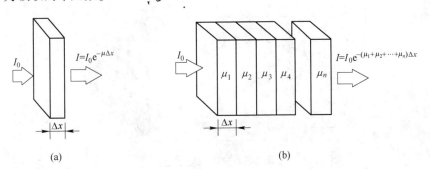

图 3-2　单能 X 射线束在非均匀物体中的衰减规律

（a）单能 X 射线在均匀材料中服从指数衰减定律；

（b）任何非均匀物体可以分割成多个单元，可以在每个单元中假设一个

平均的衰减系数，于是指数衰减定律可以以级联形式应用

因为在 CT 技术应用中 I_0 表示入射 X 射线强度，原则上说应该是不变的，所以常常对式（3-7）作标准化处理后写成

$$I/I_0 = e^{-\mu_1 \Delta x} e^{-\mu_2 \Delta x} e^{-\mu_3 \Delta x} \cdots e^{-\mu_n \Delta x} = e^{-\sum\limits_{n=1}^{N} \mu_n \Delta x} \tag{3-8}$$

取负自然对数后得到

$$p = -\ln\left(\frac{I}{I_0}\right) = \ln\left(\frac{I_0}{I}\right) = \sum_{n=1}^{N} \mu_n \Delta x \tag{3-9}$$

在单元尺寸无限缩小时，式（3-8）、式（3-9）可以改写为积分形式

$$I = I_0 e^{-\int_L \mu_n \mathrm{d}x} \tag{3-10}$$

$$p = -\ln\left(\frac{I}{I_0}\right) = \ln\left(\frac{I_0}{I}\right) = \int_L \mu_n \mathrm{d}x \tag{3-11}$$

式中，L 为沿着 x 轴方向的直线。

在一般的表达式中，I 和 μ_n 都是位置坐标 (y, z) 的函数，对于特定的断层，二维的位置坐标 (y, z) 变成了单方向的一维的坐标 (y)；如果射线方向上的坐标仍用 x 表示，μ_n 应该写成 $\mu(x, y)$，则式（3-9）可以改写为

$$p = p(y) = \sum_{n=1}^{N} \mu(x, \ y) \cdot \Delta x \qquad (3\text{-}12)$$

由上面的计算表明，横断面足够小的单能 X 射线束的入射强度 I_0 与其沿着 x 轴方向某一直线受到衰减后出射的 X 射线强度 I 比值的负对数有着一种级联的线性关系。由于入射强度 I_0 和出射的 X 射线强度 I 都是可以实际测量的物理量，它们比值的负对数就很容易计算出来。p 被称为 X 射线穿透物体后的投影。在测量单元尺寸缩小以后，数值上等于 X 射线路径上线衰减系数的线积分。

常规的 X 射线检测，无论是胶片或无胶片方法，得到的都是反映出射 X 射线强度 I 的投影数据图像，也就是透视的图像（见图 3-3）。我们现在的任务是通过实际测量的投影数据，得到不重叠的断层图像，也就是物体某个断面上对于特定能量 X 射线的线衰减系数的分布 $\mu(x, y)$，即通常所说的 CT 图像。

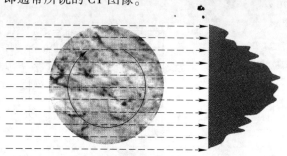

图 3-3 投影数据示意

3.1.3 理解图像重建的概念

图像重建就是如何由测得的投影数据计算 CT 图像的问题[4]。

3.1.3.1 直接矩阵反变换方法

鉴于式（3-9）的线性形式，假定被检测断面被分割为 $N \times N$ 个小单元，可以简单地想到，只要进行了 N^2 次独立的测量，就可以求出唯一的物体衰减系数的分布 $\mu(x, y)$。由此可见，应用直接矩阵反变换的方法可以"精确"地得到衰减系数的分布。事实上，1967 年首台医用 CT 设备上就采用了这个方法，通过 28000 个并行方程式的求解得到了 CT 的图像。

为了进一步说明这个问题，请看以下简化的例子。物体由 4 个小方块组成。在每个方块中衰减系数均匀，分别标记为 μ_1、μ_2、μ_3、μ_4，如图 3-4 所示。进一步考虑沿水平、垂直和对角线方向测量线积分的情形。在该例子中总共选择了 5 个变量。可以看到对角线和 3 个其他的测量结果组成了一组独立的等式：

$$\begin{cases} p_1 = \mu_1 + \mu_2 \\ p_2 = \mu_3 + \mu_4 \\ p_3 = \mu_1 + \mu_3 \\ p_4 = \mu_1 + \mu_4 \end{cases} \qquad (3\text{-}13)$$

当物体被分割成更加精细的单元（对应更高的空间分辨率）时，并行方程式的数量按平方关系增加。此外，要保证组成足够多的独立方程式，经常需要进行超过 N^2 次的测量，因为有些测量可能不独立。图 3-4 中给出了一个很好的例子，p_1、p_2、p_3 和 p_5 在水平和垂直方向进行测量。可以看出这些测量不是线性独立的（$p_5 = p_1 + p_2 - p_3$）。需要增加一个对角线值以保证它们的正交性。实际测量时方程数量是非常大的，判断哪些方程之间线性独立并不总是非常容易的事情。再考虑到不可避免地存在测量误

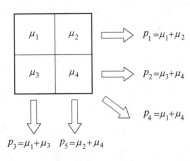

图 3-4 矩阵反变换方法的简化例子

差，就更是难题。因此，这种基于矩阵反变换的重建方法没有被继续采用。

3.1.3.2 迭代重建方法

迭代重建方法也是容易被首先考虑的。我们再从一个简化的 4 个方块物体例子开始。给每个方块指定特定的衰减值，如图 3-5（a）所示。图中也给出了相应的投影测量值。首先要对物体衰减分布赋以初始值。在没有前期经验的情况下，可以先假设它是均匀的。开始用投影采样平均值 10（3+7=10 或 4+6=10）均匀分配到 4 个方块上。然后沿着原始投影测量的路径来计算被估计分布的线积分。例如，沿着水平方向计算投影采样，得到计算投影值为 5（2.5+2.5）和 5，如图 3-5（b）所示。将它们与测量值 3 和 7（图 3-5（a））进行比较，我们观察到顶行被高估了 2（5—3），而底行被低估了 2（5—7）。我们再沿着每条射线路径，将测量和计算投影间的差值均匀分给所有像素点。于是，把顶行中每个方块数值减少 1，底行中每个方块数值增加 1，如图 3-5（c）所示。现在，在水平方向上计算投影值与测量投影值已经一致。再在垂直方向上对投影重复同样过程，第一列每个单元必须减 0.5，第二列每个单元必须增加 0.5，如图 3-5（d）所示。最后，计算投影值与测量投影值在所有方向上已经一致（包括对角线测量），于是重建过程完成，物体被正确重建。这个重建过程被称为代数重建技术（ART）。

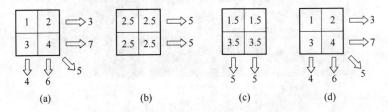

图 3-5 迭代重建的图示
（a）原始物体和它的投影；（b）物体初始估计和它的投影；
（c）被更新的估计和它的投影；（d）最终估计和它的投影

必须指出上面的例子仅仅是一个极端简化的例子，仅仅是为了演示目的而设计的。关于该问题更严格的分析，感兴趣的读者请参考文献［5~8］。很明显，在迭代重建方法中（基于被估计的重建结果的）正向投影要重复执行，迭代重建算法在收敛到期望结果之前

需要多次迭代，所以计算强度很高。尽管如此，由于迭代方法自身的一些特点，至今仍然在一些场合得到应用。

3.1.3.3　直接反投影算法

迄今为止，所有重建算法中占有绝对位置的还是基于反投影的算法。

直接反投影算法基于如下假设：断层图像上任何一点的值等于该平面上经过该点的全部射线投影之和（或平均值）。由此可知，直接反投影的主要运算是求和，因此该方法也称为累加法。累加的过程称为反投影。

仍然从最简单的情况开始，首先考虑感兴趣物体仅仅是一个孤立点，假定在 0~180°，每隔 22.5°测量一次投影数据。反投影重建过程相当于投影过程的逆过程，如图 3-6（a）所示，第一次投影方向垂直，对整个射线路径经过的全部像素都涂抹等于投影的相同数值。然后相对于第一条旋转 22.5°，重复上述过程，直到对所有角度完成这个过程。图 3-6（b）~（i）描述了以 22.5°间隔的不同角度范围得到的结果。从图 3-6（i）可以看出，经过在 0~180°的反投影，获得了原始物体（一个点）的一个粗略估计。

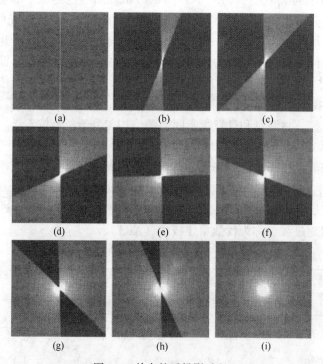

图 3-6　单点的反投影过程

（a）一次投影的反投影图像，以及覆盖下列角度的多次观测的反投影；（b）0~22.5°；（c）0~45.0°；
（d）0~67.5°；（e）0~90.0°；（f）0~112.5°；（g）0~135.0°；（h）0~157.5°；（i）0~180.0°

检查一下被重建点的强度变化曲线容易发现，被重建点（黑线）是真实物体（灰线）的一个模糊版本（见图 3-7）。根据更加严格的数学证明：投影数据经过滤波以后再进行反投影累加，可以显著改善重建图像，更接近真实的物体。目前反投影算法已经发展成了一个完整的体系，成为计算机断层成像技术中应用最广泛的算法。

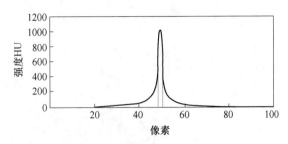

图 3-7 重建点的剖面曲线（黑实线代表直接反投影重建；灰细线代表理想重建）

通过以上分析可知：为了计算 CT 图像，无论采用什么算法都需要首先测量大量的投影数据。测量精度要求越高，所需要的数据量也越大，或者说是数据的采样密度也越大。为了使这些大量数据的采集过程有条不紊地进行，必须预先规定某种程序，这个过程在CT 中称为扫描。扫描过程通常由射线束的平移和旋转两种基本运动形式组成。因此投影数据包含了两方面的信息：位置信息和 X 射线强度信息。如果位置信息不准确，在图像重建的过程中实际应用的数据并不是精确地对应着需要重建的点，而是使用了该点邻近的数据（也可能通过插值计算得到），这和数据测量不准确的效果没有什么不同，因此这两种信息对于重建 CT 图像来说几乎是同样重要的。

3.1.4 投影数据和正弦图

首先考虑一下如何选取扫描移动和旋转的步长，也就是确定投影数据矩阵的大小。笼统地说，应该由系统总体设计的测量精度要求和可能达到的测量精度两方面决定。

如果按照矩阵反变换重建方法来考虑，投影总数应当和待测 CT 图像矩阵的元素总数相等，同时所有测量之间是线性独立的。在 CT 图像矩阵的两个边长都是 N 时，矩阵的元素总数为 N^2，要求投影数据的矩阵大小也是 N^2。现代实际应用的各种反投影重建算法虽不要求这两个矩阵大小相等，但是作为经验考虑，一般应当选择两者大小相当。可以想象投影数据的矩阵太大时，增加了测量的工作量，可能有很多浪费；投影数据的矩阵太小时，重建过程中将要大量使用插值，可能会使最后的结果达不到预想的精度要求。

下面具体考虑一种最原始的 CT 扫描方式，如图 3-8 所示。假定 X 射线被准直成很窄的笔形射束，用一个尺寸很小的探测器测量其强度。这样在一个确定位置就可以测量到一个投影数据，然后将 X 射线源和 X 射线探测器同步地沿垂直于 X 射线的方向平行移动，每移动一个小的固定长度，测量一个投影数据，直到这些投影数据扫过整个待测物体，形成一组从同一方向（常称为视角）获得的投影数据。完成这次直线测量以后，将 X 射线源和探测器相对于待测物体旋转一个小的固定角度，按照上面的步骤测量第二组投影数据，依此类推，一直旋转 180°或 360°。这样的一套投影数据也可以表示成二维矩阵。为了采集全套测试数据，CT 设备中射线源、检测工件和探测器之间所做的整套相对运动称为扫描。在这种最原始的 CT 扫描方式中，射线源、检测工件和探测器之间所做的相对运动由旋转和平移两种运动组合而成，也被称为第一代扫描模式。由于这种扫描模式获取一幅 CT 图像所需数据的时间很长，目前已经基本上不再采用。然而这种扫描模式对于理解CT 的基本原理却具有重要意义。

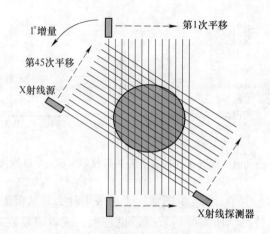

图 3-8　最原始的 CT 扫描方式

如果在平面直角坐标系上，选取样品工作台的旋转中心为坐标原点，x 轴表示 X 射线源和探测器平行移动的位置（简称探测器位置），y 轴表示 X 射线源和探测器连线（即 X 射线方向）相对于原始方位转过的角度（简称旋转角度）。并将在扫描过程中测得的投影数据用亮度的形式标在上述直角坐标系的对应点上，可以得到投影数据在"扫描平面"上的分布图。图 3-9（b）为图 3-9（a）所示小型照相机实测的投影数据按照上述方法绘出的分布图。

(a)　　　　　　　　　　　　　　　(b)

图 3-9　实际照相机的断层图像及正弦图
（a）断层图像；（b）正弦图

考虑到反投影图像重建算法的基础是认为断层图像上任何一点的值等于该平面上经过该点的全部射线投影之和。如图 3-10 所示，对于断层上任一固定点 $A(x, y)$，用极坐标系表示则为 $A(r, \theta)$。假设扫描过程中，检测样品顺时针旋转，用 φ 表示旋转角度（视角）。在初始位置 $\varphi = 0°$，这时 X 射线源和探测器平行移动的位置等于 A 点在 x 轴上的投影，即 $x = r\cos\theta$。当检测样品顺时针旋转一个角度 φ 时，A 点沿圆周到达了 A' 点。通过 A 点的 X 射线平行移动的位置为

$$x = r\cos(\theta - \varphi) \tag{3-14}$$

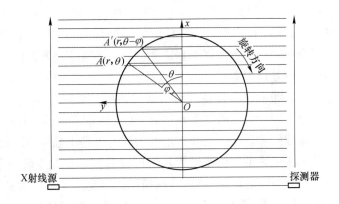

图 3-10 投影数据的分布图的绘制原理

当被测样品旋转 360°时，可以看出在按照前面所述方法绘出的投影数据分布图上，一个固定点的轨迹是一条余弦曲线。余弦曲线的幅度等于该点在极坐标下的矢径，初始相位（角度）等于该点在极坐标下的极角。全部被测样品的图像对应了一簇相互重叠、不同幅度、不同相位的余弦曲线，如图 3-9（b）所示，因此投影数据的分布图可以称为余弦图。但是由于传统的习惯叫法，都将其称为正弦图。

对于定点 $(r, \theta) = (1, \pi/4)$ 对应的正弦图中的一段如图 3-11 所示。

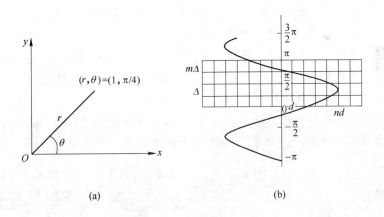

图 3-11 点 (1, π/4) 及相应的正弦图

实际应用中，X 射线方向平行移动和旋转的角度都是有限个位置，因此正弦图上也仅仅是有限个投影数据点。任何固定点的正弦曲线不可能总是正好经过这些交叉点，可以用各种插值的方法取得正弦曲线上的近似值，不过只有在 X 射线方向平行移动和旋转的角度间隔（常称为步长）足够小时，才能接近实际测量的投影数据点，得到足够的精度。

通过前面各节的分析，我们介绍了两个分布图，即被检测物体断层上的 X 射线线衰减系数的分布图（CT 图像）和通过扫描测得的投影数据按照探测器位置和旋转角度画出的分布图（正弦图）。按照反投影算法，被检测物体断层上任意一点的 CT 数值 $\mu(x, y)$ 对应了正弦图上一条余弦曲线上各投影数据之和（或平均值）。虽然直接反投影方法不能得到理想的重建图像，但是反投影的思路仍然是后来出现的各种"改进"的反投影算法的基础。从正弦图上看，我们也会容易理解前面强调的：要同等重视位置信息和 X 射线强度信息的测量精确度，因为它们的误差和最后 CT 图像带来的误差并没有什么不同。

正弦图在反投影重建图像算法中是非常重要的同时也是十分有用的概念。虽然我们是从第一代最基本扫描方式引入的，但是以后我们可以看到无论是旋转—平移（TR）扫描模式或者只旋转（RO）扫描模式，还是这些扫描模式的变体（如扩大视野的扫描方式），都要利用正弦图来分析测量数据（采集数据）的完整性。正弦图还可以用于初步判断被检测样品中是否存在缺陷；同时，在系统调试过程中，正弦图上也能反映出系统硬件和软件的缺陷。

在 CT 扫描过程中，射线源和探测器与检测工件之间要做相对旋转运动。在工业 CT 中，通常是采用工件旋转方式，射线源和探测器是静止的。而在医用 CT 中，检测对象——人是静止的，X 射线机和探测器相对人做旋转。由于工业 CT 技术的理论源于医用 CT 技术的理论，许多教科书上常常引入一个固定在 X 射线机和探测器系统上的旋转坐标系进行计算，在旋转坐标系下进行图像重建的公式推导常常更为方便。

3.2 工业 CT 图像重建算法

本节介绍工业 CT 图像重建算法，从方法上这些重建算法可分为两类：一类是解析重建算法，另一类是迭代重建算法。解析重建算法的优点是重建速度快，缺点是要求扫描角度多、数据统计涨落小。迭代重建算法的优点是适用于各种扫描模式，还可以在迭代中添加各种约束条件，对扫描角度少、统计涨落大的数据所重建的图像优于解析重构算法；缺点是重建速度慢。本节讲述 CT 图像重建的一些基础知识，并分别介绍平行束、扇束扫描模式的几种典型的解析类重建算法，包括直接 Fourier 变换重建算法、滤波反投影重建算法和反投影滤波重建算法；还介绍了几种迭代重建算法，包括 ART 算法、Richardson 算法、EM 算法等。

3.2.1 预备知识

通常工业 CT 所用的 X 射线是多能的，其 CT 数据扫描过程对应的是欠定的非线性数学模型[9,10]。但作为入门，仅考虑所谓的"理想模型"，即假定所用 X 射线是单能的，并且忽略射线源焦点和探测器的尺寸以及扫描过程中的机械误差。对于"理想模型"，扫描过程归结为线性数学模型。

设 X 射线源的能量为 E（即单能或单波长），射线进入被测物体前的强度（称为入射强度）为 $I_0(E)$，穿过物质后的射线的强度（称为出射强度）为 $I(E)$，设 $\mu(x, E)$ 为被测物体某断层在点 $x = (x_1, x_2)$ 处的关于能量为 E 的射线的线性衰减系数的分布。由 Lambert-Beer's 定律得

$$I(E) = I_0(E) \exp\left[-\int_L \mu(x, E)\,\mathrm{d}l\right] \tag{3-15}$$

式中，L 表示射线经过的直线；$\mathrm{d}l$ 表示该直线的线积分微元。式（3-15）变换后得到

$$\hat{\mu}(L, E) = -\ln\frac{I(L)}{I_0(E)} = \int_L \mu(x, E)\,\mathrm{d}l$$

在不混淆情况下，略去其中的能量 E，得到

$$\hat{\mu}(L) = -\ln\frac{I(L)}{I_0} = \int_L \mu(x)\,\mathrm{d}l \tag{3-16}$$

在一代扫描模式中，扫描射线由若干组平行射线构成（见图 3-12）。当射线源的焦点距离成像样品和探测器很远时，射线也可以近似为平行射线。通常称平行射线为"平行束"。作为重建算法的基础，本节将首先介绍有关平行束投影的若干基础知识，包括 Radon 变换、Fourier 变换和中心切片定理。

3.2.2　Radon 变换

如图 3-13 所示，对于平行束给定的射线 L 可以表示成

$$\Phi \cdot x = r$$

式中，$\Phi = (\cos\varphi, \sin\varphi)$ 为 L 的法向；r 为原点到 L 的扫射距离；$x = (x_1, x_2)$ 为 L 上的任意一点，则

$$\hat{\mu}(r, \varphi) = \int_{\Phi \cdot x = r} \mu(x)\,\mathrm{d}l$$

式中，$\mathrm{d}l$ 表示 L 的弧长。

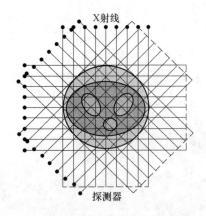

图 3-12　平行束扫描示意图

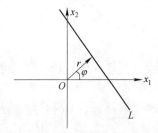

图 3-13　Radon 变换参数示意图

一般地，用 $f(x)$ 表示二元函数，该函数在某有界区域以外恒为零。令

$$\hat{f}(r, \varphi) = \int_{\Phi \cdot x = r} f(x)\,\mathrm{d}l \tag{3-17}$$

我们称 $\hat{f}(r, \varphi)$ 是 $f(x)$ 的 Radon 变换，记为 $\hat{f} = Rf$。Radon 变换是二元函数 $f(x)$ 到二元函数 $\hat{f}(r, \varphi)$ 的一个变换。对固定的 φ，$\hat{f}(r, \varphi)$ 称为 $f(x)$ 相应于 φ 的一个投影。

直线 L 也可以表示成参数形式

$$x = r\Phi + t\Phi^{\perp}, \quad t \in (-\infty, +\infty), \quad \Phi^{\perp} = (-\sin\varphi, \cos\varphi)$$

计算得 $\mathrm{d}l = \mathrm{d}t$，于是 $f(x)$ 的 Radon 变换可以表示为

$$\hat{f}(r, \varphi) = \int_{-\infty}^{+\infty} f(r\Phi + t\Phi^{\perp}) \mathrm{d}t \tag{3-18}$$

3.2.3　Fourier 变换

3.2.3.1　一维 Fourier 变换定义

一元函数 $f(t)$ 的 Fourier 变换定义为

$$\tilde{f} = F_1(f)$$

其中 $f(t)$ 的 Fourier 变换像为

$$\tilde{f}(\sigma) = \int_{-\infty}^{+\infty} f(t)\,\mathrm{e}^{-\mathrm{i}2\pi\sigma t}\mathrm{d}t$$

逆 Fourier 变换的定义为

$$F_1^{-1}(\tilde{f}) = \int_{-\infty}^{+\infty} \tilde{f}(\sigma)\,\mathrm{e}^{\mathrm{i}2\pi\sigma t}\mathrm{d}\sigma$$

当 $f(t)$ 绝对可积时，可以证明 $\tilde{f}(\sigma)$ 存在，而且

$$f = F_1^{-1}(\tilde{f})$$

即有恒等式

$$f(t) = \int_{-\infty}^{+\infty} \left[\int_{-\infty}^{+\infty} f(s)\mathrm{e}^{-\mathrm{i}2\pi\sigma s}\mathrm{d}s\right]\mathrm{e}^{\mathrm{i}2\pi\sigma t}\mathrm{d}\sigma$$

一维 Fourier 变换有如下性质：

性质 1（线性）设 a 和 b 为常数，f 和 g 为函数，则

$$F(af + bg) = aF(f) + bF(g)$$

性质 2（对称性）$F°F(f(t)) = f(-t)$，即

$$\int_{-\infty}^{+\infty} \left[\int_{-\infty}^{+\infty} f(s)\mathrm{e}^{-\mathrm{i}2\pi\sigma s}\mathrm{d}s\right]\mathrm{e}^{-\mathrm{i}2\pi\sigma t}\mathrm{d}\sigma \,\frac{1}{2} = f(-t)$$

性质 3（尺度变换特性）$F[f(at)] = \dfrac{1}{|a|}\tilde{f}\left(\dfrac{\sigma}{|a|}\right)$

性质 4（时移特性）$F[f(t - t_0)] = \tilde{f}(\sigma)\mathrm{e}^{-\mathrm{i}2\pi\sigma t_0}$

性质 5（微分特性）$F\left(\dfrac{\mathrm{d}f}{\mathrm{d}t}\right) = i\sigma\tilde{f}(\sigma)$

性质 6（卷积特性）$F(f * g) = \tilde{f}(\sigma) \cdot \tilde{g}(\sigma)$

$$F(f \cdot g) = \tilde{f}(\omega) * \tilde{g}(\omega)$$

3.2.3.2　二维 Fourier 变换定义

二元函数的 Fourier 变换定义为

$$\tilde{f} = F_2(f)$$

其中 $f(x)$ 的二维 Fourier 变换像为

$$\tilde{f}(\omega) = \int_{R^2} f(x) \, \mathrm{e}^{-\mathrm{i}2\pi\omega x} \mathrm{d}x$$

式中，$x = (x_1, x_2)$，$\omega = (\omega_1, \omega_2)$。二维逆 Fourier 变换的定义为

$$F_2^{-1}(\tilde{f}) = \int_{R^2} \tilde{f}(\omega) \, \mathrm{e}^{\mathrm{i}2\pi\omega x} \mathrm{d}\omega$$

同样当 f 绝对可积时，可以证明 $\tilde{f}$ 存在，而且

$$f = F_2^{-1}(\tilde{f})$$

即有恒等式

$$f(x) = \int_{R^2} \left[\iint_{R^2} f(y) \, \mathrm{e}^{-\mathrm{i}2\pi y\omega} \mathrm{d}y \right] \mathrm{e}^{\mathrm{i}2\pi x\omega} \mathrm{d}\omega$$

二维 Fourier 变换与一维 Fourier 变换有类似的性质。

在不混淆的情况下，我们经常省略一维和二维 Fourier 变换 F_1、F_2 的下标。Fourier 变换是推导几种 CT 图像重建公式的重要工具。

3.2.4 中心切片定理

考察二维 Fourier 变换的一些特殊情况。如前，设 $\tilde{f}(\omega)$ 为二元函数 $f(x)$ 的 Fourier 变换像。

考察 $\tilde{f}(\omega)$ 在 $\omega_2 = 0$（即 ω_1 轴）上的值

$$\tilde{f}(\omega_1, 0) = \int_{R^2} f(x) \, \mathrm{e}^{-\mathrm{i}2\pi x(1,0)} \mathrm{d}x = \int_{-\infty}^{+\infty} \left\{ \left[\int_{-\infty}^{+\infty} f(x_1, x_2) \mathrm{d}x_2 \right] \mathrm{e}^{-\mathrm{i}2\pi x_1 \omega_1} \right\} \mathrm{d}x_1$$

$$= \int_{-\infty}^{+\infty} \hat{f}(x_1, 0) \, \mathrm{e}^{-\mathrm{i}2\pi x_1 \omega_1} \mathrm{d}x_1 = (F_{x_1} \hat{f})(\omega_1, 0)$$

式中，F_{x_1} 表示对 x_1 的 Fourier 变换。同理

$$\tilde{f}_2(0, \omega_2) = (F_{x_2} \tilde{f})\left(\omega_2, \frac{\pi}{2}\right)$$

一般地，设 $\Phi = (\cos\varphi, \sin\varphi)$，考虑 $\tilde{f}(\omega)$ 在过原点 O 且以 Φ 为方向的直线 $\omega = \sigma\Phi$ 上的取值。按照定义有

$$\tilde{f}(\sigma\Phi) = \int_{R^2} f(x) \, \mathrm{e}^{-\mathrm{i}2\pi x\sigma\Phi} \mathrm{d}x$$

如前所述 $x = r\Phi + t\Phi^\perp$，即 $x_1 = r\cos\varphi - t\sin\varphi$，$x_2 = r\sin\varphi + t\cos\varphi$。

可以验证 $\mathrm{d}x = \mathrm{d}x_1 \mathrm{d}x_2 = \mathrm{d}r\mathrm{d}t$ 从而有

$$\tilde{f}(\sigma\Phi) = \int_{-\infty}^{+\infty} \int_{-\infty}^{+\infty} f(r\Phi + t\Phi^\perp) \, \mathrm{e}^{-\mathrm{i}2\pi r\sigma} \mathrm{d}t\mathrm{d}r = \int_{-\infty}^{+\infty} \left[\int_{-\infty}^{+\infty} f(r\Phi + t\Phi^\perp) \mathrm{d}t \right] \mathrm{e}^{-\mathrm{i}2\pi r\sigma} \mathrm{d}r$$

即

$$\tilde{f}(\sigma\Phi) = \int_{-\infty}^{+\infty} \hat{f}(r, \varphi) \, \mathrm{e}^{-\mathrm{i}2\pi r\sigma} \mathrm{d}r = F_r \hat{f}(\sigma, \varphi) \tag{3-19}$$

式中，F_r 表示对 $\hat{f}(r, \varphi)$ 第一个变量 r 的 Fourier 变换，此时 φ 为参数。

由式（3-19）可以得到如下定理，即中心切片定理（投影定理）。设 $\hat{f}(r, \varphi)$ 是 $f(x)$ 的 Radon 变换，$\tilde{f}(\omega)$ 是 $f(x)$ 的二维 Fourier 变换，则 $\tilde{f}(\omega)$ 在过原点的直线 $\omega = \sigma\Phi$ 上的取值等于 $\hat{f}(r, \varphi)$ 关于第一个变量 r 所作的一维 Fourier 变换 $F_r\hat{f}(\sigma, \varphi)$ 的值（见图 3-14）。

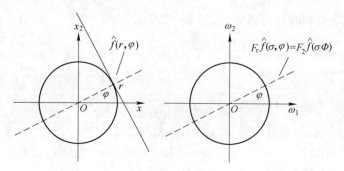

图 3-14　$\hat{f}(r, \varphi)$ 关于 r 的一维 Fourier 变换与 $f(x)$ 的二维 Fourier 变换之间的关系

投影定理揭示了二维 Fourier 变换与 Radon 变换之间的关系，是推导重建公式的基础。

3.2.5　平行束投影的几种重建算法

设 $p(r, \varphi)$ 为平行束投影采样，其中 r 为射线到旋转中心的距离，φ 为射线法线与 x_1 轴的夹角，则 $p(r, \varphi)$ 与 $f(x)$ 应有关系：

$$p(r, \varphi) = \hat{f}(r, \varphi) = \int_{-\infty}^{+\infty} f(r\Phi + t\Phi^{\perp})\,\mathrm{d}t$$

重建 CT 图像的问题：已知 $p(r_i, \varphi_k)$，$i = 1, 2, \cdots, N$；$k = 1, 2, \cdots, M$，求 $f(x)$ 的近似值。

$f_{i, j} = f(ih, jh)$，$i = 1, 2, \cdots, N$；$j = 1, 2, \cdots, N$；h 为像素的宽度。

3.2.5.1　直接 Fourier 变换重建算法

由中心切片定理，可以得到函数 $f(x)$ 的直接 Fourier 变换重建公式：

$$f(x) = F_2^{-1}(\tilde{f}(\omega)) \tag{3-20}$$

式中，$\tilde{f}(\omega) = \tilde{f}(\omega_1, \omega_2) = \tilde{p}(\sqrt{\omega_1^2 + \omega_2^2}, \arctan\frac{\omega_2}{\omega_1})$；$\tilde{p}$ 为 $p(r, \varphi)$ 关于第一个变量的 Fourier 变换。

式（3-20）似乎已经解决了由平行束投影采样重建 CT 图像的问题，但不难发现，在等间隔平行束采样下，$p(ih, k\alpha)$ 的取值在图 3-15 中半径间隔为 h 的同心圆与角度间隔为 α 的射线的交点上，而作离散逆二维 Fourier 变换所需的采样点为直角坐标的格网点上的值。因此如果要利用式（3-20）重建图像，就需要进行两种采样点之间的二维插值，而二维插值不仅计算量大，还会降低重建图像的空间分辨率。

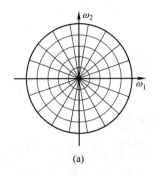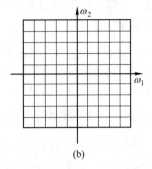

(a) (b)

图 3-15　离散 Radon 变换的采样点图（a）和离散二维 Fourier 变换的采样点图（b）

3.2.5.2　滤波反投影重建算法

对逆二维 Fourier 变换作极坐标变换，得到

$$f(x) = \int_{R^2} \tilde{f}(\omega) \mathrm{e}^{\mathrm{i}2\pi x \omega} \mathrm{d}\omega = \int_0^{2\pi} \int_0^{+\infty} \tilde{f}(\sigma \Phi) \mathrm{e}^{\mathrm{i}2\pi x \sigma \Phi} \sigma \mathrm{d}\sigma \mathrm{d}\varphi$$

由 $\tilde{p}$ 的定义和中心切片定理得到

$$f(x) = \int_0^{2\pi} \int_0^{+\infty} \tilde{p}(\sigma, \varphi) \mathrm{e}^{\mathrm{i}2\pi x \sigma \Phi} \sigma \mathrm{d}\sigma \mathrm{d}\varphi$$

将上式重写为

$$f(x) = \int_0^{\pi} \int_0^{+\infty} \tilde{p}(\sigma, \varphi) \mathrm{e}^{\mathrm{i}2\pi x \sigma \Phi} \sigma \mathrm{d}\sigma \mathrm{d}\varphi + \int_{\pi}^{2\pi} \int_0^{+\infty} \tilde{p}(\sigma, \varphi) \mathrm{e}^{\mathrm{i}2\pi x \sigma \Phi} \sigma \mathrm{d}\sigma \mathrm{d}\varphi$$

在上式中作变量代换 $\varphi = \psi + \pi$，得到

$$f(x) = \int_0^{\pi} \int_0^{+\infty} \tilde{p}(\sigma, \varphi) \mathrm{e}^{\mathrm{i}2\pi x \sigma \Phi} \sigma \mathrm{d}\sigma \mathrm{d}\varphi - \int_0^{\pi} \int_{-\infty}^{0} (F_r \hat{f})(\sigma, \psi) \mathrm{e}^{\mathrm{i}2\pi(x_1, x_2)\sigma(\cos\psi, \sin\psi)} \sigma \mathrm{d}\sigma \mathrm{d}\psi$$

$$= \int_0^{\pi} \int_{-\infty}^{+\infty} \tilde{p}(\sigma, \varphi) \mathrm{e}^{\mathrm{i}2\pi x \sigma \Phi} |\sigma| \mathrm{d}\sigma \mathrm{d}\varphi$$

从而有

$$f(x) = \int_0^{\pi} \left[\int_{-\infty}^{+\infty} \tilde{p}(\sigma, \varphi) |\sigma| \mathrm{e}^{\mathrm{i}2\pi x \sigma \Phi} \mathrm{d}\sigma \right] \mathrm{d}\varphi \tag{3-21}$$

可将式（3-21）改写为

$$f(x) = \int_0^{\pi} \left[\int_{-\infty}^{+\infty} \tilde{p}(\sigma, \varphi) |\sigma| \mathrm{e}^{\mathrm{i}2\pi r \sigma} \mathrm{d}\sigma \right]_{r=x\cdot\Phi} \mathrm{d}\varphi \tag{3-22}$$

由 Fourier 变换的卷积性质可进一步改写为

$$f(x) = \int_0^{\pi} [p(r, \varphi) * H(r)]_{r=x\cdot\Phi} \mathrm{d}\varphi$$

或

$$f(x) = \int_0^{\pi} \int_{-\infty}^{+\infty} \hat{f}(r, \varphi) H(x \cdot \Phi - r) \mathrm{d}r \mathrm{d}\varphi \tag{3-23}$$

式中

$$H(r) = F^{-1}(|\sigma|) = \int_{-\infty}^{+\infty} |\sigma| \mathrm{e}^{\mathrm{i}2\pi r \sigma} \mathrm{d}\sigma$$

下面先分析式（3-22）的实现过程：

（1）投影数据 $p(r, \varphi)$

（2）将投影数据对 r 作 Fourier 变换，得 $\widetilde{p}(\sigma, \varphi)$

（3）在频域中对投影数据滤波，得 $\widetilde{p}(\sigma, \varphi)|\sigma|$

（4）将滤波后的投影数据对 σ 作 Fourier 逆变换，得 $\overline{p}(r, \varphi)$

（5）将过点 x 的所有滤波后的投影数据作反投影，得 $\int_0^\pi \overline{p}(r, \varphi)|_{r=x\cdot\Phi}\mathrm{d}\varphi = f(x)$

再来分析式（3-23）的实现过程：

（1）投影数据 $p(r, \varphi)$

（2）空域中将投影数据与核 $H(r)$ 作卷积，得 $\overline{p}(r, \varphi) = p(r, \varphi) * H(r)$

（3）将过点 x 的所有滤波后的投影数据作反投影，得 $\int_0^\pi [\overline{p}(r, \varphi)]_{r=x\cdot\Phi}\mathrm{d}\varphi = f(x)$

由于式（3-22）主要过程为滤波和反投影，因此称为滤波反投影（filter backprojection，FBP）重建算法。而式（3-23）是在空间域将投影数据与滤波核作卷积，因此称为卷积反投影（convolution backprojection，CBP）重建公式。二者本质上是相同的，差别仅仅是一个在频域中对投影数据滤波，而另一个在空域对投影数据滤波。

3.2.5.3　Radon 反演算法

Radon 用圆平均的方法于 1917 年给出了反演公式。在此，我们给出另一种推导方式，即由上述滤波反投影公式推导出 Radon 反演公式。

由滤波反投影公式（3-21）推导：

$$f(x) = \int_0^\pi \left[\int_{-\infty}^{+\infty} \widetilde{p}(\sigma, \varphi) |\sigma| \mathrm{e}^{\mathrm{i}2\pi x\sigma\Phi} \mathrm{d}\sigma \right] \mathrm{d}\varphi$$

$$= \int_0^\pi \int_{-\infty}^{+\infty} \left[\int_{-\infty}^{+\infty} \hat{f}(r, \varphi) \mathrm{e}^{-\mathrm{i}2\pi r\sigma} \mathrm{d}r \right] |\sigma| \mathrm{e}^{\mathrm{i}2\pi\sigma x\Phi} \mathrm{d}\sigma \mathrm{d}\varphi$$

对 r 分部积分，得

$$f(x) \int_0^\pi \int_{-\infty}^{+\infty} \frac{1}{\mathrm{i}2\pi} \mathrm{sgn}\sigma \left[\int_{-\infty}^{+\infty} \partial_r \hat{f}(r, \varphi) \mathrm{e}^{-\mathrm{i}2\pi r\sigma} \mathrm{d}r \right] \mathrm{e}^{\mathrm{i}2\pi\sigma x\Phi} \mathrm{d}\sigma \mathrm{d}\varphi$$

交换积分次序，得

$$f(x) \frac{1}{\mathrm{i}2\pi} \int_0^\pi \int_{-\infty}^{+\infty} \partial_r \hat{f}(r, \varphi) \left[\int_{-\infty}^{+\infty} \mathrm{sgn}\sigma \mathrm{e}^{-\mathrm{i}2\pi(r-x\cdot\Phi)\sigma} \mathrm{d}\sigma \right] \mathrm{d}r \mathrm{d}\varphi$$

$$= \frac{1}{\mathrm{i}2\pi} \int_0^\pi \int_{-\infty}^{+\infty} \partial_r \hat{f}(r, \varphi) \left(\int_{-\infty}^{+\infty} \mathrm{sgn}\sigma \mathrm{e}^{\mathrm{i}2\pi t\sigma} \mathrm{d}\sigma \right) |_{t=x\cdot\Phi-r} \mathrm{d}r \mathrm{d}\varphi \tag{3-24}$$

式中，$\int_{-\infty}^{+\infty} \mathrm{sgn}\sigma \mathrm{e}^{\mathrm{i}2\pi t\sigma} \mathrm{d}\sigma$ 为符号函数的逆 Fourier 变换 $F^{-1}(\mathrm{sgn}\sigma)$。符号函数的 Riemann 积分（即通常微积分学中定义的积分）和 Lebesgue 积分（即实变函数中定义的积分）都不存在，更无法定义符号函数的 Fourier 变换。在广义函数中，符号函数被看做试验函数空间上广义函数（即连续线性泛函），不仅可以定义它的任意阶导数，还可以定义它的 Fourier 变换，并可以证明

$$F^{-1}(\mathrm{sgn}\sigma) = \int_{-\infty}^{+\infty} \mathrm{sgn}\sigma \mathrm{e}^{\mathrm{i}2\pi t\sigma} \mathrm{d}\sigma = \frac{-1}{\mathrm{i}\pi t}$$

将其代入式 (3-24)

$$f(x) = \frac{1}{\mathrm{i}2\pi} \int_0^\pi \int_{-\infty}^{+\infty} \partial_r \hat{f}(r,\ \varphi) \frac{-1}{\mathrm{i}\pi t}\big|_{t=x\cdot\varPhi-r} \mathrm{d}r\mathrm{d}\varphi$$

整理得如下著名的 Radon 反演公式（逆变换公式）：

$$f(x) = \frac{1}{2\pi^2} \int_0^\pi \mathrm{d}\varphi \int_{-\infty}^{+\infty} \frac{\partial_r \hat{f}(r,\ \varphi)}{x\cdot\varPhi-r} \mathrm{d}r \tag{3-25}$$

记上述 Radon 逆变换为 R^{-1}，它可以分解成 3 个算子的复合：

(1) 对 r 求导算子 $\partial_r : u(r) \to u_r(r)$；

(2) 对函数作 Hilbert 变换 $H: v(r) \to \dfrac{1}{\pi}\displaystyle\int_{-\infty}^{+\infty} \dfrac{v(q)\mathrm{d}q}{r-q} = v(r) * \dfrac{1}{\pi r}$；

(3) 对函数作反投影变换 $B_x: w(r,\ \varphi) \to \dfrac{1}{2\pi}\displaystyle\int_0^\pi w(x\cdot\varPhi,\ \varphi)\mathrm{d}\varphi$。

即 $R^{-1} = B_x \circ H \circ \partial_r$。因此，由 $\hat{f}(r,\ \varphi)$ 得到 $f(x)$ 的过程如下：

$$\hat{f}(r,\ \varphi) \xrightarrow{\ \partial_r\ } \partial_r \hat{f}(r,\ \varphi) \xrightarrow{\ H\ } \frac{1}{\pi}\int_{-\infty}^{+\infty} \frac{\partial_r \hat{f}(q,\ \varphi)\mathrm{d}q}{r-q}$$

$$\xrightarrow{\ B_x\ } \frac{1}{2\pi}\int_0^\pi \left[\frac{1}{\pi}\int_{-\infty}^{+\infty} \frac{\partial_r \hat{f}(q,\ \varphi)\mathrm{d}q}{r-q} \right]_{r=x\cdot\varPhi} \mathrm{d}\varphi = f(x)$$

3.2.6 平行束投影的反投影滤波重建算法

3.2.6.1 一元函数的 Hilbert 变换[12]

函数 $v(r)$ 的 Hilbert 变换

$$v_H(r) = \frac{1}{\pi}\int_{-\infty}^{+\infty} \frac{v(q)\mathrm{d}q}{r-q} = v(r) * \frac{1}{\pi r} \tag{3-26}$$

从定义可以看出，Hilbert 变换本质上是对函数作特定的滤波，这种滤波可以在空间域实现（将函数与核函数 $1/(\pi r)$ 作卷积，核函数的图像见图 3-16）；也可以通过频率域实现（将函数的 Fourier 变换像与核函数 Fourier 变换像 $-\mathrm{i}\mathrm{sgn}\sigma$ 相乘，再通过逆 Fourier 变换变到空间域），即

$$v_H(r) = \int_{-\infty}^{+\infty} \tilde{v}(\sigma)(-\mathrm{i}\mathrm{sgn}\sigma)\mathrm{e}^{\mathrm{i}2\pi r\sigma} \mathrm{d}\sigma \tag{3-27}$$

式中，$\tilde{v}(\sigma)$ 是 $v(r)$ 的 Fourier 变换。

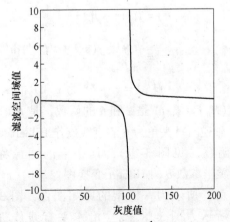

图 3-16 滤波核函数 $\dfrac{1}{\pi r}$ 的图像

$v_H(r)$ 的 Fourier 变换记为 $\tilde{v}_H(\sigma)$，则

$$\tilde{v}_H(\sigma) = -\mathrm{i}\,\mathrm{sgn}\sigma\tilde{f}(\sigma)$$

从而有

$$\mathrm{i}\,\mathrm{sgn}\sigma\tilde{v}_H(\sigma) = \tilde{f}(\sigma)$$

即有

$$\int_{-\infty}^{+\infty}\mathrm{i}\,\mathrm{sgn}\sigma\tilde{v}_H(\sigma)\mathrm{e}^{\mathrm{i}2\pi r\sigma}\mathrm{d}\sigma = f(r)$$

从而由 Fourier 变换的性质 6，得 Hilbert 逆变换公式

$$f(r) = -\int_{-\infty}^{+\infty}\frac{v_H(r')}{r-r'}\mathrm{d}r' = \frac{-1}{\pi r} * v_H(r) \tag{3-28}$$

如果记 Hilbert 算子为 H，则 $H \circ H = -1$。

3.2.6.2　有限区间上的 Hilbert 逆变换[12]

由式（3-28）看出，由 $v_H(r)$ 得到 $v(r)$，需要知道 $v_H(r)$ 在整个 $r \in (-\infty, +\infty)$ 上的值。但如果函数 $v(r)$ 具有紧支集性质，即仅在有限的区间内不为零，则 $v(r)$ 可以通过 $v_H(r)$ 的有限区间上的值得到，这就是下列有限区间上的逆 Hilbert 变换公式。

如果存在 ε，使得当 $r \notin [R_1+\varepsilon, R_2-\varepsilon]$ 时，$v(r)=0$；当 $r \in [R_1, R_2]$ 时，$v_H(r)$ 已知。那么一元函数 $v(r)$ 在有限区间 $r \in [R_1+\varepsilon, R_2-\varepsilon]$ 上的 Hilbert 逆变换为

$$v(r) = \frac{-1}{\sqrt{(R_2-r)(r-R_1)}}\left[\int_{R_1}^{R_2}\sqrt{(r'-R_1)(R_2-r')}\,\frac{v_H(r')}{\pi(r-r')}\mathrm{d}r' + C\right] \tag{3-29}$$

式中，C 为常数，由 $v(r)$ 决定，如可以由 $v(r)$ 在 $r \in (R_1, R_1+\varepsilon) \cup (R_2-\varepsilon, R_2)$ 中的某个函数值 $v(r)$ 决定。

3.2.6.3　图像的 Hilbert 变换[12]

设 $f(x)$ 是仅在有限区域上不为零的函数（图像），设 $x = s\Theta + t\Theta^\perp$，其中 $\Theta = (\cos\theta, \sin\theta)$，$\Theta^\perp = (-\sin\theta, \cos\theta)$，则 $s = x \cdot \Theta$，$t = x \cdot \Theta^\perp$。将 $f(s\Theta + t\Theta^\perp)$ 中 s 和 θ 视为参数，则 $f(s\Theta + t\Theta^\perp)$ 为 t 的函数，对其作 Hilbert 变换，得到

$$(H_\theta f)(s, t) = f(s\Theta + t\Theta^\perp) * \frac{1}{\pi t}$$

$$= \frac{1}{\pi}\int_{-\infty}^{+\infty}\frac{f(s\Theta + t'\Theta^\perp)\mathrm{d}t'}{t-t'}$$

由于 $s = x \cdot \Theta$，$t = x \cdot \Theta^\perp$ 为 x 和 θ 的函数，因此 $(H_\theta f)(s, t)$ 是 x 和 θ 的函数，是 $f(x)$ 沿与 x_2 轴逆时针夹角为 θ 的直线族作 Hilbert 变换后的函数（见图 3-17），其相应的图像称为 $f(x)$ 关于参数 θ 的 Hilbert 变换图像。例如，图 3-18（a）所示为一模型的原始图像，图 3-18（b）所示为图 3-18（a）沿水平直线族进行 Hilbert 变换得到的图像。

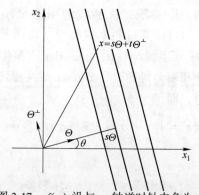

图 3-17　$f(x)$ 沿与 x_2 轴逆时针夹角为 θ

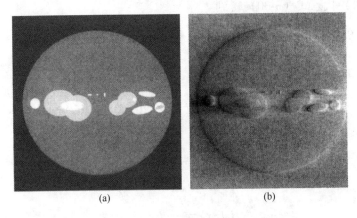

(a)   (b)

图 3-18　直线族作 Hilbert 变换示意图

(a) 原始图像；(b) 图 (a) 沿水平直线族进行 Hilbert 变换得到的图像

3.2.6.4　图像的 Hilbert 变换图像与投影的关系[12]

由滤波反投影重建公式

$$f(x) = \int_0^\pi \left[\int_{-\infty}^{+\infty} \widetilde{p}(\sigma, \varphi) \, |\sigma| \, \mathrm{e}^{\mathrm{i}2\pi x\sigma\Phi} \mathrm{d}\sigma \right] \mathrm{d}\varphi$$

$$f(s\Theta + t\Theta^\perp) = \int_0^\pi \left[\int_{-\infty}^{+\infty} \widetilde{p}(\sigma, \varphi) \, |\sigma| \, \mathrm{e}^{\mathrm{i}2\pi (s\Theta + t\Theta^\perp)\sigma\Phi} \mathrm{d}\sigma \right] \mathrm{d}\varphi$$

将 $f(s\Theta + t\Theta^\perp)$ 中 s 和 θ 视为参数，则 $f(s\Theta + t\Theta^\perp)$ 为 t 的函数，对其作 Hilbert 变换，得到

$$(H_\theta f)(s, t) = f(s\Theta + t\Theta^\perp) * \frac{1}{\pi t} = \frac{1}{\pi} \int_{-\infty}^{+\infty} \frac{f(s\Theta + t'\Theta^\perp) \mathrm{d}t'}{t - t'}$$

代入 f 的表达式，并交换积分次序，整理得

$$
\begin{aligned}
(H_\theta f)(s, t) &= \frac{1}{\pi} \int_{-\infty}^{+\infty} \int_0^\pi \widetilde{p}(\sigma, \varphi) \, |\sigma| \, \mathrm{e}^{\mathrm{i}2\pi s\sigma\Theta\cdot\Phi} \left[\int_{-\infty}^{+\infty} \mathrm{e}^{\mathrm{i}2\pi t'(\sigma\Theta^\perp\cdot\Phi)} \frac{\mathrm{d}t'}{t - t'} \right] \mathrm{d}\varphi \mathrm{d}\sigma \\
&= \frac{1}{\pi} \int_{-\infty}^{+\infty} \int_0^\pi \widetilde{p}(\sigma, \varphi) \, |\sigma| \, \mathrm{e}^{\mathrm{i}2\pi (s\Theta + t\Theta^\perp)\cdot\sigma\Phi} \left[-\mathrm{i}\pi \mathrm{sgn}(\sigma\Theta^\perp\cdot\Phi) \right] \mathrm{d}\varphi \mathrm{d}\sigma \\
&= \frac{1}{\pi} \int_{-\infty}^{+\infty} \int_0^\pi \widetilde{p}(\sigma, \varphi) \, |\sigma| \, \mathrm{e}^{\mathrm{i}2\pi (s\Theta + t\Theta^\perp)\cdot\sigma\Phi} \left[-\mathrm{i}\pi \mathrm{sgn}(\sigma) \mathrm{sgn}(\Theta^\perp\cdot\Phi) \right] \mathrm{d}\varphi \mathrm{d}\sigma \quad (3\text{-}30) \\
&= \frac{1}{\pi} \int_0^\pi \left[\int_{-\infty}^{+\infty} -\mathrm{i}\pi\sigma\widetilde{p}(\sigma, \varphi) \mathrm{e}^{\mathrm{i}2\pi\sigma r} \mathrm{d}\sigma \right]_{r = (s\Theta + t\Theta^\perp)\cdot\Phi} \mathrm{sgn}(\Theta^\perp\cdot\Phi) \mathrm{d}\varphi \\
&= -\frac{1}{\pi} \int_0^\pi \left[\int_{-\infty}^{+\infty} \mathrm{i}\pi\sigma\widetilde{p}(\sigma, \varphi) \mathrm{e}^{\mathrm{i}2\pi\sigma r} \mathrm{d}\sigma \right]_{r = (s\Theta + t\Theta^\perp)\cdot\Phi} \mathrm{sgn}(\Theta^\perp\cdot\Phi) \mathrm{d}\varphi
\end{aligned}
$$

由于

$$p(r, \varphi) = \int_{-\infty}^{+\infty} \widetilde{p}(\sigma, \varphi) \mathrm{e}^{\mathrm{i}2\pi\sigma r} \mathrm{d}\sigma$$

得到

$$p_r(r, \varphi) = \int_{-\infty}^{+\infty} \mathrm{i}2\pi\sigma\widetilde{p}(\sigma, \varphi) \mathrm{e}^{\mathrm{i}2\pi\sigma r} \mathrm{d}\sigma \quad (3\text{-}31)$$

将式 (3-31) 代入式 (3-30) 得到

$$(H_\theta f)(s, t) = \frac{-1}{2\pi} \int_0^\pi p_r(r, \varphi)\big|_{r=(s\Theta+t\Theta^\perp)\cdot\Phi} \mathrm{sgn}(\Theta^\perp \cdot \Phi) \mathrm{d}\varphi$$

$$= \frac{-1}{2\pi} \int_0^\pi p_r(x \cdot \Phi, \varphi) \mathrm{sgn}(\Theta^\perp \cdot \Phi) \mathrm{d}\varphi \tag{3-32}$$

式 (3-32) 右端积分称为 $p(r, \varphi)$ 相应于 θ 的 DBP (differentiated backprojection) 图像，记作

$$b_\theta(x) = \int_0^\pi p_r(x \cdot \Phi, \varphi) \mathrm{sgn}(\Theta^\perp \cdot \Phi) \mathrm{d}\varphi$$

式 (3-32) 表明 $b_\theta(x)$ 与 Hilbert 变换 $H_\theta f(x)$ 之间满足关系

$$H_\theta f(x) = \frac{-1}{2\pi} b_\theta(x) \tag{3-33}$$

从理论上讲，对于给定的 s 和 θ，将 $H_\theta f(x)$ 按上述方法表示成 $(H_\theta f)(s, t)$，然后对 t 作逆 Hilbert 变换便可得到 $f(x)$ 在直线 $x \cdot \Theta = s$ 上的值。当 s 遍历 $(-\infty, +\infty)$ 时，便得到 $f(x)$ 在所有 $x \in R^2$ 上的值。但是，对于给定的 s 和 θ，Hilbert 逆变换需要知道 $(H_\theta f)(s, t)$ 对所有 $t \in (-\infty, +\infty)$ 上的值。而实际计算中，由式 (3-32) 右端我们只能对有限区间上的 t 计算 $(H_\theta f)(s, t)$ 的值。因此，不能通过无穷区间上的 Hilbert 逆变换求得 $f(x)$。但注意到，待重建的图像 $f(x)$ 均具有紧支性质，即仅在有限的区域内不为零，因此可以利用 $(H_\theta f)(s, t)$ 在有限区间上关于 t 的逆 Hilbert 变换式得到 $f(x)$。图

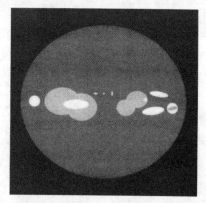

图 3-19　由图 3-18 (b) 在有限区间上关于 x_1 作 Hilbert 的逆变换后重建的图像

3-19 所示为图 3-18 (b) 在有限区间上关于 x_1 作 Hilbert 逆变换后得到重建的图像。

3.2.7　扇束滤波反投影重建算法

3.2.7.1　扇束扫描几何参数和坐标系统

工业 CT 技术通常所用的线阵列探测器从形状上分为两类：一类是直线型阵列探测器，另一类是弧线型阵列探测器。如果忽略射线源焦点和探测器的尺寸，则射线源焦点与线阵列探测器构成所谓"扇束扫描几何"。本小节将介绍针对直线型阵列探测器的扇束滤波反投影重建算法[11]。针对弧线型阵列探测器的滤波反投影重建算法可参见文献 [9]。

通常用工业 CT 设备扫描时，由射线源焦点和探测器构成的扇束是固定不动的，由承载被扫描物体的转台旋转。从数学上来讲，这种扫描方式与承载被扫描物体的转台固定，让射线源焦点和探测器构成的扇束绕转台中心旋转的扫描方式是等价的。

为方便理解公式推导，我们考虑后一种扫描模式，即"物体固定、扇束绕定点旋转"，如图 3-20 所示。图中 $Ox_1 x_2$ 为固定坐标系；$Ox_1' x_2'$ 为由 $Ox_1 x_2$ 逆时针旋转 β 角得到的

坐标系；探测器所在直线的坐标系为 $O_D u$，S 表示射线源焦点的位置，SO 所在直线与探测器坐标系 $O_D u$ 垂直并交于 O_D；S 到 O 的距离为 Rs，S 到 O_D 的距离为 R_D。探测器上 U 点的坐标为 u。由焦点 S 发出、经过 $\bar{x} = (\bar{x}_1, \bar{x}_2)$ 的射线与探测器坐标 $O_D u$ 交于 $\bar{U}$ 点，$\bar{U}$ 点的坐标记为 $\bar{u}$，$\bar{u}$ 称为 $\bar{x}$ 点在探测器坐标 $O_D u$ 上的投影地址）。

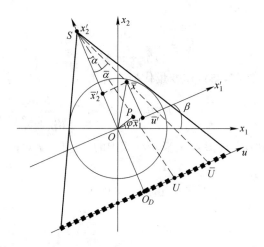

图 3-20　物体固定、扇束绕定点旋转的 CT 技术扫描示意图

射线 SU 可以表示为参数方程 $L = (u, \beta)$

$$x = \overline{OS} + t(\overline{SO_D} + \overline{O_D U})$$

即

$$x = R_S(-\sin\beta, \cos\beta) + t(u\cos\beta + R_S\sin\beta, u\sin\beta - R_S\cos\beta), \ t \in (-\infty, +\infty)$$

设射线 SU 的法向与 Ox_1 轴的夹角为 φ，射线 SU 到原点 O 的距离为 r，则射线 SU 也可以表示成 $L(r, \varphi)$

$$x = r\Phi + t\Phi^\perp, \ t \in (-\infty, +\infty) \tag{3-34}$$

式中，$\Phi = (\cos\varphi, \sin\varphi)$，$\Phi^\perp = (-\sin\varphi, \cos\varphi)$。

用初等几何的方法，不难求得 (r, φ) 与 (u, β) 的关系，即

$$r = \frac{R_S u}{\sqrt{R_D^2 + u^2}}, \ \varphi = \beta + \arctan\frac{u}{R_D} \tag{3-35}$$

3.2.7.2　扇束滤波反投影重建公式

图 3-20 对应的扇束投影数据 $p(u, \beta)$ 可由参数 β 和 u 得到。如果射线是单能的，假设被测物质相应该能量的线性衰减系数的分布为 $f(x)$，则 $p(u, \beta)$ 与 $f(x)$ 之间有关系

$$p(u, \beta) = \int_{L(u, \beta)} f(x)\mathrm{d}l = \int_{L(r, \varphi)} f(x)\mathrm{d}l = \hat{f}(r, \varphi) \tag{3-36}$$

式中，$\mathrm{d}l$ 为射线的弧长。

扇束扫描下图像重建的任务是由已知的 $p(u, \beta)$ 重建 $f(x)$，其中 $\beta \in [0, 2\pi]$，$|u| \leq L/2$，L 为直线型阵列探测器的长度。

首先我们可通过简单的坐标变换，将平行束的滤波反投影重建公式（3-23）

$$f(\bar{x}) = \int_0^\pi \int_{-\infty}^{+\infty} \hat{f}(r,\varphi) H(\bar{x} \cdot \Phi - r) \mathrm{d}r\mathrm{d}\varphi$$

改写为在角度区间 $[0,\ 2\pi]$ 上的重建公式

$$f(\bar{x}) = \frac{1}{2} \int_0^{2\pi} \int_{-\infty}^{+\infty} \hat{f}(r,\varphi) H(\bar{x} \cdot \Phi - r) \mathrm{d}r\mathrm{d}\varphi \tag{3-37}$$

由关系式 (3-35)，得到

$$\mathrm{d}r\mathrm{d}\varphi = \frac{R_D^2 R_S}{(R_D^2 + u^2)^{3/2}} \mathrm{d}u\mathrm{d}\beta \tag{3-38}$$

因此式 (3-37) 按式 (3-35) 作变量代换，并由式 (3-38) 得

$$f(\bar{x}) = \frac{1}{2} \int_0^{2\pi} \int_{-\infty}^{+\infty} p(u,\ \beta) H(\bar{x} \cdot \Phi - r) \frac{R_D^2 R_S}{(R_D^2 + u^2)^{3/2}} \mathrm{d}u\mathrm{d}\beta$$

剩余的问题是将如何用 u、β 和 $\bar{x}$ 来表示式中的 $\bar{x} \cdot \Phi - r$。

由图 3-20 可知

$$\bar{x} \cdot \Phi = (\bar{x}_1, \bar{x}_2) \cdot (\cos\varphi, \sin\varphi)$$

而

$$(\bar{x}_1, \bar{x}_2) \cdot (\cos\varphi, \sin\varphi) \equiv (\bar{x}_1', \bar{x}_2') \cdot (\cos\alpha, \sin\alpha)$$

式中

$$\bar{x}_1' = \bar{x} \cdot (\cos\beta, \sin\beta),\quad \bar{x}_2' = \bar{x} \cdot (-\sin\beta, \cos\beta)$$

$$\cos\alpha = \frac{R_D}{\sqrt{R_D^2 + u^2}},\quad \sin\alpha = \frac{u}{\sqrt{R_D^2 + u^2}}$$

代入 $\bar{x} \cdot \Phi - r$ 的表达式，并注意关系式

$$\tan\bar{\alpha} = \frac{\bar{x}_1'}{(R_S - \bar{x}_2')} = \frac{\bar{u}}{R_D} \tag{3-39}$$

可得到

$$\bar{x} \cdot \Phi - r = (\bar{x}_1', \bar{x}_2') \cdot (\cos\alpha, \sin\alpha) - r$$

$$= (\bar{x}_1', \bar{x}_2') \cdot \left(\frac{R_D}{\sqrt{R_D^2 + u^2}},\ \frac{u}{\sqrt{R_D^2 + u^2}} \right) - \frac{R_S u}{\sqrt{R_D^2 + u^2}}$$

$$= \frac{-R_S u + R_D \bar{x}_1' + u\bar{x}_2'}{\sqrt{R_D^2 + u^2}} = \frac{(\bar{u} - u)(R_S - \bar{x}_2')}{\sqrt{R_D^2 + u^2}}$$

于是

$$H(\bar{x} \cdot \Phi - r) = H\left[(\bar{u} - u) \frac{R_S - \bar{x}_2'}{\sqrt{R_D^2 + u^2}} \right] = \int_{-\infty}^{+\infty} |\omega| e^{\mathrm{i}2\pi(\bar{u} - u) \frac{R_S - \bar{x}_2}{\sqrt{R_D^2 + u^2}} \omega} \mathrm{d}\omega$$

令

$$\omega' = \frac{R_S - \bar{x}_2'}{\sqrt{R_D^2 + u^2}} \omega$$

则

$$\mathrm{d}\omega = \frac{\sqrt{R_D^2 + u^2}}{R_S - \bar{x}_2'} \mathrm{d}\omega'$$

故有

$$H(\bar{x} \cdot \Phi - r) = \frac{R_D^2 + u^2}{(R_S - \bar{x}_2')^2} H(\bar{u} - u) \tag{3-40}$$

从而得到扇束滤波反投影重建公式

$$f(\bar{x}) = \frac{1}{2}\int_0^{2\pi}\int_{-\infty}^{+\infty} p(u,\beta)\frac{R_D}{\sqrt{R_D^2+u^2}}H(\bar{u}-u)\mathrm{d}u\frac{R_D R_S}{(R_S-\bar{x}\cdot(-\sin\beta,\cos\beta))^2}\mathrm{d}\beta$$

$$(3-41)$$

式中

$$\bar{u} = \frac{R_D\bar{x}\cdot(\cos\beta,\sin\beta)}{R_S-\bar{x}\cdot(-\sin\beta,\cos\beta)}$$

令

$$u = u'\frac{R_D}{R_S}, \quad \bar{u} = \bar{u}'\frac{R_D}{R_S}$$

代入式（3-41）化简后得

$$f(\bar{x}) = \frac{1}{2}\int_0^{2\pi}\int_{-\infty}^{+\infty} p_1(u',\beta)\frac{R_S}{\sqrt{R_S^2+u'^2}}H(\bar{u}'-u')\mathrm{d}u'\frac{R_S^2}{(R_S-\bar{x}\cdot(-\sin\beta,\cos\beta))^2}\mathrm{d}\beta$$

$$(3-42)$$

式中，u' 被称为虚拟探测器坐标（见图 3-20），是射线 SU 与 Ox_1' 轴交点的坐标；$\bar{u}' = \dfrac{R_S\bar{x}\cdot(\cos\beta,\sin\beta)}{R_S-\bar{x}\cdot(-\sin\beta,\cos\beta)}$ 是过 $\bar{x}$ 的射线 $S\bar{U}$ 与 Ox_1' 轴交点的坐标，称为 $\bar{x}$ 点在虚拟探测器上的投影地址；$p_1(u',\beta)=p(u'\dfrac{R_D}{R_S},\beta)$。扇束投影的滤波反投影重建公式在多数文献中以式（3-42）的形式给出。

3.2.8 迭代重建算法

本小节介绍针对 CT 图像重建离散模型的迭代重建算法[9,13~17]。首先介绍离散模型，之后介绍 ART 重建算法、Richardson 重建算法、EM 重建算法和子集排序的迭代重建算法。

3.2.8.1 CT 图像重建离散模型

设 $f(x)$ 为 R^2 上紧支集函数，即在圆域 Ω 外 $f(x)\equiv0$。将包含圆域 Ω 的正方形区域等分成 $n\times n$ 个小区域（见图 3-21），每个小区域称为一个像素。可以用行和列双下标描述这些像素，如 $\Omega_{l,m}(l,m=1,2,\cdots,n)$，也可以用单下标描述这些像素，如令 $\Omega_j=\Omega_{l,m}$，式中 $j=(l-1)n+m$，$j=1,2,\cdots$，$J(=n\times n)$。

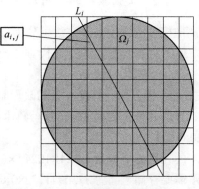

图 3-21　数字图像示意图

设 $\chi_j(x)$ 为 Ω_j 的特征函数或示性函数，当 $x\in\Omega_j$ 时，$\chi_j(x)=1$；当 $x\notin\Omega_j$ 时，$\chi_j(x)=0$，则

$$f(x) = \sum_{j=1}^{J}\chi_j(x)f(x)$$

令 $f_n(x) = \sum\limits_{j=1}^{J} c_j \chi_j(x)$ ，其中 $c_j = \dfrac{1}{|\Omega_j|} \int\limits_{\Omega_j} f(x)\,\mathrm{d}x$ ；$|\Omega_j|$ 为 Ω_j 的面积。$f_n(x)$ 称为 $f(x)$ 的数字化图像。显然 $f(x) \approx f_n(x)$。设 L_i 为与图像相交的射线，$f(x)$ 在 L_i 上的 Radon 变换为

$$Rf(L_i) \approx Rf_n(L_i) = \int_{x \in L_i} f_n(x)\,\mathrm{d}\sigma = \sum_{j=1}^{J} c_j a_{i,\,j}$$

记 $a_{i,\,j} = \int_{x \in L_i} \chi_j \mathrm{d}\sigma$（即第 i 条射线 L_i 与第 j 个像素 Ω_j 的交线长），则有

$$Rf(L_i) \approx Rf_n(L_i) = \sum_{j=1}^{J} a_{i,\,j} c_j,\ i = 1,\ 2,\ \cdots,\ I$$

习惯上，以 x_j 记未知量 c_j，于是有

$$Rf_n(L_i) = \sum_{j=1}^{J} a_{i,\,j} x_j,\ i = 1,\ 2,\ \cdots,\ I$$

设沿第 i 射线的实测数据的投影值为 b_i，则应有

$$\sum_{j=1}^{J} a_{i,\,j} x_j + \varepsilon_i = b_i,\ i = 1,\ 2,\ \cdots,\ I$$

式中，ε_i 是误差。

上式可以写成矩阵形式

$$AX + \varepsilon = B \tag{3-43}$$

式中，$X = (x_1,\ x_2,\ \cdots,\ x_J)^\mathrm{T}$，是待求的 $f(x)$ 的数字化图像 $f_n(x)$ 的图像向量；$B = (b_1,\ b_2,\ \cdots,\ b_I)^\mathrm{T}$ 是实测数据的投影向量；$A = (a_{i,\,j})_{I,\,J}$ 是投影矩阵（它与 X、B 无关，只与数据采集方式有关，因此又称为几何矩阵）；ε 为误差向量。

所谓离散 CT 问题就是已知投影矩阵 A 和投影向量 B，由式（3-43）求图像向量 X。误差向量 ε 通常是未知的，求解式（3-43）时通常忽略 ε，或通过建模对 ε 进行估计。

3.2.8.2　离散模型的常用求解方法

离散模型的常用求解方法可分为直接方法和迭代方法。直接方法有消元法、LU 分解方法、奇异值分解方法等；迭代方法有代数重建算法、Richardson 迭代算法、EM 迭代算法、子集排序迭代算法等。

（1）直接方法。直接方法的缺点是存储量和计算量过大。设重建的图像矩阵为 1024×1024，投影角度个数为 720，每个角度的采样数为 1024。则 A 的行数为 1024×1024，列数为 720×1024。

A 的元素的个数为（1024×1024）×（1024×720）= 773094113280；

A 需要存储空间为 773094113280×4（B）≈ 2880GB；

A 的非零元的个数约为（1024×2）×（1024×720）= 1509949440；

A 的非零元需要存储空间约为 1509949440×4（B）≈ 5.625GB。

对于如此大的存储空间，现有计算机能力很难用直接方法求解 CT 问题式（3-43）。

（2）迭代方法。迭代方法的格式为：

1）对 X 赋初值 $X^{(0)}$；

2）构造迭代格式 $\boldsymbol{X}^{(k+1)} = y_k(\boldsymbol{X}^{(k)}, \boldsymbol{A}, \boldsymbol{B})$，对 $\boldsymbol{X}^{(k)}$ 进行更新；

3）根据一定的判断准则，决定迭代终止还是继续进行。

3.2.8.3 代数重建算法

首先通过以下例子说明（加法）代数重建算法（algebraic reconstruction technique，ART）的思路。

考虑下列方程组的求解：

$$\begin{cases} 4x_1 + x_2 = 24 \\ 2x_1 + 5x_2 = 30 \end{cases} \text{或} \begin{bmatrix} 4 & 1 \\ 2 & 5 \end{bmatrix} \begin{bmatrix} x_1 \\ x_2 \end{bmatrix} = \begin{bmatrix} 24 \\ 30 \end{bmatrix} \tag{3-44}$$

其几何意义是求解图 3-22 中两条直线的交点。

将式（3-44）改写为

$$L_1: \boldsymbol{A_1X} = b_1, \quad L_2: \boldsymbol{A_2X} = b_2$$

此处

$\boldsymbol{A}_1 = (4, 1)$，$\boldsymbol{A}_2 = (2, 5)$，$b_1 = 24$，$b_2 = 30$，$\boldsymbol{X} = (x_1, x_2)^{\mathrm{T}}$

现用迭代方法求解式（3-44）。（1）令 $\boldsymbol{X} = \boldsymbol{X}^{(0)}$；（2）构造迭代格式。

直观的想法为：

首先将 $\boldsymbol{X}^{(0)}$ 沿 L_1 的法向拉到 L_1 上的 $\boldsymbol{X}^{(1)}$。记 $|\boldsymbol{A}_i| = \sqrt{a_{i,1}^2 + a_{i,2}^2}$，则原点到直

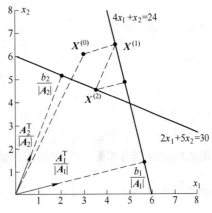

图 3-22 式（3-44）迭代求解示意图

线 L_1 的距离为 $\dfrac{b_1}{|\boldsymbol{A}_1|}$，而 $\boldsymbol{X}^{(0)}$ 在直线 L_1 的单位法向上的投影长度为 $\dfrac{\boldsymbol{A}_1}{|\boldsymbol{A}_1|}\boldsymbol{X}^{(0)}$，所以 $\boldsymbol{X}^{(0)}$ 到

直线 L_1 的距离为 $\dfrac{b_1}{|\boldsymbol{A}_1|} - \dfrac{\boldsymbol{A}_1}{|\boldsymbol{A}_1|}\boldsymbol{X}^{(0)}$。因此，$\boldsymbol{X}^{(0)}$ 到 $\boldsymbol{X}^{(1)}$ 的向量为 $\left(\dfrac{b_1}{|\boldsymbol{A}_1|} - \dfrac{\boldsymbol{A}_1}{|\boldsymbol{A}_1|}\boldsymbol{X}^{(0)}\right)\dfrac{\boldsymbol{A}_1^{\mathrm{T}}}{|\boldsymbol{A}_1|}$，

即应有

$$\boldsymbol{X}^{(1)} = \boldsymbol{X}^{(0)} + \left(\frac{b_1}{|\boldsymbol{A}_1|} - \frac{\boldsymbol{A}_1}{|\boldsymbol{A}_1|}\boldsymbol{X}^{(0)}\right)\frac{\boldsymbol{A}_1^{\mathrm{T}}}{|\boldsymbol{A}_1|}$$

其次，将 $\boldsymbol{X}^{(1)}$ 沿 L_2 的法向拉到 L_2 上的 $\boldsymbol{X}^{(2)}$。类似上述分析，可得

$$\boldsymbol{X}^{(2)} = \boldsymbol{X}^{(1)} + \left(\frac{b_2}{|\boldsymbol{A}_2|} - \frac{\boldsymbol{A}_2}{|\boldsymbol{A}_2|}\boldsymbol{X}^{(1)}\right)\frac{\boldsymbol{A}_2^{\mathrm{T}}}{|\boldsymbol{A}_2|}$$

按上述方法，重复进行迭代便可得到 L_1 与 L_2 交点的近似值。

下面模仿式（3-44）的迭代求解方法，求解方程组

$$\boldsymbol{AX} = \boldsymbol{B} \tag{3-45}$$

记 $\boldsymbol{A}_i = (a_{i,1}, a_{i,2}, \cdots, a_{i,J})$ 是 $\boldsymbol{A}$ 的第 i 行向量，$\boldsymbol{X} = (x_1, x_2, \cdots, x_J)^{\mathrm{T}}$，$\boldsymbol{B} = (b_1, b_2, \cdots, b_I)^{\mathrm{T}}$，$\|\boldsymbol{A}_i\| = \sqrt{\boldsymbol{A}_i\boldsymbol{A}_i^{\mathrm{T}}}$。

代数重建算法步骤如下：（1）对 $\boldsymbol{X}$ 赋初值 $\boldsymbol{X} = \boldsymbol{X}^{(0)}$；（2）按逐条射线进行迭代。

第 1 步：沿第 1 条射线对 $X = X^{(0)}$ 进行修正

$$X^{(1)} = X^{(0)} + \left(\frac{b_1}{\| A_1 \|} - \frac{A_1}{\| A_1 \|} X^{(0)} \right) \frac{A_1^{\mathrm{T}}}{\| A_1 \|}$$

计算知：

$$A_1 X^{(1)} = A_1 X^{(0)} + A_1 \left(\frac{b_1}{\| A_1 \|} - \frac{A_1}{\| A_1 \|} X^{(0)} \right) \frac{A_1^{\mathrm{T}}}{\| A_1 \|} = A_1 X^{(0)} + b_1 - A_1 X^{(0)} = b_1 \text{。因}$$

此修正后的 $X^{(1)}$ 满足方程 $A_1 X^{(1)} = b_1$。

第 2 步：沿第 2 条射线对 $X = X^{(1)}$ 进行修正

$$X^{(2)} = X^{(1)} + \left(\frac{b_2}{\| A_2 \|} - \frac{A_2}{\| A_2 \|} X^{(1)} \right) \frac{A_2^{\mathrm{T}}}{\| A_2 \|}$$

类似地，第 i 步为

$$X^{(i)} = X^{(i-1)} + \left(\frac{b_i}{\| A_i \|} - \frac{A_i}{\| A_i \|} X^{(i-1)} \right) \frac{A_i^{\mathrm{T}}}{\| A_i \|} \tag{3-46}$$

当 $i = I$ 时，第一轮迭代结束。

（3）根据某种判据，决定是否进行下一轮迭代。

如需要进行下一轮迭代，则将 $X^{(I)}$ 视为 $X^{(0)}$ 按（2）的步骤进行迭代。判断是否进行下一轮迭代的判据有多种，如根据估计值 $X^{(k)}$ 在数据空间中的投影 $AX^{(I)}$ 与已知的投影向量 B 之间的某种距离来判断，又如判断 $\| AX^{(k)} - B \| = \sqrt{\sum_{i=1}^{J} (A_i X^{(k)} - b_i)^2}$ 是否小于给定的阈值。

ART 在实际计算中还要注意以下几点：

（1）初值可以多种方法选取：基于模型选取初值、基于其他方法重建的图像选取初值、基于低分辨率的图像选取初值等。

（2）实际数据中通常带有噪声，数据计算也有误差。为保证迭代的收敛性，需要在迭代格式中添加松弛因子 $\lambda^{(k)}$，如

$$X^{(k+1)} = X^{(k)} + \lambda^{(k)} \frac{b_i - A_i X^{(k)}}{| A_i |^2} A_i^{\mathrm{T}} (1 \leqslant i \leqslant I)$$

通常选 $\lambda^{(k)}$ 为小于 1 的正数。

（3）方程的使用次序会显著影响迭代的收敛速度，因此需要对方程进行适当排序。

（4）$A_i = (a_{i,1}, a_{i,2}, \cdots, a_{i,J})$ 的分量中非零元的快速计算等。

3.2.8.4　优化问题和 Richardson 迭代算法

介绍了 ART 求解算法，由线性代数的知识可知式（3-45）有解的充分必要条件是 A 的秩等于增广矩阵 (A, B) 的秩，即

$$\mathrm{rank}(A) = \mathrm{rank}(A, B) \tag{3-47}$$

如果式（3-47）不满足，则式（3-45）没有通常意义下的解，即不存在 X 使式（3-45）成立。需要考虑式（3-45）的广义解。有多种类型的广义解，其中之一是按下述方法定义的最小二乘解：

$$\hat{X} = \arg \min_{X} (AX - B)^{\mathrm{T}}(AX - B)$$

即最小二乘解 $\hat{X}$ 是使 $(AX - B)^{\mathrm{T}}(AX - B)$ 取最小的向量。

定义 $k(X) = (AX - B)^{\mathrm{T}}(AX - B)$ ，由微积分知识知 $\hat{X} = \arg \min_{X} (AX - B)^{\mathrm{T}}(AX - B)$ 的充分必要条件是

$$\partial_{x_j} k(\hat{X}) = 0, \ j = 1, \ 2, \ \cdots, \ J \tag{3-48}$$

化简得到所谓法方程

$$A^{\mathrm{T}}AX = A^{\mathrm{T}}B \tag{3-49}$$

可以证明 $\mathrm{rank}(A^{\mathrm{T}}A) = \mathrm{rank}(A^{\mathrm{T}}A, \ A^{\mathrm{T}}B)$ 。因此式（3-49）一定有解。但 $\mathrm{rank}(A^{\mathrm{T}}A) < J$ 时，式（3-49）的解不唯一，即式（3-45）的最小二乘解不唯一。此时如何选取最小二乘解呢？方法之一是选取最小二乘解中的最小范数解，可以证明式（3-45）的最小范数的最小二乘解是唯一的。

式（3-49）的 Richardson 迭代求解算法为

$$X^{(k+1)} = X^{(k)} + \lambda^{(k)}(A^{\mathrm{T}}B - A^{\mathrm{T}}AX^{(k)}), \ k = 1, \ 2, \ \cdots \tag{3-50}$$

记 A 的第 i 行为 A_i ，则 $A^{\mathrm{T}} = (A_1^{\mathrm{T}}, \ A_2^{\mathrm{T}}, \ \cdots, \ A_J^{\mathrm{T}})$ 。于是可将式（3-50）改写

$$X^{(k+1)} = X^{(k)} + \lambda^{(k)} \sum_{j=1}^{J} (b_i - A_i X^{(k)})A_i^{\mathrm{T}}, \ k = 1, \ 2, \ \cdots \tag{3-51}$$

如果 $\|A_i\|^2 = 1(1 \leqslant i \leqslant I)$ ，即每个方程的法向量是单位向量，则式（3-51）中 $(b_i - A_i X^{(k)})A_i^{\mathrm{T}}$ 正是 ART 中沿第 i 条射线的修正量。因此，Richardson 迭代格式实际上是将 ART 各条射线提供的修正量进行叠加，再乘以松弛因子 $\lambda^{(k)}$ 后作为由 $X^{(k)}$ 到 $X^{(k+1)}$ 的修正量。ART 迭代是沿各条射线依次进行，而 Richardson 迭代每次同时使用所有射线修正所有像素，因此，也被称为联合（同时）迭代重建法（simultaneous iterative reconstruction technique，SIRT）。式（3-50）的收敛性问题涉及复杂的数学理论，但特别取 $\lambda^{(k)} = \lambda$ ，且 $0 < \lambda < 2/\rho_{\max}$ （此处 $\rho_{\max}$ 为 $A^{\mathrm{T}}A$ 的最大特征值）时，可证明式（3-50）收敛到式（3-45）的最小范数的最小二乘解。

将 ART 沿第 i 条射线迭代公式

$$X^{(k+1)} = X^{(k)} + \lambda^{(k)}(b_i - A_i X^{(k)})A_i^{\mathrm{T}}, \ \|A_i\| = 1$$

写成分量形式

$$x_j^{(k+1)} = x_j^{(k)} + \lambda^{(k)}(b_i - \sum_{j=1}^{J} a_{i,j} x_j^{(k)})a_{i,j}, \ j = 1, \ 2, \ \cdots, \ J$$

一般地，可将 ART 沿各条射线提供的修正量加权平均后作为第 k 步迭代的修正量，即令

$$x_j^{(k+1)} = x_j^{(k)} + \lambda^{(k)} \sum_{i=1}^{I} a_{i,j}(b_i - \sum_{j=1}^{J} a_{i,j} x_j^{(k)})a_{i,j}, \ j = 1, \ 2, \ \cdots, \ J \tag{3-52}$$

式中，$a_{i,j}$ 为加权系数。$a_{i,j}$ 可有不同取法，还有一种典型的选法为 $a_{i,j} = (\sum_{i=1}^{I} a_{i,j})^{-1} a_{i,j}$ ，此时有迭代公式

$$x_j^{(k)} = x_j^{(k-1)} + \lambda^{(k)} (\sum_{i=1}^{I} a_{i,j})^{-1} \sum_{i=1}^{I} a_{i,j} (b_i - \sum_{j=1}^{J} a_{i,j} x_j^{(k)}) a_{i,j}, \quad j = 1, 2, \cdots, J$$

$$(3-53)$$

几点注释如下：

（1）Richardson 迭代与射线次序和像素次序无关，抗噪性能强，但收敛速度慢。对 $X^{(k-1)}$ 修正一次用到所有数据。在无噪声情况下，ART 收敛速度是 Richardson 迭代收敛速度的 I 倍。在噪声较大情况下，Richardson 迭代结果可能好于 ART 迭代结果。

（2）有一种修正方法习惯上也称为 SIRT，该方法对像素逐一修正。在修正第 j 个像素的值 x_j 时，按 ART 算法先计算出与第 j 个像素相交的各射线对 x_j 的修正量，然后将它们加权求和得到 β_j 作为对 x_j 的修正量。SIRT 迭代抗噪性能较强，迭代结果与射线次序无关，但与像素次序有关。其收敛速度慢于 ART，但快于 Richardson 迭代。

（3）上述介绍了式（3-45）的一种广义解——最小范数的最小二乘解。本质上是通过一定的数学优化准则，选取问题所期望的解。常用的优化准则可以分为几类：

（1）一类是刻画估计图像在数据空间的投影与测量数据的"接近程度"，如

$$\Phi_1(X) = (B - AX)^T W_1 (B - AX)$$

式中，W_1 为正定或非负定矩阵。

（2）另一类刻画图像应有的属性，如

$$\Phi_2(X) = \| D^{-1} X \| \ \text{或} (X - X_0)^T W_2 (X - X_0) \ \text{或} \| X \|_{TV} \ \text{或} \sum_{j=1}^{J} (\frac{x_j}{Jx}) \ln \frac{x_j}{Jx}$$

式中，D 为正定矩阵；W_2 为正定或非负定矩阵；X_0 为已知向量；$\bar{x}$ 为 X 分量的平均值；$\| X \|_{TV}$ 表示图像的变差。（3）还有一类是刻画 X 取值范围，如

$$X_0 \leqslant X \leqslant X_1$$

于是可以定义广义解为下述优化问题的解：

$$\hat{X} = \min_{X} (\alpha_1 \Phi_1(X) + \alpha_2 \Phi_2(X)) \ \text{或} \ \hat{X} = \min_{X_0 \leqslant X \leqslant X_1} (\alpha_1 \Phi_1(X) + \alpha_2 \Phi_2(X))$$

式中，α_1、α_2 为给定常数；X_0、X_1 为已知常向量。

基于变差 $\| X \|_{TV}$ 的迭代算法参见文献 [13]，求解一般优化问题的迭代算法的收敛性研究参见文献 [14~16]。

3.2.8.5　EM 迭代算法

EM（expectation maximization）迭代算法也称 Lucy 迭代算法。EM 迭代算法是一种图像重建的统计方法，其思想是，以测量的投影数据求待重建图像各像素 CT 值的极大似然估计。但其迭代格式从形式上类似于 Richardson 迭代，所不同的是它所选取的修正量是乘法修正量的加权平均。

设 $X^{(k-1)} = (x_1^{(k-1)}, x_2^{(k-1)}, \cdots, x_j^{(k-1)})$，选取 β_i 使 $\beta_i A_i X^{(k-1)} = b_i$，$i = 1, 2, \cdots, I$。第 i 个方程所确定的 $x_j^{(k-1)}$ 的乘法修正系数为 $\beta_i = \dfrac{b_i}{A_i X^{(k-1)}}$，按 $\alpha_{i,j}$ 将 β_i 加权平均得到加权平均的修正公式

$$x_j^{(k)} = \left(\sum_{i=1}^{I} \alpha_{i,j} \frac{b_i}{A_i X^{(k-1)}} \right) x_j^{(k-1)}, \quad j = 1, 2, \cdots, J \tag{3-54}$$

$\alpha_{i,j}$ 同样有不同的选取方法。例如，选取

$$\alpha_{i,j} = \frac{a_{i,j}}{\sum\limits_{m=1}^{I} a_{m,j}}$$

得到 $\quad x_j^{(k)} = \sum\limits_{i=1}^{I} \frac{a_{i,j}}{\sum\limits_{m=1}^{I} a_{m,j}} \frac{b_i}{A_i X^{(k-1)}} x_j^{(k-1)}, \quad j = 1, 2, \cdots, J; \ k = 1, 2, \cdots$

即 EM 算法

$$x_j^{(k)} = \frac{x_j^{(k-1)}}{\sum\limits_{m=1}^{I} a_{m,j}} \sum\limits_{i=1}^{I} \frac{a_{i,j} b_i}{\sum\limits_{j'=1}^{J} a_{i,j} x^{(k-1)}}, \quad j = 1, 2, \cdots, J; \ k = 1, 2, \cdots \tag{3-55}$$

也可将式 (3-55) 改写为

$$x_j^{(k)} = x_j^{(k-1)} + \sum\limits_{i=1}^{I} \frac{a_{i,j}}{\sum\limits_{m=1}^{I} a_{m,j}} \frac{b_i - A_i X^{(k-1)}}{A_i X^{(k-1)}} x_j^{(k-1)}, \quad j = 1, 2, \cdots, J; \ k = 1, 2, \cdots$$

也可在式 (3-55) 中加入松弛因子（如 $0 < \lambda_k < 1$），得到

$$x_j^{(k)} = x_j^{(k-1)} + \lambda_k \sum\limits_{i=1}^{I} \frac{a_{i,j}}{\sum\limits_{m=1}^{I} a_{m,j}} \frac{b_i - A_i X^{(k-1)}}{A_i X^{(k-1)}} x_j^{(k-1)}, \quad j = 1, 2, \cdots, J; \ k = 1, 2, \cdots$$

$$\tag{3-56}$$

EM 算法迭代结果与射线使用次序和像素次序无关。但每步迭代都要计算所有 $A_i X^{(k-1)}$, $i = 1, 2, \cdots, I$。所以它一步迭代的计算量相当于 ART 乘法 I 步迭代计算量。因此，EM 算法收敛速度与 Richardson 迭代收敛速度相当。

3.2.8.6 子集排序迭代算法

为了使迭代算法既有好的抗噪声能力，又有较快的收敛速度，人们对 Richardson 算法和 EM 算法进行了改进。首先根据数据的噪声水平和数据的线性相关性，将数据分组排序。每组方程的下标集为 S_m，每组下标的个数为 I_m 个（$m = 1, 2, \cdots, M$）。每次迭代时仅使用一组方程，如 OSEM 算法（order subset expectation maximization）的迭代格式为：

$$x_j^{(k)} = \sum\limits_{i \in S_{k \bmod(M)}} \frac{a_{i,j}}{\sum\limits_{i' \in S_{k \bmod(M)}} a_{i',j}} \frac{b_i - A_i X^{(k-1)}}{A_i X^{(k-1)}} x_j^{(k-1)}, \quad j = 1, 2, \cdots, J; \ k = 1, 2, \cdots$$

式中，$k \bmod(M)$ 表示 k 除以整数 M 后的余数。

子集排序的迭代重建算法有以下多种变化：

（1）子集划分。下标集等分型（I_m 均相等）、下标集非等分型（I_m 不相等）、下标集累加型（即 $S_m \subset S_{m+1}$）。特别是子集排序的 Richardson 算法，当 $I_m = 1$ 时变为 ART 算法；当 $M = 1$ 时，变为 Richardson 算法；子集排序的 EM 算法，当 $M = 1$ 时变为 EM 算法。

（2）下标集 S_m 的划分和排序会显著影响收敛速度和图像质量。

以上所讲的迭代算法均是射线驱动的（ray-driven），另一类的迭代算法则是基于像素驱动的（pixel-driven）。此外，迭代算法的收敛性研究是非常复杂和困难的问题，涉及线性代数方程式（3-43）或式（3-45）广义解及向量的度量等诸多定义和理论超出了本书范围。

3.2.9　锥束 CT 重建算法简介

与基于线阵列探测器的扇束扫描方式相比，基于面阵列探测器的锥束扫描方式可以大大提高射线的利用效率，同时可以显著提高重建图像的轴向分辨率。从 20 世纪 80 年代起，锥束 CT 的研究一直受到人们的关注。但在很长一段时间内，由于缺乏有效的面阵列探测器以及受计算机处理能力的限制，锥束 CT 的研究主要停留在实验室。20 世纪末锥束 CT 所需的面阵列探测器技术有了长足的发展，计算机的处理能力也迅速提高，这些使得锥束 CT 的实用化成为可能，成为近 10 年来的研究热点。

射线源焦点与面阵列探测器构成的锥束如图 3-23（a）所示。典型的锥束 CT 扫描模式为圆轨迹扫描模式（即射线源焦点的轨迹为圆，如图 3-23（b）所示）和螺旋扫描模式（即射线源焦点的轨迹为螺旋线，如图 3-23（c）所示）。

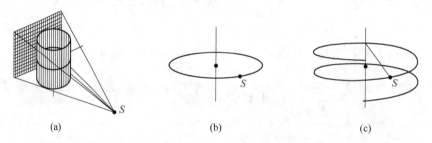

图 3-23　锥束扫描示意图（a）、射线源焦点轨迹为圆（b）和射线源焦点轨迹为螺旋线（c）

尽管圆轨迹锥束扫描不能提供精确重建 CT 图像所需的足够信息，但由于工程上易于实现，仍是工业 CT 流行和实用的扫描方式。早在 1984 年 Feldkamp 等人就给出了锥束 CT 圆轨迹扫描的近似重建算法（通常称为 FDK 算法），该算法在扫描中平面上对图像是精确重建的，而在非中平面上对图像则是近似重建的。尽管 FDK 算法是近似重建算法，但在工程中仍能得到广泛应用，在轴向锥角不大于 6°的情况下重建结果可以很好地满足工程应用需求。有关该算法的一些改进可参见文献［18，19］。

在 20 世纪 80 年代，Tuy[20] 和 Smith[21] 给出了精确重建的充分必要条件；1991 年 Grangeat[22] 利用射线变换和三维 Radon 变换的关系，实现了由短物体的锥束扫描数据重建图像的精确算法。但 Tuy、Smith 和 Grangeat 的重建公式在数值上均很难实现。2002 年 Katsevich 提出了螺旋锥束 CT 的精确重建算法[23]，该算法是滤波反投影型的重建算法，计算效率明显高于 Radon 变换型精确重建算法。Katsevich 的工作被一致认为是锥束 CT 研究的突破性进展。2004 年 Zou 等人[24] 提出了另一类型的螺旋锥束 CT 的精确重建算法，被称为反投影滤波型重建算法。特别值得指出的是，该算法揭示了待重建图像和投影数据间的某种"局部依赖关系"，当投影数据在水平方向有某种截断时仍可以精确重建感兴趣区域的图像[25~27]。这两类算法被 Ye 等人推广到更一般的扫描轨迹[28，29]。对于高分辨率的锥束 CT 图像，投影数据量通常可达到几个到十几个字节。因此，就目前计算机能力而言，如何快速重建高分辨率锥束 CT 图像仍是一个具有挑战性的难题[30]。关于锥束 CT 研究的综述可参见文献［31，32］。

3.3　常用的数字图像处理技术及方法

3.3.1　数字图像处理的基本方法

数字图像处理的方法分为空域法和变换域法两大类[33，34]。

空域法是把图像看作是平面中各个像素组成的集合，直接在图像所在的空间里对像素进行操作即直接对二维函数进行相应处理。空域法中又分为两种：（1）点处理法。基于像素点，对图像的每次处理是对每个像素进行，处理的结果与其他像素无关。（2）邻域处理法。基于模板，对像素的每次处理都是对模板（小的子图像），也就是相邻的一些像素集合进行操作。

变换域法是对图像进行正交变换，在图像的变换域对图像进行间接处理，处理后再反变换到空间域中，变换域算法对系统内存要求较高。在后面的图像增强、图像分割等多种处理中，都要用到空间滤波的方法。空间滤波算法实质上是以某一卷积算子对图像进行卷积运算，是一个小区域的局部图像处理操作。卷积运算是一种变换域法，采用修改图像傅立叶变换的方法实现对图像的处理。设原始图像是 F，处理后的图像是 H，G 是卷积算子，它是 $m \times n$ 数组，数组 G 与数字图像 F 的卷积处理过程定义为

$$H = F * G（ * 代表卷积）$$

$$H(i, j) = \sum \sum F(m, n) * G(i - m, j - n) \tag{3-57}$$

为了使计算直观简单，一般将卷积运算由变换域上的运算转换为空域的运算，具体方法是将卷积运算变换为两个矩阵相乘的形式。算子的边长为奇数，且 G 中的元素对称于算子中心，实用中的卷积算子 G 为阶次较小的滤波矩阵（是检测中所用的模板，又称卷积核）。

数字图像处理常用方法有：

（1）图像变换。由于图像阵列很大，直接在空间域中进行处理，涉及计算量很大。因此，往往采用各种图像变换的方法，如傅里叶变换、沃尔什变换、离散余弦变换等间接处理技术，将空间域的处理转换为变换域处理，不仅可减少计算量，而且可获得更有效的处理（如傅里叶变换可在频域中进行数字滤波处理）。新兴研究的小波变换在时域和频域中都具有良好的局部化特性，它在图像处理中也有着广泛而有效的应用。

（2）图像编码压缩。图像编码压缩技术可减少描述图像的数据量（即比特数），以便节省图像传输、处理时间和减少所占用的存储器容量。压缩可以在不失真的前提下获得，也可以在允许的失真条件下进行。编码是压缩技术中最重要的方法，它在图像处理技术中是发展最早且比较成熟的技术。

（3）图像增强和复原。图像增强和复原的目的是为了提高图像的质量，如去除噪声，提高图像的清晰度等。图像增强不考虑图像降质的原因，突出图像中所感兴趣的部分。如强化图像高频分量，可使图像中物体轮廓清晰，细节明显；如强化低频分量可减少图像中噪声影响。图像复原要求对图像降质的原因有一定的了解，一般应根据降质过程建立"降质模型"，再采用某种滤波方法，恢复或重建原来的图像。

（4）图像分割。图像分割是数字图像处理中的关键技术之一。图像分割是将图像中

有意义的特征部分提取出来，其有意义的特征有图像中的边缘、区域等，这是进一步进行图像识别、分析和理解的基础。虽然已研究出不少边缘提取、区域分割的方法，但还没有一种普遍适用于各种图像的有效方法。因此，对图像分割的研究还在不断深入之中，是图像处理中研究的热点之一。

（5）图像描述。图像描述是图像识别和理解的必要前提。作为最简单的二值图像可采用其几何特性描述物体的特征，一般图像的描述方法采用二维形状描述，分为边界描述和区域描述两类方法。对于特殊的纹理图像可采用二维纹理特征描述。随着图像处理研究的深入发展，学者们已经开始进行三维物体描述的研究，提出了体积描述、表面描述、广义圆柱体描述等方法。

（6）图像分类（识别）。图像分类（识别）属于模式识别的范畴，其主要内容是图像经过某些预处理（增强、复原、压缩）后，进行图像分割和特征提取，从而进行判读分类。图像分类常采用经典的模式识别方法，分为统计模式分类和句法（结构）模式分类。近年来，新发展起来的模糊模式识别和人工神经网络模式分类在图像识别中也越来越受到重视。

数字图像处理的工具可分为三大类：

（1）第一类包括各种正交变换和图像滤波等方法，其共同点是将图像变换到其他域（如频域）中进行处理（如滤波）后，再变换到原来的空间（域）中。

（2）第二类方法是直接在空间域中处理图像，包括各种统计方法、微分方法及其他数学方法。

（3）第三类是数学形态学运算，它不同于常用的频域和空域的方法，是建立在积分几何和随机集合论的基础上的运算。

由于被处理图像的数据量非常大且许多运算在本质上是并行的，因此图像并行处理结构和图像并行处理算法也是图像处理中的主要研究方向。

3.3.2　图像增强技术

图像增强（Image Enhancement）是一种基本的图像处理技术，主要是为了改善图像的质量以及增强感兴趣部分，改善图像的视觉效果或使图像变得更利于计算机处理。如光线较暗的图像需要增强图像的亮度，通过检测高速公路上的白线实现汽车自动驾驶等。相关的图像增强技术有针对单个像素点的点运算，也有针对像素局部邻域的模板运算，根据模板运算的具体功能还可以分为图像平滑、图像锐化等[35,36]。本节主要讲解图像增强技术中灰度级映射、直方图修正法、照度-反射模型、模糊技术和伪彩色增强技术[35~40]。

3.3.2.1　基于灰度级变换的图像增强

灰度级变换就是借助于变换函数将输入的像素灰度值映射成一个新的输出值，通过改变像素的亮度值来增强图像（见式（3-58））。

$$g(x, y) = T[f(x, y)] \tag{3-58}$$

式中，$f(x, y)$ 是输入图像；$g(x, y)$ 是变换后的输出图像；T 是灰度变换函数。

由于一般都是将过暗的图像灰度值进行重新映射，扩展灰度级范围，使其分布在整个灰度值区间，因此又通常把它称为扩展（stretching）。

由式（3-58）可看出，变换函数 T 的不同将导致不同的输出，其实现的变换效果也不一样。因此，在实际应用中，可以通过灵活地设计变换函数 T 来实现各种处理。

根据变换函数的不同，灰度级变换可以分为线性灰度级变换和非线性灰度级变换。

A　线性灰度级变换

a　基本线性灰度级变换

基本线性灰度级变换示意图如图 3-24 所示。通过基本线性灰度级变换函数 $\tan\alpha$，将输入图像 $f(x, y)$ 变换为 $g(x, y)$。基本线性灰度级变换的定义见式（3-59）。

$$g(x, y) = f(x, y) \cdot \tan\alpha \tag{3-59}$$

从图 3-24 中可以看出，基本线性灰度级变换的效果由变换函数的倾角 α 所决定：

（1）当 $\alpha=45°$，灰度变换前后灰度值范围不变，图像无变化；

（2）当 $\alpha<45°$，变换后灰度取值范围压缩，变换后图像均匀变暗；

（3）当 $\alpha>45°$，变换后灰度取值范围拉伸变长，变换后图像均匀变亮。

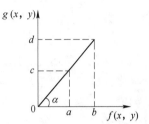

图 3-24　基本线性灰度级变换示意

基本线性灰度级变换处理结果如图 3-25 所示。图 3-25（a）所示为原始灰度图像，图 3-25（b）所示为对原图进行了 $\tan\alpha=0.5$ 的线性变换结果，灰度 0～255 转变为 0～127；图 3-25（c）所示为对原图进行了 $\tan\alpha=2$ 的线性变换结果，灰度 0～127 转变为 0～255，灰度 128～255 转变为 255。

| (a) | (b) | (c) |

图 3-25　基本线性灰度级变换结果

（a）原始灰度图像；（b）$\tan\alpha=0.5$；（c）$\tan\alpha=2$

b　分段线性灰度级变换

分段线性灰度级变换示意图如图 3-26 所示，它是将输入图像 $f(x, y)$ 的灰度级区间

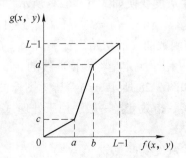

图 3-26　分段线性灰度级变换

分成两段乃至多段分别作线性灰度级变换，以获得增强图像 $g(x, y)$。典型的三段线性灰度级变换见式（3-60）。

$$g(x, y) = \begin{cases} \dfrac{c}{a}f(x, y), & 0 \leqslant f(x, y) < a \\[2mm] \dfrac{d - c}{b - a}[f(x, y) - a] + c, & a \leqslant f(x, y) < b \\[2mm] \dfrac{L - 1 - d}{L - 1 - b}[f(x, y) - b] + d, & b \leqslant f(x, y) < L - 1 \end{cases} \tag{3-60}$$

式中，参数 a、b、c、d 为用于确定三段线段斜率的常数，取值可根据具体变换需求来灵活设定。

但也存在一些情况，用户仅对某个范围内的灰度感兴趣，只需对其进行线性拉伸，以便清晰化，即

（1）当 $b \leqslant f(x, y) < L$ 时，$g(x, y) = f(x, y)$，这表示只将处于 [a, b] 之间的原图 $0 \leqslant f(x, y) < a$ 像的灰度线性地变换成新图像的灰度，而对于 [a, b] 以外的保持原图像的灰度不变。

（2）当 $0 \leqslant f(x, y) < a$ 时，$g(x, y) = c$；当 $b \leqslant f(x, y) < L - 1$ 时，$g(x, y) = c$。这表示只将处于 [a, b] 之间的灰度线性地变换成新图像灰度，而对于 [a, b] 以外的灰度强行压缩为灰度 c 和 d。

B　非线性灰度级变换

当用某些非线性变换函数作为灰度变换的变换函数时，可实现图像灰度的非线性变换。对数变换、指数变换和幂变换是常见的非线性变换。

a　对数变换

基于对数变换的非线性灰度级变换如式（3-61）所示。

$$g(x, y) = c \lg[f(x, y) + 1] \tag{3-61}$$

式中，c 为尺度比例常数，其取值可以结合输入图像的范围来定。$f(x, y)$ 取值为 [$f(x, y) + 1$] 是为了避免对 0 求对数，确保 $\lg[f(x, y) + 1] \geqslant 0$。

对数变换函数示意图如图 3-27 所示。当希望对图像的低灰度区作较大拉伸、高灰度区压缩时，可采用这种变换，它能使图像的灰度分布与人的视觉特性相匹配。对数变换一般适用于处理过暗图像。

b　指数变换

基于指数变换的非线性灰度变换如式（3-62）所示。

$$g(x, y) = b^{c \cdot [f(x, y) - a]} - 1 \tag{3-62}$$

式中，a 用于决定指数变换函数曲线的初始位置，当取值 $f(x, y) = a$ 时，$g(x, y) = 0$，曲线与 x 轴交叉；b 是底数；c 用于决定指数变换曲线的陡度。

指数变换函数示意图如图 3-28 所示。当希望对图像的低灰度区压缩，高灰度区作较大拉伸时，可采用这种变换。指数变换一般适用于处理过亮图像。

c　幂次变换

基于幂次变换的非线性灰度变换见式（3-63）。

$$g(x, y) = c[f(x, y)]^{\gamma} \tag{3-63}$$

式中，c 和 γ 为正常数。

当 c 取 1，γ 取不同值时，可以得到一簇变换曲线。如图 3-29 所示。

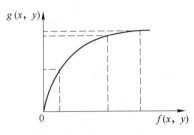

图 3-27 对数变换函数

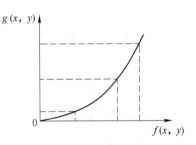

图 3-28 指数变换函数

与对数变换的情况类似，幂次变换可以将部分灰度区域映射到更宽的区域中，从而增强图像的对比度。当 $\gamma = 1$ 时，幂次变换转变为线性正比变换；当 $0 < \gamma < 1$ 时，幂次变换可以扩展原始图像的中低灰度级、压缩高灰度级，从而使得图像变亮，增强原始图像中暗区的细节；当 $\gamma > 1$ 时，幂次变换可以扩展原始图像的中高灰度级，压缩低灰度级，从而使得图像变暗，增强原始图像中亮区的细节[37,38]。

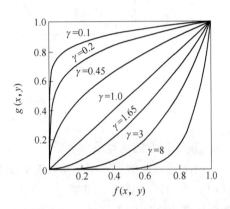

图 3-29 幂次变换函数

幂次变换常用于图像获取、打印和显示的各种装置设备的伽马校正中，这些装置设备的光电转换特性都是非线性的，是根据幂次规律产生响应的。幂次变换的指数值就是伽马值，因此幂次变换也称为伽马变换。

3.3.2.2 基于直方图修正的图像增强

在数字图像处理中，灰度直方图是最简单和常用的工具。本节介绍直方图的概念及直方图修正技术。

A 灰度直方图

a 灰度直方图的定义

灰度直方图是灰度级的函数，表示的是数字图像中每一灰度级与其出现频数（呈现该灰度的像素数目）间的统计关系。通常，用横坐标表示灰度级；纵坐标表示频数或相对频数（呈现该灰度级的像素出现的概率）。灰度直方图的定义见式（3-64）。

$$P(r_k) = \frac{n_k}{N} \tag{3-64}$$

式中，N 为一幅数字图像的总像素数；n_k 是第 k 级灰度的像素数；r_k 表示第 k 个灰度级；$P(r_k)$ 为该灰度级 r_k 出现的相对频数。

给定一幅 6×6 的图像，如图 3-30（a）所示，共有 0~7 八个灰度级。灰度分布统计见表 3-1，则可以绘制并显示图像的灰度直方图，如图 3-30（b）所示。

表 3-1　图 3-30 (a) 的图像的灰度分布统计

r_k	0	1	2	3	4	5	6	7
n_k	6	9	6	5	4	3	2	1
$P(r_k)$	6/36	9/36	6/36	5/36	4/36	3/36	2/36	1/36

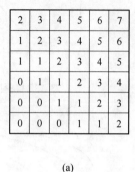 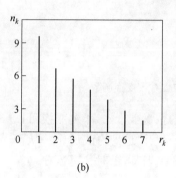

(a)　　　　　　　　　　　　(b)

图 3-30　数字图像及其直方图
(a) 原图；(b) 灰度直方图

b　灰度直方图的性质

一幅图像的灰度直方图通常具有如下性质：

(1) 直方图不具有空间特性。直方图描述了每个灰度级具有的像素的个数，但不能反映图像像素空间位置信息，即不能为这些像素在图像中的位置提供任何线索。

(2) 直方图反映图像的大致描述，如图像灰度范围、灰度级分布、整幅图像平均亮度等。图 3-31 所示为两幅图像的直方图，可以从中判断出图像的相关特性。在图 3-31 (a) 中，大部分像素值集中在低灰度级区域，图像偏暗；图 3-31 (b) 中的图像则相反，大部分像素的灰度集中在高灰度级区域，图像偏亮；两幅图像都存在动态范围不足的现象。

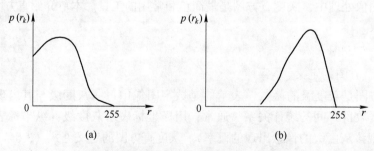

(a)　　　　　　　　　　　　(b)

图 3-31　灰度动态范围不足的图像灰度直方图
(a) 偏暗；(b) 偏亮

(3) 一幅图像唯一对应相应的直方图，而不同的图像可以具有相同的直方图。因直方图只是统计图像中灰度出现的次数，与各个灰度出现的位置无关，因此，不同的图像可能具有相同的直方图。图 3-32 (a) 所示为四幅大小相同、空间灰度分布不同的二值图像，图 3-32 (b) 所示为它们具有的相同的直方图。

（4）若一幅图像可分为多个子区，则多个子区直方图之和等于对应的全图直方图。

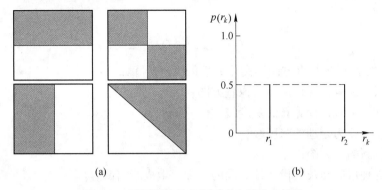

图 3-32 不同图像具有相同直方图分布特性
(a) 四幅不同的图像；(b) 灰度直方图

B 直方图修正法理论

直方图修正法的基本原理就是通过构造灰度级变换函数来改造原图像的直方图，使变换后的图像的直方图达到一定的要求。

设变量 r 代表要增强的图像中像素的灰度级，变量 s 代表增强后新图像中的灰度级。为了研究方便，将 r、s 归一化，得

$$0 \leqslant r \leqslant 1, \ 0 \leqslant s \leqslant 1 \tag{3-65}$$

则直方图修正法变换函数 T（•）的定义见式（3-66）。

$$s = T(r) \tag{3-66}$$

式中，每一像素灰度值 r 对应产生一个 s 值。

对图像的直方图修正变换过程要满足：

（1）$T(r)$ 在 $0 \leqslant r \leqslant 1$ 区域内单值单调增加，以保证灰度级从黑到白的次序不变；

（2）$T(r)$ 在 $0 \leqslant r \leqslant 1$ 区域内满足 $0 \leqslant s \leqslant 1$，以保证变换后的像素灰度级仍在允许的灰度级范围内。

直方图修正法的核心就是寻找满足这两个条件的变换函数 $T(r)$。

C 直方图均衡化

直方图均衡化是采用灰度级 r 的累积分布函数作为变换函数的直方图修正法。

假设用 $P_r(r)$ 表示原图像灰度级 r 的灰度级概率密度函数，直方图均衡化变换函数为

$$s = T(r) = \int_0^r P_r(r) \, d\omega \tag{3-67}$$

式中，$T(r)$ 是 r 的累积分布函数，随着 r 增大，s 值单调增加，最大为 1，满足直方图修正法的两个条件。

根据概率论知识，用 $P_r(r)$ 和 $P_r(s)$ 分别表示 r 和 s 的灰度级概率密度函数，得

$$P_s(s) = P_r(r) \frac{dr}{ds} = P_r(r) \frac{1}{P_r(r)} = 1 \tag{3-68}$$

即利用 r 的累积分布函数作为变换函数可产生一幅灰度级分布具有均匀概率密度的图像。

给出一幅数字图像，共有 L 个灰度等级，总像素个数为 N，其中第 j 级灰度 r，对应

的像素数为 n_j。根据式（3-64）进行灰度直方图统计，则图像进行直方图均衡化处理的变换函数 $T(r)$ 为

$$s_k = T(r_k) = \sum_{j=0}^{k} P_r(r_j) = \sum_{j=0}^{k} \frac{n_j}{N} \tag{3-69}$$

对一幅数字图像进行直方图均衡化处理的算法步骤如下：

（1）由式（3-64）统计原始图像直方图；

（2）由式（3-69）计算新的灰度级；

（3）修正 s_k，为合理的灰度级；

（4）计算新的直方图；

（5）用处理后的新灰度代替处理前的灰度，生成新图像。

D 局部直方图均衡化

直方图均衡化方法是对整幅图像进行操作。在实际应用中，有时往往需要突出局部区域的细节。根据区域的局部直方图统计特性来定义灰度级变换函数，进行均衡化处理，以得到所需要的增强效果，这就是局部直方图均衡化。

给出一幅数字图像，选定一矩形子块 S，大小为 $w×h$，子块 S 内的直方图为

$$P_S(r_k) = \frac{n_k}{w \times h} \tag{3-70}$$

式中，n_k 为第 k 级灰度 r_k 在 S 中的像素数；$P_S(r_k)$ 为灰度级 r_k 在 S 中出现的相对频数。

子块 S 内进行直方图均衡化处理的变换函数 $T(r)$ 为

$$s_k = T(r_k) = \sum_{j=0}^{k} P_S(r_j) \tag{3-71}$$

由于考虑到图像中划分的相关区域子块重叠程度的不同，局部直方图均衡化可分为子块不重叠、子块重叠和子块部分重叠的局部直方图均衡化。

a 子块不重叠的局部直方图均衡化

子块不重叠的局部直方图均衡化的基本原理是将图像划分为一系列不重叠的相邻矩形子块集合 $\{S_i = 1, 2, \cdots, num\}$，然后逐个独立地对每个子块 S_i 中所有像素进行直方图均衡化处理并输出。由于划分的各子块的灰度分布统计差异较大，因此增强处理后输出的图像有明显的块效应。

b 子块重叠的局部直方图均衡化

子块重叠的局部直方图均衡化的基本原理是将图像划分为矩形子块，利用该子块的直方图信息，对子块进行直方图均衡化处理，把均衡化处理后的子块中心像素的值作为该像素的输出值。然后，将子块在图像中逐像素移动，重复上述过程，直至遍历图像中所有像素。

虽然该算法可以消除块效应，但由于该算法进行局部均衡化处理的总次数等于原图的总像素数目，因此算法效率较低。

c 子块部分重叠的局部直方图均衡化

子块部分重叠的局部直方图均衡化的基本原理是将图像划分一矩形子块，子块大小为 $w×h$，利用该子块的直方图信息，对子块进行直方图均衡化处理。然后，将子块在图像中按照一定的水平步长 w_{step} 和垂直步长 h_{step} 移动，$1<w_{step}<w$，$1<h_{step}<h$，重复上述过程，

直至遍历图像中所有像素。由于相邻子块部分重叠，重叠区域被多次均衡化处理，因此，将重叠区域的多次均衡化处理的结果取平均值作为该重叠区域中像素的输出值。

由于该算法既能突出局部区域细节，又能降低算法的时间，因此，该算法的使用受到青睐。

3.3.2.3 基于模糊技术的图像增强

模糊性就是事物的性质或类属的一种不分明性。1965 年美国加利福尼亚大学控制论专家 L. A. Zadeh 教授提出了用模糊集来处理这种模糊性。从此，以模糊集合为基础的模糊数学诞生了。目前，模糊技术已被广泛地应用于自然科学与社会科学的许多领域。

令 U 为元素（对象）集，u 表示 U 的一类元素，即 $U = \{u\}$，则该集合称为论域 U。论域 U 到 $[0, \mu 1]$ 闭区间的任一映射 μ_A 为

$$\mu_A: U \to [0, 1], \ u \to \mu_A(u) \tag{3-72}$$

都确定 U 的一个模糊集合 A，μ_A 称为模糊集合的隶属函数。$\mu_A(u)$ 称为 u 对于 A 的隶属度，取值范围为 $[0, 1]$，其大小反映了 u 对于模糊集合 A 的从属程度。

因此，模糊集合 A 完全可由 u 值和相应的隶属度函数 $\mu_A(u)$ 来表示描述，即

$$A = \{u, \mu_A(u) \mid u \in U\} \tag{3-73}$$

相应地，模糊集合的运算可由其隶属函数的运算来定义。

A 图像的模糊特征平面

依照模糊集的概念，一幅灰度级为 L 的 $M \times N$ 的二维图像 x，可以看作为一个模糊点阵，记为

$$X = \begin{bmatrix} \mu_{11}(x_{11}) & \mu_{12}(x_{12}) & \cdots & \mu_{1N}(x_{1N}) \\ \mu_{21}(x_{21}) & \mu_{22}(x_{22}) & \cdots & \mu_{2N}(x_{2N}) \\ \vdots & \vdots & \vdots & \vdots \\ \mu_{M1}(x_{M1}) & \mu_{M2}(x_{M2}) & \cdots & \mu_{MN}(x_{MN}) \end{bmatrix}$$

或

$$X = \bigcup_{m=1}^{M} \bigcup_{n=1}^{N} \mu_{mn}(x_{mn}) \tag{3-74}$$

式中，x_{mn} 为图像中像素 (m, n) 的灰度；μ_{mn} 表示图像中像素 (m, n) 的灰度 x_{mn} 相对于某些特定灰度级 x 的隶属度，且 $0 \leqslant \mu_{mn} \leqslant 1$。换句话说，一幅图像 X 的模糊集合是一个从 X 到 $[0, 1]$ 的映射 μ_{mn}。对于任一 $x_{mn} \in X$，称 $\mu_{mn(x_{mn})}$ 为 x_{mn} 在 μ_{mn} 中的隶属度。可以看出，隶属度函数 $\mu_{mn(x_{mn})}$ 可以用于表征图像的模糊特征，可将图像从空间灰度域变换到模糊域。

B 图像的模糊增强

基于模糊域的图像增强的具体算法步骤如下：

（1）进行模糊特征提取，将图像从空间灰度域变换到模糊域，有

$$\mu_{mn} = T(x_{mn}) = \left[1 + \frac{x_{\max} - x_{mn}}{F_d} \right]^{-F_e} \tag{3-75}$$

式中，x_{mn} 为图像中像素 (m, n) 的灰度；$x_{\max}$ 为图像中最大灰度值；F_d 和 F_e 分别为指数

和分数模糊因子，这些模糊因子可以在模糊域内改变 μ_{mn} 的值。一般情况下，指数因子 F_e，取值为 2，分数因子 F_d 取值为

$$F_d = \frac{x_{max} - x_e}{2^{\frac{1}{F_e}} - 1} \tag{3-76}$$

式中，x_c 为渡越点，其取值需要满足 $\mu_c = T(x_c) = 0.5$ 且 $x_c \in \boldsymbol{X}$。

（2）在模糊域，对模糊特征进行一定的增强变换处理，有

$$\begin{cases} \mu'_{mn} = I_r(\mu_{mn}) = \begin{cases} 2\mu_{mn}^2, & 0 \leqslant \mu_{mn} < 0.5 \\ 1 - 2(1 - \mu_{mn})^2, & 0.5 \leqslant \mu_{mn} < 1 \end{cases} \\ I_r(\mu_{mn}) = I_1[I_{r-1}(\mu_{mn})] \end{cases} \tag{3-77}$$

式中，μ'_{mn} 为增强后的模糊域像素灰度值；r 为正整数，表示迭代次数，可以根据不同需求选择迭代次数。

（3）逆变换，得到新的模糊增强后的输出图像。逆变化如下：

$$z_{mn} = I^{-1}(\mu'_{mn}) = x_{max} - F_d[(\mu'_{mn})^{\frac{1}{F_e}} - 1] \tag{3-78}$$

3.3.2.4　基于伪彩色处理的图像增强

人眼能分辨的灰度级介于十几级到二十几级之间，但是却可以分辨上千种不同的颜色。因此，利用这一视觉特性，若将灰度图像变成彩色图像，能够有效提高图像的可鉴别性。伪彩色增强就是一种灰度到彩色的映射技术，其目的是把灰度图像的不同灰度级按照线性或非线性映射成不同的颜色，以提高图像内容的可辨识度，达到增强的目的。通常，在伪彩色增强中，给定的彩色分布是根据灰度图像的灰度级或其他图像特征人为设置的，以便将二维灰度图像像素逐点映射到由 RGB 三基色所确定的三维色度空间。

A　密度分割法

密度分割法，又称为灰度分割法，是一种最常见的伪彩色增强技术。设一幅灰度图像 $f(x, y)$，在灰度级 L_1，处设置一个平行 XOY 平面的切割平面。若对切割平面以下（灰度级小于 L_1）的像素分配一种颜色（如蓝色），相应地对切割平面以上（灰度级大于 L_1）的像素分配另一种颜色（如红色），这样切割结果就可以把灰度图像变为只有两个颜色的伪彩色图像，如图 3-33 所示。

若将图像灰度级用 M 个切割平面去切割，就会得到 M 个不同灰度级区域 S_1，S_2，…，S_M。对这 M 个区域中的像素人为分配 M 种不同颜色，就可以得到具有 M 种颜色的伪彩色图像，如图 3-34 所示。

基于密度分割的伪彩色增强方法的优点是简单直观，便于用软件或硬件实现。缺点是变换出的彩色信息有限，且变换后的图像通常会显得不够细腻。

B　空间域灰度级-彩色变换

这种伪彩色增强方法可将灰度图像变为具有多种颜色渐变的连续彩色图像，变换后的结果图像视觉效果较好。

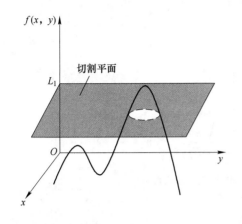

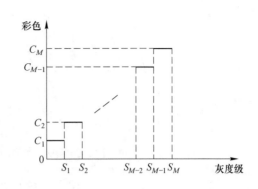

图 3-33　密度分割法伪彩色增强处理原理示意图　　　　图 3-34　灰度级到彩色的映射

灰度级-彩色变换伪彩色增强原理如图 3-35 所示，其主要思想是将灰度图像 $f(x, y)$ 送入具有不同变换特性的红、绿、蓝 3 个变换器，即 $T_R(\bullet)$、$T_G(\bullet)$、$T_B(\bullet)$，相对应地产生 3 个不同的输出 $f_R(x, y)$、$f_G(x, y)$、$f_B(x, y)$，将它们对应地作为彩色图像的红、绿、蓝三个色彩分量，合成一幅

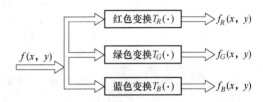

图 3-35　灰度级-彩色变换伪彩色增强技术原理

彩色图像。同一灰度由于 3 个变换器对其实施不同变换，而使得 3 个变换器输出不同，从而可以合成不同的颜色。

典型的灰度级-彩色变换伪彩色增强的变换函数图形如图 3-36 所示，其对应的灰度级-彩色变换的公式见式（3-79）。

$$
R = \begin{cases} 0, & 0 \leqslant f < \dfrac{L}{2} \\ 4f - 2L, & \dfrac{L}{2} \leqslant f < \dfrac{3L}{4} \\ 255, & \dfrac{3L}{4} \leqslant f < L \end{cases}, \quad G = \begin{cases} 4f, & 0 \leqslant f < \dfrac{L}{4} \\ L, & \dfrac{L}{4} \leqslant f < \dfrac{3L}{4} \\ 4L - 4f, & \dfrac{3L}{4} \leqslant f < L \end{cases}
$$

$$
B = \begin{cases} L, & 0 \leqslant f < \dfrac{L}{4} \\ 2L - 4f, & \dfrac{L}{4} \leqslant f < \dfrac{3L}{4} \\ 0, & \dfrac{3L}{4} \leqslant f < L \end{cases}
$$

(3-79)

另外，常用的灰度级-彩色变换伪彩色增强还有彩虹编码和热金属编码。彩虹编码伪彩色增强变换函数图形如图 3-37 所示，其对应的灰度级-彩色变换的公式见式（3-80）。

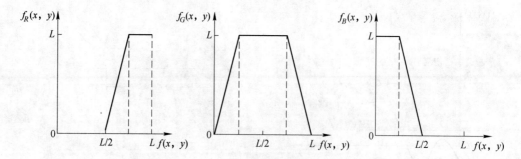

图 3-36　一种典型的灰度级-彩色变换函数

$$R = \begin{cases} 0, & 0 \leqslant f < 96 \\ 255 \times \dfrac{96 - f}{32}, & 96 \leqslant f < 128 \\ 255, & 128 \leqslant f < 256 \end{cases}$$

$$G = \begin{cases} 0, & 0 \leqslant f < 32 \\ 255 \times \dfrac{f - 32}{32}, & 32 \leqslant f < 64 \\ 255, & 64 \leqslant f < 128 \\ 255 \times \dfrac{192 - f}{64}, & 128 \leqslant f < 192 \\ 255 \times \dfrac{f - 192}{64}, & 192 \leqslant f < 256 \end{cases}$$

$$B = \begin{cases} 255 \times \dfrac{f}{32}, & 0 \leqslant f < 32 \\ 255, & 32 \leqslant f < 64 \\ 255 \times \dfrac{96 - f}{32}, & 64 \leqslant f < 96 \\ 0, & 96 \leqslant f < 192 \\ 255 \times \dfrac{f - 192}{64}, & 192 \leqslant f < 256 \end{cases}$$

(3-80)

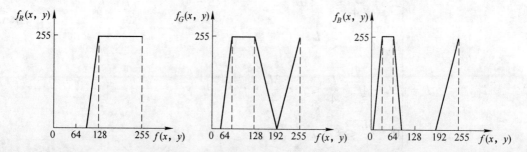

图 3-37　彩虹编码的灰度级-彩色变换函数

热金属编码伪彩色增强的变换函数图形如图 3-38 所示，其对应的灰度级-彩色变换的公式见式（3-81）。

$$R = \begin{cases} 0, & 0 \leqslant f < 64 \\ 255 \times \dfrac{f - 64}{64}, & 64 \leqslant f < 128 \\ 255, & 128 \leqslant f < 256 \end{cases}$$

$$G = \begin{cases} 0, & 0 \leqslant f < 128 \\ 255 \times \dfrac{f - 128}{64}, & 128 \leqslant f < 192 \\ 255, & 192 \leqslant f < 256 \end{cases}$$

$$B = \begin{cases} 255 \times \dfrac{f}{64}, & 0 \leqslant f < 64 \\ 255, & 64 \leqslant f < 96 \\ 255 \times \dfrac{128 - f}{32}, & 96 \leqslant f < 128 \\ 0, & 128 \leqslant f < 192 \\ 255 \times \dfrac{f - 192}{64}, & 192 \leqslant f < 256 \end{cases}$$

$$(3-81)$$

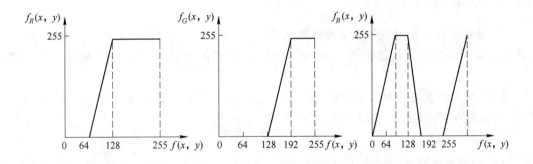

图 3-38 热金属编码的灰度级彩色变换函数

C 频域伪彩色增强

首先把灰度图像 $f(x, y)$ 经傅里叶变换到频率域，在频域内用三个不同传递特性的滤波器将 $f(x, y)$ 分离成 3 个独立分量，然后对它们进行逆傅里叶变换，可得到三幅代表不同频率分量的单色图像，接着对这三幅图像作进一步的附加处理（如直方图均衡化等），使其彩色对比度更强。最后将它们作为三基色分量，得到一幅彩色图像，从而实现基于频域的伪彩色增强。

由图 3-39 可以看出，在频域伪彩色增强方法中，输出图像的伪彩色与灰度图像的灰度级无关，而是取决于灰度图像中不同的空间频率成分。典型的频域伪彩色增强方法是设计相应的低通、带通和高通三种滤波器，把图像分成低频、中频和高频三个频率分量，再分别赋予不同的三基色分量，从而得到对频率敏感的伪彩色图像。

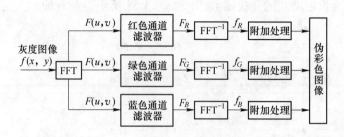

图 3-39　频率域伪彩色增强

3.3.3　图像平滑技术

在图像的获取、传输和存储过程中常常会受到各种噪声的干扰和影响，使图像质量下降，为了获取高质量的数字图像，很有必要对图像进行消除噪声处理，并且尽可能地保持原始信息的完整性。

通常把抑制或消除图像中存在的噪声而改善图像质量的过程称为图像的平滑（image smoothing）[36~44]。图像平滑技术大致分为两大类：空域法和频域法。空域法主要借助模板运算，在像素点邻域内，利用噪声像素点特性进行滤波；频域法是指对图像进行正交变换，利用噪声对应高频信息的特点进行滤波。

3.3.3.1　空间域平滑滤波

空域滤波的操作对象为图像的像素灰度值。空域滤波主要指的是基于图像空间的邻域模板运算，也就是说滤波处理要考虑图像中处理像素点与其周边邻域像素之间的联系。

空间域平滑滤波分为线性和非线性平滑滤波。线性平滑滤波主要有均值滤波和高斯滤波；非线性平滑滤波有中值滤波和双边滤波等。

A　均值滤波

a　均值滤波原理

均值滤波，又称邻域平均法，是图像空间域平滑处理中最基本的方法之一，其基本思想是以某一像素为中心，在它的周围选择一邻域，将邻域内所有点的均值（灰度值相加求平均）来代替原来像素值，通过降低噪声点与周围像素点的差值以去除噪声点。

输入图像 $f(x, y)$，经均值滤波处理后，得到输出图像 $g(x, y)$，如式（3-82）所示：

$$g(x, y) = \frac{1}{M} \sum_{m, n \in S} f(m, n) \tag{3-82}$$

式中，S 为 (x, y) 点邻域中点的坐标的集合，其中包括 (x, y) 点；M 是 S 内坐标点的总数。

均值滤波属于线性平滑滤波，可表示为卷积模板运算，典型的均值模板中所有系数都取相同值。

常用的 3×3 和 5×5 的简单均值模板有：

$$H_1 = \frac{1}{9}\begin{bmatrix} 1 & 1 & 1 \\ 1 & 1 & 1 \\ 1 & 1 & 1 \end{bmatrix}, \quad H_2 = \frac{1}{25}\begin{bmatrix} 1 & 1 & 1 & 1 & 1 \\ 1 & 1 & 1 & 1 & 1 \\ 1 & 1 & 1 & 1 & 1 \\ 1 & 1 & 1 & 1 & 1 \\ 1 & 1 & 1 & 1 & 1 \end{bmatrix} \qquad (3-83)$$

b　均值滤波效果分析

若邻域内有噪声存在，经过均值滤波后噪声的幅度会大为降低，但点与点之间的灰度差值会变小，边缘变得模糊。邻域越大，模糊越厉害。

B　高斯滤波

图像的高斯滤波是图像与高斯正态分布函数的卷积运算，适用于抑制服从正态分布的高斯噪声。

a　高斯函数

一维零均值、标准差为 σ 的高斯函数，见式（3-84）。

$$H(x) = \frac{1}{\sqrt{2\pi}\,\sigma} e^{-\frac{x^2}{2\sigma^2}} \qquad (3-84)$$

二维零均值、标准差为 σ 的高斯函数，见式（3-85）。

$$H(x, y) = \frac{1}{\sqrt{2\pi}\,\sigma^2} e^{-\frac{x^2+y^2}{2\sigma^2}} \qquad (3-85)$$

零均值、标准差为 1 的一维、二维高斯函数的正态分布曲线如图 3-40 所示。由图可以看出，正态分布曲线为钟形形状，表明离中心原点越近，高斯函数取值越大；离中心原点越远，高斯函数取值越小。这一特性使得正态分布常被用来进行权值分配。

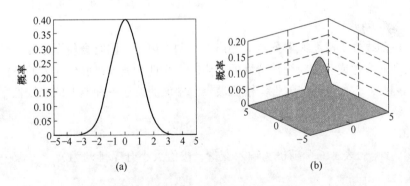

图 3-40　零均值、标准差为 1 的一维、二维高斯函数
(a) 一维高斯函数；(b) 二维高斯函数

b　高斯滤波原理

高斯滤波的基本原理是以某一像素为中心，在它的周围选择一个局部邻域，把邻域内像素的灰度按高斯正态分布曲线进行统计，分配相应的权值系数，然后将邻域内所有点的加权平均值来代替原来的像素值，通过降低噪声点与周围像素点的差值去除噪声点。

设一个二维零均值高斯滤波器的响应为 $H(r, s)$，对一幅 $M \times N$ 的输入图像 $f(x, y)$ 进行高斯滤波，获得输出图像 $g(x, y)$ 的过程可以用离散卷积表示：

$$g(x, y) = \sum_{r=-k}^{k} \sum_{s=-l}^{l} f(x-r, y-s) H(r, s) \qquad (3-86)$$

式中，$x = 0, 1, \cdots, M-1$；$y = 0, 1, \cdots, N-1$；k 和 l 是根据所选邻域大小而确定的。

高斯滤波属于线性平滑滤波，可以表示为卷积模板运算。高斯模板的特点是按正态分布曲线的统计，模板上不同位置赋予不同的加权系数值。标准差 σ 是影响高斯模板生成的关键参数，代表着数据的离散程度。σ 值越小，分布越集中，生成的高斯模板的中心系数值远远大于周围的系数值，则对图像的平滑效果就越不明显；反之，σ 值越大，分布越分散，生成的高斯模板中不同系数值差别不大，类似均值模板，对图像的平滑效果较明显。

典型的 3×3、5×5 的高斯模板如下：

（1）标准差 $\sigma = 0.8$：

$$H_1 = \frac{1}{16}\begin{bmatrix} 1 & 2 & 1 \\ 2 & 4 & 2 \\ 1 & 2 & 1 \end{bmatrix}, \quad H_2 = \frac{1}{2070}\begin{bmatrix} 1 & 10 & 22 & 10 & 1 \\ 10 & 108 & 237 & 108 & 10 \\ 22 & 237 & 518 & 237 & 22 \\ 10 & 108 & 237 & 108 & 10 \\ 1 & 10 & 22 & 10 & 1 \end{bmatrix} \qquad (3-87)$$

（2）标准差 $\sigma = 1$：

$$H_3 = \frac{1}{10}\begin{bmatrix} 1 & 1 & 1 \\ 1 & 2 & 1 \\ 1 & 1 & 1 \end{bmatrix}, \quad H_4 = \frac{1}{330}\begin{bmatrix} 1 & 4 & 7 & 4 & 1 \\ 4 & 20 & 33 & 20 & 4 \\ 7 & 33 & 54 & 33 & 7 \\ 4 & 20 & 33 & 20 & 4 \\ 1 & 4 & 7 & 4 & 1 \end{bmatrix} \qquad (3-88)$$

C　中值滤波

前面所述的线性平滑滤波器虽然对噪声有抑制作用，但同时会使图像变得模糊，并且当图像中出现非线性或非高斯统计特性的噪声时，线性滤波难以胜任，尤其不能有效去除冲激噪声。因此，需要设计非线性平滑滤波器。中值滤波是一种典型的非线性平滑滤波方法，应用广泛。

a　中值

假设 x_1, x_2, x_n 表示 n 个随机实输入变量，按值大小升序排列为 $x_{i1} < x_{i2} < \cdots < x_{in}$，其中值为

$$y = \begin{cases} x_i\left(\frac{n+1}{2}\right), & n \text{ 为奇数} \\ \dfrac{1}{2}\left[x_i\left(\frac{n}{2}\right) + x_i\left(\frac{n}{2}+1\right) \right], & n \text{ 为偶数} \end{cases} \qquad (3-89)$$

通俗来讲，就是序列里按照值的大小排在中间的值。

b　中值滤波原理

图像中，噪声的出现，使该点像素比周围像素暗（亮）许多，若把其周围像素值排序，噪声点的值必然位于序列的前（后）端。序列的中值一般未受到噪声污染，所以可以用中值取代原像素点的值来滤除噪声。

因此，中值滤波是以数字序列或数字图像中某一点为中心，选择周围一个窗口（邻域），把窗口内所有像素值排序，取中值代替该像素点的值。

c 中值滤波器形状

中值滤波器保持边缘消除噪声的特性与窗口的选择有相当大的关系，考虑到图像在两维方向上均具有相关性，在选取窗口时，一般窗口大小选择为 3×3、5×5、7×7 等。常用的中值滤波器形状可以有多种，如线状、方形、十字形、圆形、菱形等（见图 3-41）。但不同形状的窗口产生不同的滤波效果，在使用时必须根据图像的内容和具体要求加以选择。

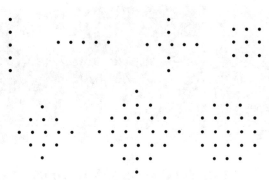

图 3-41 常用的中值滤波器形状

就一般经验来讲，对于有缓形的较长轮廓线物体的图像推荐采用方形或圆形窗口；对于包含有尖顶角物体的图像推荐用十字形窗口；而窗口大小则以不超过图像中最小有效物体的尺寸为宜。

d 中值滤波效果分析

对于椒盐噪声，中值滤波比均值滤波效果好，模糊程度较轻微，边缘保留较好。因为受椒盐噪声污染的图像中还存在干净点，中值滤波是选择适当的点来替代污染点的值，如图 3-42 所示。

对于高斯噪声，均值滤波比中值滤波效果好。因为受高斯噪声污染的图像中每点都是污染点，没有干净点。若噪声正态分布的均值为 0，则均值滤波可以消除噪声（见图 3-42）。

(a)　　　　　　　　(b)　　　　　　　　(c)

图 3-42 对高斯噪声的滤波

(a) 原高斯噪声图像；(b) 3×3 中值滤波效果；(c) 3×3 均值滤波效果

中值滤波不适于直接处理点线细节多的图像。因为中值滤波在消除噪声的同时，也可能把有用的细节信息滤掉，如图 3-43 所示。

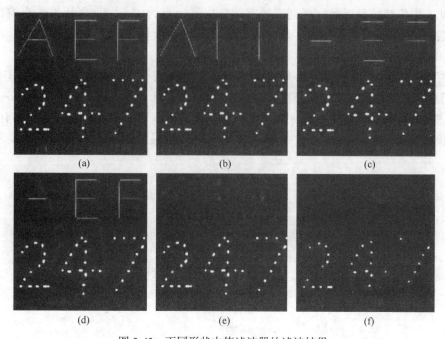

图 3-43　不同形状中值滤波器的滤波结果

（a）原图；（b）1×3 中值滤波；（c）3×1 中值滤波；（d）4 邻域中值滤波；

（e）8 邻域中值滤波；（f）5×5 中值滤波

D　双边滤波

高斯滤波平滑是由于仅考虑了位置对中心像素的影响，会较明显地模糊边缘。为了能够在消除噪声的同时很好地保留边缘，双边滤波（bilateral filter）是一种有效的方法。双边滤波是由 Tomasi 和 Manduchi 提出的一种非线性平滑滤波方法，具有非迭代、局部和简单等特性。"双边"则意味着平滑滤波时不仅考虑邻域内像素的空间邻近性，而且要考虑邻域内像素的灰度相似性。

给定一幅输入图像 I，I_p、I_q 表示点 p、q 的灰度值，$|I_p - I_q|$ 表示点 p 和 q 的灰度值差，$\|I_p - I_q\|$ 表示点 p 和 q 之间的欧氏距离，对图像 I 进行双边滤波，见式（3-90）：

$$BF[I]_p = \frac{1}{W_p} \sum_{q \in S} G_{\sigma_s}(\|p - q\|) G_{\sigma_r}(|I_p - I_q|) I_q \tag{3-90}$$

式中，$BF[I]_p$ 表示点 p 的双边滤波结果；S 表示滤波窗口的范围；σ_s 为空间邻域标准差；σ_r 为像素亮度标准差；G_{σ_s}、G_{σ_r} 分别为空间邻近度函数和灰度邻近度函数，其形式为高斯函数；W_p 是一个标准量，表示灰度权值和空间权值乘积的加权和，其定义为

$$W_p = \sum_{q \in S} G_{\sigma_s}(\|p - q\|) G_{\sigma_r}(|I_p - I_q|) I_q \tag{3-91}$$

$$G_{\sigma_s}(\|p - q\|) = e^{-\frac{(\|p-q\|)^2}{2\sigma_s^2}} \tag{3-92}$$

$$G_{\sigma_r}(|I_p - I_q|) = e^{-\frac{(|I_p-I_q|)^2}{2\sigma_r^2}} \tag{3-93}$$

简单地说，双边滤波是一种局部加权平均。由于双边滤波比高斯滤波多了一个高斯方差，因此在边缘附近，距离较远的像素不会太影响到边缘上的像素值，这样就保证边缘像素不会发生较大改变。

由上述公式可知，双边滤波具有两个关键参数：σ_s 和 σ_r。σ_s 用来控制空间邻近度，其大小决定滤波窗口中包含的像素个数。当 σ_s 变大时，窗口中包含的像素变多，距离远的像素点也能影响到中心像素点，平滑程度也越高。σ_r 用来控制灰度邻近度，当 σ_r 变大时，则灰度差值较大的点也能影响中心点的像素值，但灰度差值大于 σ_r 的像素将不参与运算，使得能够保留图像高频边缘的灰度信息。而当 σ_s、σ_r 取值很小时，图像几乎不会产生平滑的效果。可看出，σ_s 和 σ_r 的参数选择直接影响双边滤波的输出结果，也就是图像的平滑程度。

3.3.3.2 二值图像的形态学处理

当处理二值图像时，所采用的是基于二值数学形态学运算的形态学变换。

A 形态滤波

选择不同形状（如各向同性的圆、十字形、矩形、不同朝向的有向线段等）、不同尺寸的结构元素可以提取图像的不同特征。结构元素的形状和大小会直接影响形态滤波输出结果。

B 图像的平滑处理

通过形态变换进行平滑处理，滤除图像的可加性噪声。由于开、闭具有平滑图像的功能，可通过开和闭运算的串行结合来构成数学形态学噪声滤波器。对图像进行平滑处理的形态学可变换为

$$Y = (X \circ S) \cdot S, \quad Y = (X \cdot S) \circ S \tag{3-94}$$

C 图像的边缘提取

在一幅图像中，图像的边缘或棱线是信息量最为丰富的区域。提取边界或边缘也是图像分割的重要组成部分。基于数学形态学提取边缘主要利用腐蚀运算的特性：腐蚀运算可以缩小目标，原图像与缩小图像的差为边界。

因此，提取物体的轮廓边缘的形态学变换有 3 种定义，为

(1) 内边界 $\qquad\qquad\qquad Y = X - (X ! S) \tag{3-95}$

(2) 外边界 $\qquad\qquad\qquad Y = (X \oplus S) - X \tag{3-96}$

(3) 形态学梯度 $\qquad\qquad Y = (X \oplus S) - (X ! S) \tag{3-97}$

D 区域填充

边界为图像轮廓线，区域为图像边界线所包围的部分，因此区域和边界可互求。区域填充的形态学可变换为

$$X_k = (X_{k-1} \oplus S) \cap A^C \tag{3-98}$$

式中，A 表示区域边界点集合；k 为迭代次数。

取边界内某一点 $p(p = X_0)$ 为起点，利用上面的公式作迭代运算。当 $X_k = X_{k-1}$ 时停止迭代，这时 X_k 即为图像边界线所包围的填充区域。

E 目标探测——击中与否变换

目标探测也称为击中/击不中变换，是在感兴趣区域中探测目标。击中与否变换的原理是基于腐蚀运算的一个特性——腐蚀的过程相当于对可以填入结构元素的位置作标记的过程。因此，可以利用腐蚀运算来确定目标的位置。

目标检测，既要探测到目标的内部，也要检测到目标的外部，即在一次运算中可以同时捕获内外标记。因此，需要采用两个结构基元构成结构元素，一个探测目标内部，一个探测目标外部。

设 X 是被研究的图像集合，S 是结构元素，且 $S = (S_1, S_2)$，其中，S_1 是与目标内部相关的 S 元素的集合，S_2 是与背景（目标外部）相关的 S 元素的集合，且 $S_1 \cap S_2 = \varnothing$。图像集合 X 用结构元素 S 进行击中与否变换，记为 $X * S$，定义为

$$\begin{cases} X * S = (X \uparrow S_1) \cap (X^C \uparrow S_2) \\ X * S = (X \uparrow S_1) - (X \oplus \hat{S_2}) \\ X * S = \{x \mid S_1 + x \subseteq X \text{且} S_2 + x \subseteq X^C\} \end{cases} \tag{3-99}$$

在击中与否变换的操作中，当且仅当结构元素 S_1，平移到某一点可填入集合 X 的内部、结构元素 S_2 平移到该点可填入集合 X 的外部时，该点才出现在击中与否变换的输出中。

F　细化

骨架化结构是目标图像的重要拓扑描述。图像的细化与骨架提取有着密切关系。

对目标图像进行细化处理，就是求图像的中央骨架的过程，是将图像上的文字、曲线、直线等几何元素的线条沿着其中心轴线细化成一个像素宽的线条的处理过程。图像中那些细长的区域都可以用这种"类似骨架"的细化线条来表示。因此，细化过程也可以看成是连续剥离目标外围的像素，直到获得单位宽度的中央骨架的过程。

基于数学形态学变换的细化算法为

$$X \cdot S = X - (X * S) \tag{3-100}$$

可见，细化实际上为从集合 X 中去掉被结构元素 S 击中的结果。

3.3.4　图像形态学处理技术

在对图像的研究和应用中，人们往往仅对图像中的某些目标感兴趣，这些目标通常对应图像中具有特定性质的区域。图像分割（image segmentation）是指把一幅图像分成不同的具有特定性质区域的图像处理技术，将这些区域分离提取出来以便进一步提取特征，是由图像处理到图像分析的关键步骤。图像分割由于其重要性一直是图像处理领域的研究重点。

图像分割后的区域应具有以下特点：

（1）分割出来的区域在某些特征方面（如灰度、颜色、纹理等）具有一致性；

（2）区域内部单一，没有过多小孔；

（3）相邻区域对分割所依据的特征有明显的差别；

（4）分割边界明确。

同时满足所有这些要求是有困难的，如严格一致的区域中会有很多孔，边界也不光滑；人类视觉感觉均匀的区域，在分割所获得的低层特征上未必均匀；许多分割任务要求分割出的区域是具体的目标，如交通图像中分割出车辆，而这些目标在低层特征上往往也是多变的。图像千差万别，还没有一种通用的方法能够兼顾这些要求，因此，实际的图像分割系统往往是针对具体应用的[45~51]。

3.3.5 图像分割技术

3.3.5.1 阈值分割

阈值分割是根据图像灰度值的分布特性确定某个阈值来进行图像分割的一类方法[52~60]。设原灰度图像为$f(x, y)$，通过某种准则选择一个灰度值T作为阈值，比较各像素值与T的大小关系：像素值不小于T的像素点为一类，变更其像素值为1；像素值小于T的像素点为另一类，变更其像素值为0，从而把灰度图像变成一幅二值图像$g(x, y)$，也称为图像的二值化，见式（3-101）。

$$g(x, y) = \begin{cases} 1, & f(x, y) \geqslant T \\ 0, & f(x, y) < T \end{cases} \tag{3-101}$$

由以上描述可知，阈值T的选取直接决定了分割效果的好坏，所以阈值分割方法的重点在于阈值的选择。下面讲解常用的阈值选择方法。

A　基于灰度直方图的阈值选择

若图像的灰度直方图为双峰分布，如图3-44（a）所示，表明图像的内容大致为两个部分，其灰度分别为灰度分布的两个山峰附近对应的值。选择阈值为两峰间的谷底点对应的灰度值，把图像分割成两部分。这种方法可以保证错分概率最小。

同理，若直方图呈现多峰分布，可以选择多个阈值，把图像分成不同的区域。如图3-44（b）所示，选择两个波谷对应灰度作为阈值T_1、T_2，可以把原图分成3个区域或分为两个区域，灰度值介于小阈值和大阈值之间的像素作为一类，其余的作为另外一类。这种方法比较适用于图像中前景物体与背景灰度差别明显且各占一定比例的情形，是一种特殊的方法。若整幅图像的整体直方图不具有双峰或多峰特性，可以考虑在局部范围内应用。

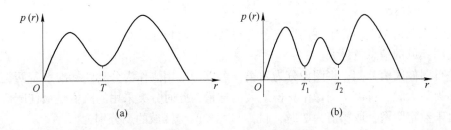

图 3-44　基于灰度直方图的阈值选择
（a）双峰直方图及阈值选择；（b）多峰直方图及阈值选择

B　基于模式分类思路的阈值选择

这类方法采用模式分类的思路，认为像素值（通常是灰度，也可以是计算出来的像素梯度、纹理等特征值）是待分类的数据，寻找合适的阈值，把数据分为不同类别，从而实现图像分割。

模式分类一般要求为：类内数据尽量密集，类间尽量分离。按照这个思路，把所有的像素分为两组（类），属于"同一类别"的对象具有较大的一致性，"不同类别"的对象具有较大的差异性。其关键在于如何衡量同类的一致性和类间的差异性，采用不同的衡量方法对应不同的算法。例如，可采用类内和类间方差来衡量，使类内方差最小或使类间方差最大的值为最佳阈值。经典分割算法——OTSU算法即是最大类间方差法。

a　最大类间方差法

设图像分辨率为 $M×N$，图像中各级灰度出现的概率为

$$P_i = \frac{n_i}{M \times N}, \ i = 0, \ 1, \ 2\cdots, \ L-1 \tag{3-102}$$

式中，L 为图像中的灰度总级数；n_i 为各级灰度出现的次数。

按照某一个阈值 T 把所有的像素分为两类，设低灰度为目标区域，高灰度为背景区域，两类像素在图像中的分布概率为

$$P_O = \sum_{i=0}^{T} p_i, \ P_B = \sum_{i=T+1}^{L-1} P_i \tag{3-103}$$

两类像素值均值为

$$\mu_O = \frac{i}{p_O} \sum_{i=0}^{T} i \times P_i, \ \mu_B = \frac{1}{P_B} \sum_{i=T+1}^{L-1} i \times P_i \tag{3-104}$$

总体灰度均值为

$$\mu = p_O \times \mu_O + p_B \times \mu_B \tag{3-105}$$

两类方差为　$\sigma_O^2 = \frac{1}{P_O} \sum_{i=0}^{T} P_i (i - \mu_O)^2, \ \sigma_B^2 = \frac{1}{P_B} \sum_{i=T+1}^{L-1} P_i (i - \mu_B)^2 \tag{3-106}$

总类内方差为

$$\sigma_{in}^2 = P_O \sigma_O^2 + P_B \sigma_B^2 \tag{3-107}$$

两类类间方差为

$$\sigma_b^2 = P_O \times (\mu_O^2 - \mu)^2 + P_B \times (\mu_B - \mu)^2 \tag{3-108}$$

使得类内方差最小或类间方差最大，或者类内和类间方差比值最小的阈值 T 为最佳阈值。

b　最大熵法

熵是信息论中对不确定性的度量，是对数据中所包含信息量大小的度量，熵取最大值时，表明获取的信息量最大。

进行图像阈值分割，将图像分为两类，可以考虑用熵作为分类的标准。若两类的平均熵之和为最大时。可以从图像中获得最大信息量，此时分类采用的阈值是最佳阈值。

对于数字图像，取阈值为 T 时，目标和背景两个区域的熵分别为

$$H_O(T) = -\sum_{i=0}^{T} \frac{P_i}{P_O} \lg \frac{P_i}{P_O}, \ H_B(T) = -\sum_{i=0}^{T} \frac{P_i}{P_B} \lg \frac{P_i}{P_B} \tag{3-109}$$

评价用的熵函数为

$$J(T) = H_O(T) + H_B(T) \tag{3-110}$$

当熵函数取最大值时对应的 T 就是所求的最佳阈值。

c　最小误差法

最小误差法通过计算分类的错误率，错误率最小时对应的阈值为最佳阈值，所以，方法的关键在于错误率的计算。

如图 3-45 所示，阈值 T 将图像分为目标和背景两部分，设目标部分具有均值为 μ_o、

标准差为 σ_0 的正态分布概率密度 $P_0(r)$，背景部分具有均值为 μ_B、标准差为 σ_B 的正态分布概率密度 $P_B(r)$，即

$$P_0(r) = \frac{1}{\sqrt{2\pi}\,\sigma_0}\mathrm{e}^{[-(r-\mu_0)^2/(2\sigma_0^2)]}, \quad P_B(r) = \frac{1}{\sqrt{2\pi}\,\sigma_B}\mathrm{e}^{[-(r-\mu_B)^2/(2\sigma_B^2)]} \tag{3-111}$$

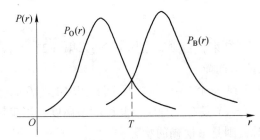

图 3-45 目标和背景的概率密度分布

可知，将背景误判为目标的概率为

$$\varepsilon_B(T) = \int_{-\infty}^{T} p_B(r)\,\mathrm{d}r \tag{3-112}$$

将目标误判为背景的概率为

$$\varepsilon_0(T) = \int_{T}^{+\infty} P_{BO}(r)\,\mathrm{d}r = 1 - \int_{-\infty}^{T} P_0(r)\,\mathrm{d}r \tag{3-113}$$

设目标占整幅图像的比例为 α，误判的概率为

$$J(T) = \alpha\varepsilon_0(T) + (1-\alpha)\varepsilon_B(T) \tag{3-114}$$

当误判概率 $J(T)$ 取最小值时对应的 T 为最佳阈值，这是一个求极值的问题。对 $J(T)$ 求导数，令导数为 0 求解极值点，有

$$\frac{\mathrm{d}}{\mathrm{d}T}J(T) = \frac{\mathrm{d}}{\mathrm{d}T}[\alpha\varepsilon_0(T) + (1-\alpha)\varepsilon_B(T)] \tag{3-115}$$

可得

$$(1-\alpha)P_B(r) - \alpha P_0(r) = 0 \tag{3-116}$$

最小误差法需要已知目标在图像中所占的比例，并要求目标和背景的灰度概率密度符合正态分布，因此，往往需要用已知的正态分布来拟合直方图的分布，实现较为复杂。

C　其他阈值分割方法

本小节学习基于迭代运算的阈值选择和基于模糊理论的阈值选择方法。

a　基于迭代运算的阈值选择

基于迭代运算选择阈值的基本思想是先选择一个阈值作为初始值，然后进行迭代运算，按照某种策略不断改进阈值，直到满足给定的准则为止。这种分割方法的关键在于阈值改进策略的选择——应能使算法快速收敛且每次迭代产生的新阈值优于上一次的阈值。

一种常用的基于迭代运算的阈值分割算法如下：

（1）求出图像中的最小和最大灰度值 r_1 和 r_2，令阈值初值为

$$T^0 = \frac{r_1 + r_2}{2} \tag{3-117}$$

（2）根据阈值 T^k 将图像分割成背景和目标两部分，求出两部分的平均灰度值 r_B 和 r_0，有

$$r_O = \frac{\sum\limits_{f(x,\,y) < T^k} f(x,\,y)}{N_O},\ r_B = \frac{\sum\limits_{f(x,\,y) \geqslant T^k} f(x,\,y)}{N_B} \tag{3-118}$$

（3）求出新的阈值：

$$T^{k+1} = \frac{r_B + r_O}{2} \tag{3-119}$$

（4）如果 $T^k = T^{k+1}$，则结束，否则 k 增加 1，转入第（2）步。

b　基于模糊理论的阈值选择

将图像 $f(x,\,y)$ 映射到一个 [0, 1] 区间的模糊集 $f(x,\,y) = \{f_{xy},\ \mu_f(f_{xy})\}$。$\mu_f(f_{xy}) \in [0, 1]$ 表示点 $(x,\,y)$ 具有某种模糊属性的隶属度，当隶属度为 0 或 1 时，是最清晰的状态；而取 0.5 时，则是最模糊的状态。

将图像分割为目标和背景两个区域，图中的每一点对于两个区域均有一定的隶属程度。因此，定义点 $(x,\,y)$ 的隶属度函数为

$$\mu_f(f_{xy}) = \begin{cases} \dfrac{1}{1 + |f_{xy} - \mu_O|\,/C}, & f_{xy} \leqslant T \\[4mm] \dfrac{1}{1 + |f_{xy} - \mu_B|\,/C}, & f_{xy} > T \end{cases} \tag{3-120}$$

式中，C 是一个常数，保证 $\mu_f(f_{xy}) \in [0.5, 1]$，可取图像的最大灰度值减去最小灰度值。

利用模糊理论确定阈值，基本思想也是确定一个目标函数，当目标函数取最优时对应的阈值为最佳阈值。模糊度用来表示一个模糊集的模糊程度，模糊熵是一种度量模糊度的数量指标，可用模糊熵作为目标函数。

针对图像 $f(x,\,y)$，定义模糊熵为

$$H(f) = \frac{1}{MN\ln 2} \sum_{x=0}^{M-1} \sum_{y=0}^{N-1} S(\mu_f(f_{xy})) \tag{3-121}$$

式中，$S(\bullet)$ 为 Shannon 函数，即

$$S(k) = \begin{cases} -k\ln k - (1-k)\ln(1-k), & k \in (0, 1) \\ 0 & k = 0 \end{cases} \tag{3-122}$$

分析式（3-122）可知，当隶属度为 0 或 1 时，模糊度最小，Shannon 函数取值为 0；当隶属度为 0.5 时，模糊度最大，Shannon 函数取最大值 ln2；因此，模糊熵取最小值时对应的阈值为最佳阈值。

3.3.5.2　基于聚类的图像分割

聚类是模式识别中对特征空间中数据进行分类的方法，取"物以类聚"的思想，把某些向量聚集为一组，每组具有相似的值。基于聚类的图像分割是把图像分割看作对像素进行分类的问题，把像素表示成特征空间的点，采用聚类算法把这些点划分为不同类别，对应原图则是实现对像素的分组，分组后利用"连通成分标记"找到连通区域。但有时也会产生在图像空间不连通的分割区域，主要是由于在分割的过程中没有利用像素点在图像中的空间分布信息。

A　聚类分割的关键技术

基于聚类实现图像分割有两个需要关注的问题：

（1）如何把像素表示成特征空间中的点：通常情况下，用向量来代表一些像素或像素周围邻域，向量的元素可以包括灰度值、RGB 值及由此推出的颜色特征、计算得到的特征、纹理度量值等与像素相关的特征。同样根据图像的具体情况，然后判断待分割区域的共性来设计。因此，基于聚类的图像分割其实也是基于区域的分割方法，不同之处在于分割过程不一样。

（2）聚类方法：聚类的方法有很多，经典的聚类方法有 K 均值聚类、ISODATA（Iterative Self-Organizing Data Analysis Techniques Algorithm，迭代自组织数据分析技术）聚类、模糊 K 均值聚类等。本节主要介绍基于 K 均值聚类的分割。

B　K 均值聚类

K 均值聚类通过迭代把特征空间分成 K 个聚集区域。设像素点特征为 $x = (x_1, x_2, \cdots x_n)^T$，$\mu_i$ 为 $\omega_i(i = 1, \cdots, K)$ 类的均值，那么 K 个类别的误差平方和见式（3-123）。

$$J = \sum_{i=1}^{K} \sum_{x \in \omega_i} \| x - \mu_i \|^2 \tag{3-123}$$

当 J 最小时，认为分类合理。

K 均值聚类首先确定 K 个初始聚类中心，然后根据各类样本到聚类中心的距离平方和最小的准则，不断调整聚类中心，直到聚类合理，步骤如下：

（1）令迭代次数为 l，任选 K 个初始聚类中心 $\mu_1(1)$，$\mu_2(1)$，$\cdots$，$\mu_K(1)$；

（2）逐个将每一特征点 x 按最小距离原则分配给 K 个聚类中心，即

若 $\| x - \mu_j(m) \| < \| x - \mu_i(m) \|$，$i = 1, 2, \cdots, K$，$i \neq j$，则 $x \in \omega_j(m)$

$\omega_j(m)$ 为第 m 次迭代时，聚类中心为 $\mu_j(m)$ 的聚类域。

（3）计算新的聚类中心：

$$\mu_i(m + 1) = \frac{1}{N} \sum_{x \in \omega_i(m)} x, \quad i = 1, 2, \cdots, k \tag{3-124}$$

（4）判断算法是否收敛：若 $\mu_i(m + 1) = \mu_i(m)$，$i = 1, 2, \cdots, K$，则算法收敛；否则，转到第（2）步，进行下一次迭代。

关于 K 的确定，实际中常根据具体情况或采用试探法来确定。

3.3.5.3　分水岭分割

分水岭分割是基于地形学概念的分割方法，其实现可采用数学形态学的方法，应用较为广泛。

A　基本原理

a　流域及分水岭

假设图像（见图 3-46（a））中有多个物体，计算其梯度图像。梯度图像中，物体边界部分对应高梯度值，为亮白线；区域内部对应低梯度值，为暗区域；梯度图像由包含了暗区域的白环组成，如图 3-46（b）所示。将其想象成三维的地形图，定义其中具有均匀低灰度的区域为极小区域。极小区域往往是区域内部。

相对于极小区域，梯度图像中的像素点有 3 种不同情形：（1）属于极小区域的点（谷底）；（2）将一个水珠放在该点，它必定流入某一个极小区域的点（山坡）；（3）水珠在该点流入某个极小区域的可能性相同的点（山岭）。对于一个极小区域，水珠汇流入该区域的所有点构成的集合，称为该极小区域的流域。流入一个以上极小区域的可能性均等的点构成的集合，则称为分水岭（分水线、水线）。把梯度图像绘制成二维曲面形式，如图 3-46（c）所示。梯度图像中各区域内部对应极小区域，区域边界对应高灰度，即分水岭。

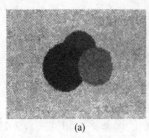 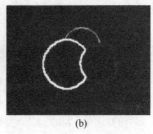 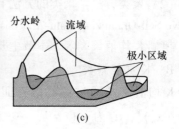

（a）　　　　　　　　　　（b）　　　　　　　　　　（c）

图 3-46　图像与分水岭

（a）原图；（b）梯度图像；（c）流域与分水岭示意

b　分水岭与图像分割

以涨水法来分析：设水从谷底上涌，水位逐渐升高。若水位高过山岭，不同流域的水将会汇合。在不同流域中的水面将要汇合到一起时，在中间筑起一道堤坝，阻止水汇合，堤坝高度随着水面上升而增高。当所有山峰都被淹没时，露出水面的只剩下堤坝，且将整个平面分成了若干个区域，实现了分割。堤坝对应着流域的分水岭，如果能够确定分水岭的位置，确定了区域的边界曲线，分水岭分割实际上就是通过确定分水岭的位置而进行图像分割的方法。

B　分水岭分割

设原图像为 $f(x, y)$，其梯度图像为 $g(x, y)$，令 M_1，M_2，$\cdots$，M_r 表示 $g(x, y)$ 中的极小区域，$C(M_i)$ 表示与极小区域 M_i，对应的流域，用 min 和 max 表示梯度的极小值和极大值。采用涨水法进行分割，涨水是从 min（谷底）开始，以单灰值增加，则第 n 步时的水深为 n（即灰度值增加了 n），用 $T(n)$ 表示满足 $g(x, y) < n$ 的所有点(x, y) 的集合，即

$$T(n) = \{(x, y) \mid g(x, y) < n\} \tag{3-125}$$

用 $C_n(M_i)$ 表示水深为 n 时，在 M_i 对应的流域 $C(M_i)$ 形成的水平面区域，满足

$$C_n(M_i) = C(M_i) \cap T(n) \tag{3-126}$$

令 $C(n)$ 表示在第 n 步流域溢流部分的并，则 $C(max + 1)$ 为所有流域的并。

初始情况下，取 $C(min + 1) = T(min + 1)$，算法迭代进行。$C(n - 1)$ 是 $C(n)$ 的子集，$C(n)$ 又是 $T(n)$ 的子集，因此，$C(n-1)$ 是 $T(n)$ 的子集，$C(n-1)$ 中的每一个连通成分都包含于 $T(n)$ 的一个连通成分。设 D 为 $T(n)$ 的一个连通成分，那么存在 3 种可能：

（1）$D \cap C(n - 1)$ 为空；

（2）$D \cap C(n - 1)$ 含有 $C(n - 1)$ 的一个连通成分；

（3）$D \cap C(n-1)$ 含有 $C(n-1)$ 的一个以上连通成分。

利用 $C(n-1)$ 建立 $C(n)$ 取决于上述哪一种条件成立。

三种情况如图 3-47 所示。图 3-47（a）中的 D_1 为第一种情况，是增长遇到一个新的极小区域，$C(n)$ 可由连通成分 D 加到 $C(n-1)$ 中得到；图 3-47（a）中的 D_2 为第二种情况，其和 $C(n-1)$ 同属于一个极小区域，同样，$C(n)$ 可由连通成分 D 加到 $C(n-1)$ 中得到；图 3-47（b）所示为第三种情况，是不同区域即将连通时的表现，必须在 D 中建立堤坝。

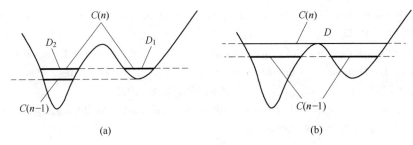

图 3-47　利用 $C(n-1)$ 建立 $C(n)$ 的不同情况

（a）不建堤坝的两种情形；（b）需建立堤坝的情形

综上所述，总结分水岭分割算法的过程如下：

（1）计算梯度图像及梯度图像取值的最小值 min 和最大值 max；

（2）初始化 $n = min + 1$，即 $C(min+1) = T(min+1)$：$\{g(z,y) < min+1\}$，并标识出目前的极小区域；

（3）$n = n + 1$，确定 $T(n)$ 中的连通成分 D_i，$i = 1，2，\cdots$；求 $D_i \cap C(n-1)$，并判断属于上述三种情况中的哪一种，确定 $C(n)$；如属于第三种情况，则加筑堤坝；

（4）重复第（3）步，直到得到 $C(max+1)$。

C　分水岭分割改进

直接利用分水岭算法对图像分割会产生过分割现象，即图像分割得过细。产生的原因主要在于梯度噪声、量化误差及目标内部细密纹理的影响，在平坦区域内可能存在许多局部的"谷底"和"山峰"，经分水岭变换后形成很多小区域，导致了过分割，反而没能找到正确的区域轮廓。

解决过分割问题的主要思路是在分割前、后加入预处理和后处理步骤，如采用滤波以减弱噪声干扰、滤除小目标即目标中的细节；增强图像中的轮廓；合并一些较小的区域等。新算法的研究多是围绕如何减少噪声的影响，如何尽可能减少过分割以及如何提高算法的速度展开的。

参 考 文 献

［1］阮秋琦. 数字图像处理学［M］. 北京：电子工业出版社，2001：1~20.

［2］复旦大学，清华大学，北京大学. 原子核物理实验方法（上册）［M］. 2 版. 北京：原子能出版社，1985：67~83.

［3］安继刚. 电离辐射探测器［M］. 北京：原子能出版社，1995：20~33.

［4］Jiang Hsieh. Computed Tomography：Principles，Design，Artifacts，and Recent Advances［M］. Bellingham: SPIE Press, 2003: 33~36.

[5] Avinash CKak, Slaney M. Principles of Computerized Tomographic Imaging [M]. New York: IEEE Press, 1988.

[6] Gordon R. A tutorial on ART (algebraic recongstruction techniques) [J]. IEEE Trans. Nucl. Sci., 1970, NS-21: 471~481.

[7] Gordon R, Bender R, Herman G T. Algebraic recongstruction techniques (ART) for three-dimensional electron microscopy and X-ray photography [J]. J. Theor. Biol., 1970, 29: 471~481.

[8] Herman G T, Lent A, Rowland S. ART: Mathematics and applications, a report on the mathematical functions and on the applicability to real data of algebraic recongstruction techniques [J]. J. Theor. Biol., 1973, 42 (1): 1~32.

[9] Herman G T. Image Reconstruction from Projection [M]. New York: Academic Press, 1980.

[10] Natterer F. The Mathematics of Computerized Tomography [M]. New York: Wiley, 1986.

[11] 庄天戈. CT 原理与算法 [M]. 上海: 上海交通大学出版社, 1992.

[12] Noo F, Clackdoyle R, Pack J D. A two-step Hilbert transform method for 2D image reconstruction [J]. Phys. Med. Biol., 2004, 49: 3903~3923.

[13] Sidky E Y, Kao C, Pan X. Accurate image reconstruction from few-views and limited-angle data in divergent-beam CT [J]. Journal of X-Ray Science and Technology, 2006, 14 (2): 119~139.

[14] Censor Y. Parallel Optimization (Theory, Algorithm, and Applications) [M]. New York: Oxford University Press, 1977.

[15] Jiang M, Wang G. Convergence studies on iterative algorithms for image reconstruction [J]. IEEE Transactions on Medical Imaging, 2003, 22 (5): 569~579.

[16] Saad Y, van der Vorst H A. Iterative solution of linear systems in the 20th century [J]. Journal of Computational and Applied Mathematics, 2000, 123: 1~33.

[17] Feldkamp L A, Davis L C, Kress J W. Practical cone-beam algorithm [J]. J. Opt. Soc. Am., 1984, Al: 612~619.

[18] Tang X, Hsieh J, Nilsen R A, et al. A three-dimensional-weighted cone beam filtered backprojection (CB-FBP) algorithm for image reconstruction in volumetric CT-helical scanning [J]. Phys. Med. Biol, 2006, 51: 855~874.

[19] Yu L, Zou Y, Sidky E Y, et al. Region of interest reconstruction from truncated data in circular cone-beam CT [J]. IEEE Transactions on Medical Imaging, 2006, 25 (7): 869~881.

[20] Tuy H K. An inversion formula for cone-beam reconstruction [J]. SIAM Journal on Applied Mathematics, 1983, 43: 546~552.

[21] Smith B. Image reconstruction from cone-beam projections: Necessary and sufficient conditions and reconstruction methods [J]. IEEE Transactions on Medical Imaging, 1985, 4: 14~21.

[22] Grangeat P. Mathematical framework of cone beam 3D reconstruction via the first derivative of the Radon transform [J] //Herman C T, Louis A K, Natterer F. Mathematical Methods in Tomography. Lecture Notes in Math., 1991, 497: 66~97.

[23] Katsevich A. Theoretically exact filtered backprojection-type inversion algorithm for Spiral CT [J]. SIAM Journal on Applied Mathematics, 2002, 62: 2012~2026.

[24] Zou Y. Pan X C. Exact image reconstruction on PI-lines from minimum data in helical cone-beam CT [J]. Phys. Med. Biol., 2004, 49: 941~959.

[25] Pack J D, Noo F, Clackdoyle R. Cone-beam reconstruction using the backprojection of locally filtered projections [J]. IEEE Transactions on Medical Imaging, 2005, 24 (1): 70~85.

［26］ Yu L，Pan X，et al. Region of interest reconstruction from truncated data in circular cone-beam CT［J］. IEEE Transactions on Medical Imaging，2006，25（7）：869~881.

［27］ 张慧滔，陈明，张朋，一种新的针对感兴趣区域的 CT 扫描模式及其重建公式［J］. 自然科学进展，2007，17（11）：1589~1594.

［28］ Ye Y，Wang G. Exact FBP CT reconstruction along general scanning curves［J］. Med. Phys.，2005，32：42~48.

［29］ Zhao S，Yu H，Wang G. A family of analytic algorithms for conebeam CT［J］. Proc. SPIE5535，Developments in X-Ray Tomography.

［30］ Mueller K，Xu F，Neophytou N. Why do Commodity Graphics Hardware Boards（GPUs）work so well for acceleration of Computed Tomography?［J］. SPIE Electronic Imaging，2007：4~11.

［31］ Wang G，Ye Y，Yu H. Approximate and exact cone-beam reconstruction with standard and non-standard spiral scanning［J］. Phys. Med. Biol.，2007，52：R1~R13.

［32］ Pan X，Siewerdsen J，Riviere P，et al. Development of X-ray computed tomography：The role of medical physics and AAPM from the 1970s to present［J］. Med，Phys.，2008，35（8）：3728~3739.

［33］ 朱虹. 数字图像处理技术与应用［M］. 北京：机械工业出版社，2011.

［34］ ［美］冈萨雷斯. 数字图像处理［M］. 北京：电子工业出版社，2009.

［35］ 蔡利梅，王利娟. 数字图像处理使用 MATLAB 分析与实现［M］. 清华大学出版社，2019.

［36］ OpenCV 简介［OL］. https，//opencv. org/about. html.

［37］ 王向阳，杨红颖，牛盼盼. 高级数字图像处理技术［M］. 北京：北京师范大学出版社，2014.

［38］ 胡威捷，汤顺青，朱正芳. 现代颜色技术原理及应用［M］. 北京：北京理工大学出版社，2007.

［39］ 寿天德. 视觉信息处理的脑机制［M］.2 版. 合肥：中国科学技术大学出版社，2010.

［40］ Rafael C. Gonzalez，Richard E. Woods. 数字图像处理［M］.3 版. 阮秋琦，译. 北京：电子工业出版社，2011.

［41］ 谢凤英. 数字图像处理及应用［M］.2 版. 北京：电子工业出版社，2016.

［42］ 李水根，吴纪桃. 分形与小波［M］. 北京：科学出版社，2002.

［43］ 唐向宏，李齐良，时频分析与小波变换［M］. 北京：科学出版社，2008.

［44］ C. Sidney Burrus，Ramesh A. Gopinath，Haitao Guo. 小波与小波变换导论［M］. 程正兴，译. 北京：机械工业出版社，2007.

［45］ 程正兴，杨守志，冯晓霞. 小波分析的理论，算法、进展和应用［M］. 北京：国防工业出版社，2007.

［46］ 葛哲学，沙威，小波分析理论与 MATLAB R2007 实现［M］. 北京：电子工业出版社，2007.

［47］ John C. RUSS. 数字图像处理［M］.6 版. 余翔宇，译. 北京：电子工业出版社，2014.

［48］ 嵇晓强. 图像快速去雾与清晰度恢复技术研究［D］. 长春：中国科学院研究生院，2012.

［49］ Perona P，Malik J. Scale-space and edge detection using anisotropic diffusion［J］. IEEE Transactions on PAMI，1990，12（7）；629~639.

［50］ 王大凯，侯榆青，彭进业. 图像处理的偏微分方程方法［M］. 北京：科学出版社，2008：24~47.

［51］ 邱佳梁，戴声奎. 结合肤色分割与平滑的人脸图像快速美化［J］. 中国图象图形学报，2016，21（7）：865~874.

［52］ 张争真，石跃祥. YCgCr 颜色空间的肤色聚类人脸检测法［J］. 计算机工程与应用，2009，45（22）：163~165.

［53］ Soille P. 形态学图像分析：原理与应用［M］.2 版. 王小鹏，译，北京：清华大学出版社，2008.

［54］ 刘仁云，孙秋成，王春艳. 数字图像中边缘检测算法研究［M］. 北京：科学出版社，2015.

［55］ 王小玉. 图像去噪复原方法研究［M］. 北京：电子工业出版社，2017.

[56] 郝建坤，黄玮，刘军，等. 空间变化 PSF 非盲去卷积图像复原法综述 [J]. 中国光学，2016. 9
　　　（1）；41~49.

[57] 李鑫楠. 图像盲复原算法研究 [D]. 长春：吉林大学，2015.

[58] 李俊山，李旭辉，朱子江. 数字图像处理 [M].3 版. 北京：清华大学出版社，2017.

[59] 刘成龙. MATLAB 图像处理 [M]. 北京：清华大学出版社，2017.

[60] 赵荣椿，赵忠明，赵歆波. 数字图像处理与分析 [M]. 北京：清华大学出版社，2013.

4 工业 CT 扫描在岩体力学中的应用

4.1 工业 CT 扫描在土石混合体损伤破裂过程中的应用

由于土石混合体强烈的非均质性、非连续性和非线性特点,其变形破坏规律及力学特性区别于岩石与土体,具有复杂的结构控制特性,常规的岩土力学试验和理论分析难以适用,有关土石混合体细观变形破坏机理及定量化描述未曾有过系统的研究。本书通过实时CT扫描力学试验对变形过程中重点区域的局部应变、CT数、裂纹展布、孔隙率演化、块石运动和CT损伤进行提取、识别和分析,阐述土石混合体损伤开裂的内在机制。土石混合体宏观变形破坏的实质是内部结构在力场及环境因素作用下损伤弱化的过程,从本质上对其细观变形破裂特征进行定量化表征,可为地质体加固、地质灾害防控、岩土工程建设及岩土力学新理论的发展提供研究基础。

4.1.1 土石混合体损伤识别及扩展分析

计算机断层 X 射线断层扫描系统为中国科学院高能物理研究的 450kV 通用型工业 CT(GY-450-ICT,见图 4-1),便携式简易加载装置由反力柱、位移测量系统和荷载量测系统组成[1,2]。反力柱是核心部件,轴压部分为系统提供轴向荷载,材质是尼龙玻璃纤维增强树脂(PA66+GF30)这种材料添加了 30% 玻璃纤维增强,其耐热性、强度、刚度性能好,受拉伸时变形小,耐蠕变性和尺寸稳定性、耐磨等性能强,它的最大允许使用温度较

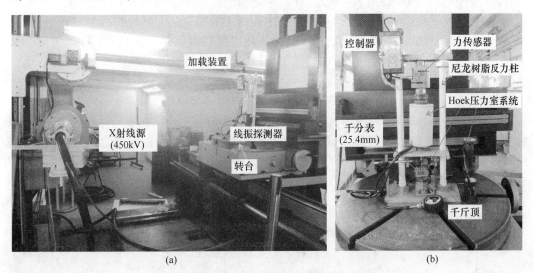

图 4-1 土石混合体 CT 扫描试验系统

(a)450kV 工业 CT 机;(b)工业 CT 机配套简易加载装置

高，直径 2.5cm。尼龙树脂 PA66+GF30 的物理力学指标为：密度 1.38g/cm^3，抗拉强度 75.46~83.3MPa，屈服强度约 54.88MPa，压缩强度约 103.88MPa，弹性模量约 330MPa。采用精确的位移和荷载测量装置，实现试验时宏观特性和其扫描一致的试验记录，加载装置和位移控制系统采用无线智能操控，解决了测试时测量连接系统在 CT 转台上旋转过程中的线路缠绕问题。岩土试样测试过程中，将整个装置放于 CT 机转台上，进行试样的单轴压缩试验，同时 X 射线源发出高能量的 X 射线，高能量 X 射线穿透压力室容器壁和试样，由探测器接收透射射线，从而实现试样加载过程中的高精度实时扫描。试验时所使用的试样为土石混合体重塑试样，含水率为 40%，采用间隔 CT 扫描的方式，断层间距为 2mm（见图 4-2），应力-应变曲线如图 4-3 所示。

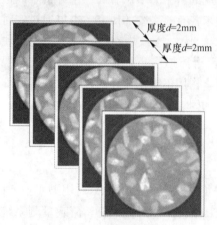

图 4-2　CT 扫描横截面切片图

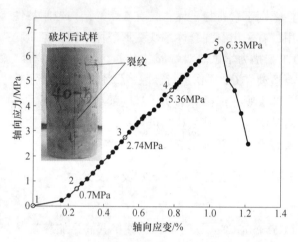

图 4-3　单轴压缩下应力-应变曲线

目前，CT 损伤识别主要采用两种方法：平均 CT 数法和阈值分割法。试样发生损伤主要是在外界应力的条件下发生的。当试样受轴压损伤时，微裂隙的产生效应（萌生、扩展和汇集）会导致微单元所在的极小的范围内 CT 数的变化，试样在压缩过程中，内部裂缝发生、发展对应的一系列的非线性变化都可以反映到局部范围内 CT 数的变化上来，因此，采用 CT 数来反映岩土介质的损伤弱化过程是一种可行的思路。

4.1.1.1　损伤变量的定义

细观损伤力学试验结果表明，很难用一个具有普遍意义的损伤本构模型或损伤演化方程来反映多种岩土材料（目前，研究较多的是土体和岩石）的损伤演化机理。因此，从细观试验得到的物理机制出发，将各种岩土材料的损伤机制进行分类，分别给出工程可用的并有一定精度的损伤演化方程及本构模型，是岩土损伤力学研究的一条重要途径。

损伤变量的定义方法有多种，本章给出一个基于 CT 数的损伤变量的定义方法。Yang 等人通过 CT 数的数学建模，给出了如下损伤变量的表达式[3]：

$$D = -\frac{1}{m_0^2}\frac{\Delta\rho}{\rho_0} \tag{4-1}$$

式中，m_0 为 CT 机的空间分辨率；$\Delta\rho$ 为岩土损伤过程中密度的变化值；ρ_0 为岩土介质的密度。

显然，确定损伤变量 D 的关键是确定 $\Delta\rho$。现推导由 CT 数定义的 $\Delta\rho$ 表达式，这里定义 H_{rm} 为土石体的 CT 数。根据 CT 原理，H_{rm} 值与土石混合体材料的密度成正比，H_{rm} 的分布反映了块石在试样中的分布规律, H_{rm} 与土石体对 X 射线的吸收系数呈正比 μ_{rm} 成正比, 即

$$H_{rm} = k_1 \mu_{rm} \tag{4-2}$$

式中, k_1 为常数。

假设无损土石混合体 (块石与土颗粒) 以外的各种损伤 (孔洞和微裂隙) 仅为空气所填充, 如果考虑水的影响, 视土石体是由土石颗粒混合体、空气和水组成的复合体系, 密度分别用 ρ_s、ρ_a 和 ρ_w 表示, 孔隙率为 n, d_s 为颗粒的密度, w 为含水量, 则吸收系数 μ_{rm} 可以表示为

$$\mu_{rm} = \mu_m \rho = (1-n)\rho_s \mu_s^m + [n - wd_s(1-n)]\rho_a \mu_a^m + wd_s(1-n)\rho_w \mu_w^m \tag{4-3}$$

式中, ρ 为损伤扩展过程中任一应力状态时土石体的密度; ρ_s、ρ_a 和 ρ_w 分别为无损土石混合体材料、空气和水的密度; n 为孔隙率; μ_s^m、μ_a^m 和 μ_w^m 分别为无损土石体材料、空气和水对 X 射线的吸收系数。

式 (4-2) 和式 (4-3) 联合, 得

$$n = \frac{H_{rms} - H_{rm} + 1000wd_s}{1000 + 1000wd_s + H_{rms}} \tag{4-4}$$

在空间分辨单元体内, 有

$$\rho = (1-n)\rho_s + wd_s(1-n)\rho_a + wd_s(1-n)\rho_w \tag{4-5}$$

若忽略到空气的密度, 即 $\rho_a = 0$, 空气的 CT 值 $H_a = -1000$, 把式 (4-14) 代入式 (4-15) 中, 得

$$\rho = \frac{1000 + H_{rm}}{1000 + 1000wd_s + H_{rms}}(1+w)\rho_s \tag{4-6}$$

由式 (4-15), 得到土的初始状态的密度为:

$$\rho_0 = (1-n_0)\rho_s + wd_s(1-n_0)\rho_w = (1-n_0)(1+w)\rho_s \tag{4-7}$$

式中, $d_s = \rho_s / \rho_w$; n_0 为初始孔隙度。

由式 (4-12) 和式 (4-13) 得出初始状态土石体的 CT 数 H_{rm0} 与土石体 CT 数 H_{rms} 的关系为

$$H_{rms} = \frac{H_{rm0} + 1000[n_0 - wd_s(1-n_0)]}{1-n_0} \tag{4-8}$$

式 (4-8) 简化为

$$H_{rms} = \frac{H_{rm0}}{1-n_0} \tag{4-9}$$

把式 (4-6) ~式 (4-8) 代入式 (4-1), 得到土石混合体损伤变量表达式:

$$D = \frac{1}{m_0^2}\left[1 - \frac{1000 + H_{rm}}{(1000 + 1000w\rho_s + H_{rms})(1-n_0)}\right]$$

$$= \frac{1}{m_0^2}\left[1 - \frac{1000 + H_{rm}}{(1000 + 1000w\rho_s)(1-n_0) + H_{rm0}}\right] \tag{4-10}$$

式中, H_{rms}, ρ_s 分别为虚拟无损介质的 CT 数和密度; H_{rm} 为任一应力状态下试样的 CT 数。

土石混合体是一种极不均匀的松散堆积物, 是一种天然赋存的地质材料。严格来讲, 没有一种无损的材料存在。因此, 上式中 H_{rms} 和 ρ_s 很难确定。通过 CT 试验发现, 在初始加载阶段, 由于轴向应力 σ_1 的方向与试样中发育的初始裂纹的方向不同, CT 数的变化有两种可能的情况: (1) 第一种情况, 无压密阶段, CT 数随着荷载的增大逐渐下降直到试样的破坏; (2) 第二种情况, 开始加载的小范围内存在压密阶段 (比如本书的重塑土石

混合体试样），即 CT 数比初始状态时的 CT 数增加到一定值后再下降，损伤开始扩展。由于对损伤演化规律的研究，我们更关心的是损伤扩展过程中密度的变化情况，因此可针对不同的情况对 ρ_s 和 H_{rms} 进行取值。针对第一种情况，可将具有初始损伤的岩石的 ρ_0 和 H_{rm0} 作为 ρ_s 和 H_{rms} 来进行计算；对第二种情况，可将压密后的 CT 数及密度作为 ρ_s 和 H_{rms} 进行计算。葛修润等人引入了闭合影响系数 α_c 来考虑压密阶段的影响，即取 $\alpha_c H_{rm0}$ 及此时的密度作为无损试样的 H_{rms} 和 ρ_s 来进行计算。葛修润等人建议的确定 α_c 的方法是将压密阶段的试样 CT 数除以初始未加载时的 CT 数。因为 α_c 的确定与试样的孔隙率有关，在前文中已经对试样的孔隙率进行了计算，所以采用式（4-9）和 $\alpha_c H_{rm0}$ 来确定 H_{rms} 实际上是等价的，没有本质上的区别。葛修润等人建议的确定 α_c 的方法是将压密阶段的试样 CT 数除以初始未加载进的 CT 数。

式（4-20）的结论具有重要的意义，主要表现在：（1）Belloni、Davis、Levaillant 等人最早在 20 世纪 60~70 年代就曾用损伤密度的变化来定义材料的损伤变量，但是当时难以测量，而 CT 数实际上就是代表了物质的放射性密度信息，以 CT 数定义的损伤变量可以很好地与物体密度的变化联系起来；（2）式（4-20）考虑了 CT 机的空间分辨率即损伤尺度的影响，CT 分辨单元上的 CT 数本身就代表了特征微元体及其特征参数，对其进行描述可以间接地解决细观描述问题，随后定义基于 CT 数的损伤变量，或者对具有相似性质单元做归并处理进行分区描述，这样多尺度的统计分析就可以实现细观向宏观参数的自然量化和过渡；（3）由于该式中的 CT 数是试样中各层 CT 数的均值，而每层的 CT 数是该层损伤发展（密度变化）的一个综合反映，隐含了裂纹之间的相互作用和裂纹的闭合现象，换句话说，以 CT 数定义的损伤变量考虑了试样损伤扩展过程中裂纹的相互作用和裂纹闭合现象的综合影响。

4.1.1.2 损伤演化方程的建立

根据上述定义，对细观试验的结果进行分析，得出损伤变量与应力、应变的关系。通过土石混合体试样典型 CT 切片 CT 数均值和方差与轴向应变的关系（见图 4-4）可知，试样在压缩变形过程中，试样中间 10 层切片的 CT 数均值先增大后减小，CT 数方差则先减小后增大。在试样变形过程中，CT 数均值反映了试样内微单元体的压密与张开的情况；CT 数方差表征的是试样变形损伤过程中的各向异性，表示损伤种类的分布情况，如裂纹、孔洞等。由图 4-4 可知，试样的变形应当属于前文讨论的第二种情况，这样可以将压密后的 CT 数及密度作为 ρ_s 和 H_{rms} 进行计算。本次 CT 扫描，450kV 工业 CT 的空间分辨率是 0.083mm×0.083mm×0.083mm，未加载时试样的 CT 数为 1186.00526，密度为 2.233g/cm³。

由于本书试样 CT 扫描次数较少，测试点相对比较离散。观察土石体试样加载过程中发生的损伤变量与主应变的关系呈指数函数的关系，拟合关系可写为

$$D = ae^{b\varepsilon_1} \tag{4-11}$$

式中，a，b 为拟合参数。

从而得出土石混合体的损伤演化方程为

$$D = 0.04219e^{2.5994\varepsilon_1} \tag{4-12}$$

相关系数 $r = 0.9509$，具有很强的相关性，进一步证明了本书采用的方法的可靠性（见图 4-5）。得到土石混合体的损伤演化方程，根据应变等效原理，损伤本构方程为

$$\sigma_1 = E(1 - 0.04219e^{2.599\varepsilon_1})\varepsilon_1 \tag{4-13}$$

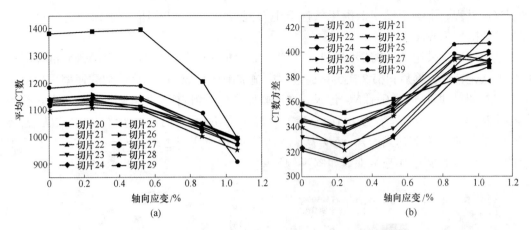

图 4-4 典型切片 CT 数均值和方差与轴向应变关系

(a) 均值与应变的关系；(b) 方差与应变的关系

将 5 个扫描点对应的实测应变值代入相应的土石混合体峰前损伤本构模型式（4-5），计算出 5 个对应的 $\sigma_1^{\text{计}}$，将实测的 5 组应变应变值和对应的 5 组理论计算值绘于图 4-6 中，经比较发现，总体上理论计算结果与实测结果较吻合。

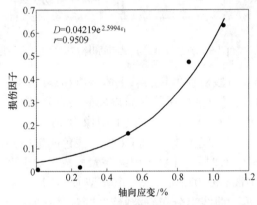

图 4-5 土石混合体损伤变量与轴向应变的关系

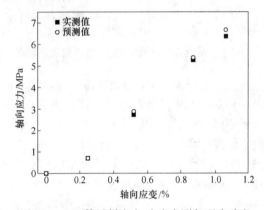

图 4-6 土石体试样应力-应变实测与理论对比

4.1.2 土石混合体三维裂隙空间扩展构型分析

土石混合体在力场及环境因素作用下的细观损伤识别方法主要有平均 CT 数法和阈值分割法。4.1.1 节采用平均 CT 数法对土石混合体加载过程中的细观损伤特性进行了分析，本节将重点研究基于 CT 图像的阈值分割法对土石混合体结构劣化过程进行识别和提取。目前，岩土体三轴压缩试验装置有一个明显的缺陷，施加围压的压力室由金属材料制成，常用的金属材料，如铁的密度为 7.9g/cm³，铝的密度为 2.7g/cm³，由于金属材料密度较大，CT 机发射出的 X 射线在穿过压力室进而穿透被扫描的试样时，将会导致射线能量的衰减，对成像质量造成影响，进而无法实现高清晰图像重构。为此，专门设计了一种用于高清晰图像重构与工业 CT 机配套的气囊式围压加载系统，用于低围压下土石混合体这类散体状岩体材料的围压施加，非金属材料压力室减少了 CT 射线穿透压力室容器壁时能量的衰减，提高了试样破裂过程中重构图像的精度，可更好地揭示试样在不同受力条件下的破裂演化过程。本书中以一低围压条件下土石混合体实时 CT 扫描力学试验为例进行研究，加载围压为 60kPa[4]。

试验过程中采用图 4-7 所示的扫描方案，峰前进行 3 次 CT 扫描；为了研究试样峰后的应变软化特性，峰后扫描 2 次，试验过程中施加围压为 60kPa。峰前加载速率保持恒定为 0.1kN/步（即每加载 0.1kN，记录一次试验变形）；当试样发生破坏后，加载方式改为位移控制模式，加载速率为 0.1mm/步。试样变形过程轴向应变计算表达式为 $\varepsilon_a = \Delta H/H_0$，径向应变表达式为 $\varepsilon_1 = \Delta D/D_0$，对应的体积应变表达式为 $\varepsilon_v = \varepsilon_a + 2\varepsilon_1$。在 5 个扫描点处试样的全应力-应变曲线如图 4-8 所示。

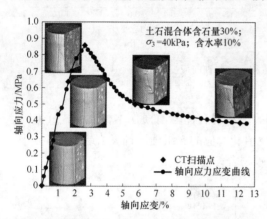 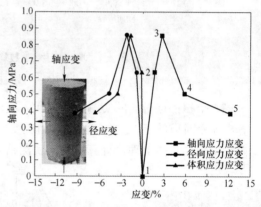

图 4-7　土石混合体三轴压缩过程 CT 扫描点确定　　图 4-8　CT 扫描点处的轴向、径向和体积应力-应变曲线

为了更好地在 CT 原始图像中提取出不同加载阶段对应的块石、土体基质和裂纹，提出一种双阈值图像分割方法。该方法的基本目的是提取试样中除基质以外的块石和裂纹，分析不同变形过程中的土石混合体细观结构变化。通过扫描得到的 CT 图像为 16 位灰度数字图像，CT 值为机器初始输出值，低 CT 值显示为深色阴影，高 CT 值为浅色阴影，共 256 种可能的变化。在所采用的 X 射线 CT 设备中，CT 图像 1024×1024 像素构成。对于直径为 50mm 的图像，体像素精度为 0.07mm×0.07mm×0.07mm。以一个典型 CT 切片为例（见图 4-9（a）），CT 数直方图如图 4-9（b）所示，曲线上分布有波峰和波谷，波峰代表块石相，波谷代表裂纹相，曲线上相对稳定的部分代表基质土体。

如图 4-9（b）所示，它展示了沿图 4-9（a）扫描线的灰度值（或 Hounisfield 值）的变化。根据 H 值的变化，可以将岩石块体的 H 值划分为三个区间，分别为块石、基质土体和裂纹。根据 CT 值的不同，可以从原始 CT 图像中提取块石和裂纹。本书在双阈值算法的基础上，尝试用区域生长法对块石、土体基质和裂纹分别进行三值化识别。从三值化图像中，通过计算每一种材料所占体素的数量乘以单位体素的面积，量化得到块石的面积、土体基质面积和裂缝面积。方法总结如下：

（1）在区域生长法中，选定代表一种物相的一个体素。尽可能计算块石相、裂纹相和基质相的灰度平均值和方差，块石相灰度均值和方差为 $\mu_{块石}$ 和 $\sigma_{块石}$；土体基质相灰度均值和方差为 $\mu_{土体}$ 和 $\sigma_{土体}$；裂纹相灰度均值和方差为 $\mu_{裂纹}$ 和 $\sigma_{裂纹}$。

（2）分别确定块石相和裂缝相的容差值 T_r 和 T_c。假设各相位的灰度值服从正态分布，块石相和裂纹相灰度区间为 $\bar{x}_i \pm 2\sigma_i (i = r, s, c)$，从而容差区间分别为 $T_r = \bar{x}_r - 2\sigma_r$ 和 $T_c = \bar{x}_c - 2\sigma_c$。

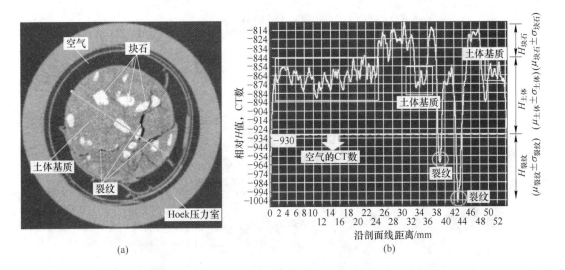

图 4-9 典型原始 CT 图像和 CT 值分布，不同的 CT 值分布区间可用于土体，块石和裂纹双阈值分割
(a) 典型 CT 重构图像；(b) 基质相，块石相和裂纹相沿剖面线方向灰度变化情况

（3）与原始体素灰度值相似的相邻体素被吸收到相同的物相中。随后，对新吸收的体素进行同样的处理，如果灰度值与原始值相似，则新同化体的相邻体素被同化为同一相。重复这个过程最终会形成一个由具有相似灰度值的体素组成的簇。从各相平均灰度值的体素开始，相邻灰度值大于各介质容差值的体素发生同化。对新吸收的体素重复此过程，直到没有体素可以被吸收为止。这样就完成了一个物相的识别。

采用实时 CT 扫描方法获取土石混合体的细观变形演化过程如图 4-10 所示。从图中可以看出，岩块在试样中是随机分布的，在物理性质上与土石混合体具有自相似性，说明重塑试样在研究其力学性能方面同样具有代表性。当轴向应变为 0% 时（加载前），试样不会发生损伤。从轴向应变为 1.612% 开始，特别是在应力应变曲线的应变软化阶段（见图 4-7），我们可以看到 CT 图像中存在大量的黑色区域。根据 CT 成像原理，低密度区域意味着样品中存在着高损伤物质，较低的密度反映了该区域的 CT 值较低的。土石混合体中低密度区暗示着变形局部化带的出现。在轴向应变为 2.639% 时，岩石块体周围较低的密度区域（黑色）清晰可见。随着变形量的增加，低密度区尺度急剧增大，尤其是在峰值后阶段。对于相同切片数的 CT 图像，可以观察到块石的位置和可见块石数量也发生了变化，一些石块逐渐消失，一些新的石块出现。此外，块石分布和大小对低密度区域的传播路径有较强的影响。由于岩块的互锁作用，在土石界面处发育有大尺寸孔隙，有的孔隙消失，有的演化成为宏观裂缝。图 4-10 中虚线圆圈代表典型的低密度区域。在这些位置形成变形局部化带，其中一些局部变形带将会演化成为宏观裂纹，即剪切破裂面。

采用前文提出的土石混合体三相物质细观结构提取方法，可以将岩石块体和裂缝从原始 CT 图像中分离出来，如图 4-11 所示。我们将每个 CT 切片的岩块与试样图中的裂缝重叠，提取结果如图 4-11 所示。可以看出，大部分裂缝是在块石周围萌生并绕过岩块扩展，最终在应力达到峰值时形成宏观的局部剪切带。

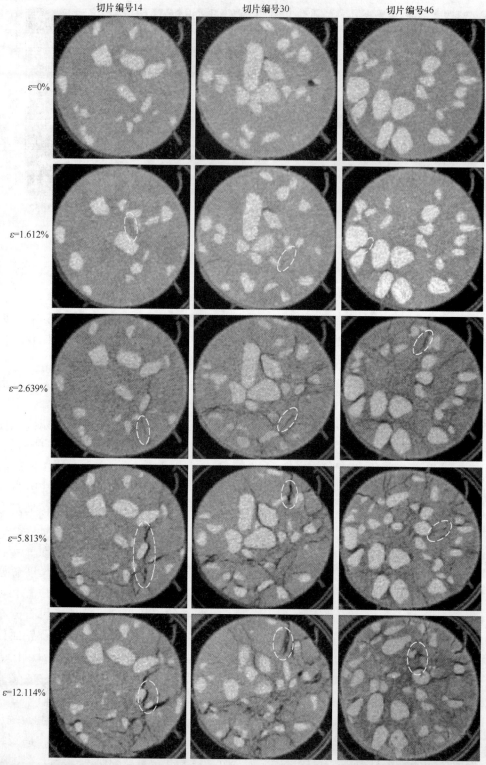

图 4-10　三轴变形过程中不同位置土石混合体的二维 CT 重建图像（虚线圆圈表示低密度区域）

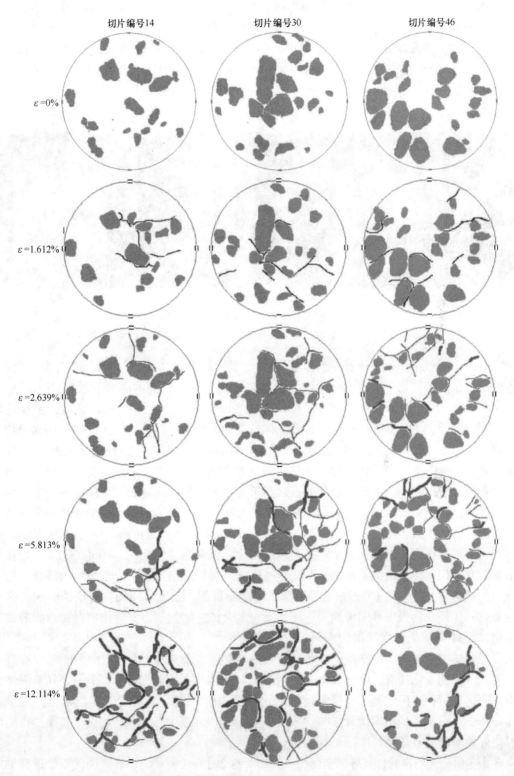

图 4-11 三轴压缩过程中裂纹和块石提取

通过将二维 CT 切片进行三维叠加，可以实现一个完整的三维体数据。图 4-12 所示为试验前得到的土石混合体试样三维重建图，可以清晰地看到试样由随机分布的岩块和相对均匀的基质土体两部分组成。从图 4-12 可以看出，为了施加围压作用，将土石混合体试样置于 Hoek 压力室中。图 4-12（b）所示为试样中的块石骨架，在空间上是混杂的，在试样中随机分布。如图 4-12（c）所示，土体基质包裹着岩块，与岩块相比，其组成和结构相对均质。

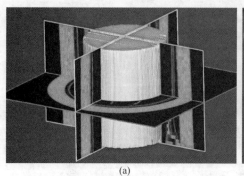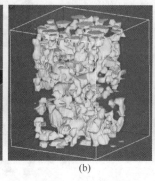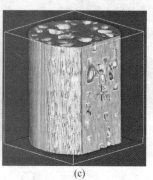

(a)　　　　　　　　　　　(b)　　　　　　　　(c)

图 4-12　试验前土石混合体三维重建

(a) 置于 Hoek 压力室内的试样重建；(b) 块石分离重建；(c) 土体基质重建

在变形过程中，由于块石与土体基体之间的刚性差异，在土石界面处首先发生破坏，首先出现拉裂缝。为了形象地显示试样中裂纹的扩展路径，图 4-13 分别绘制了轴向应变为 1.612%、2.639%、5.813% 和 12.114% 时的细观结构三维模型。可以看出，裂纹从块石中穿过，并向土体基体中扩展。岩石块体位置对裂纹扩展路径有较大影响。局部剪切带形成于土石界面，并随着变形的增加而发展。当局部变形带尺度达到一定程度时，最终形成宏观剪切断裂面。断裂面的形态受已有岩块的影响，呈现出一定粗糙度的曲面。从破裂面形态分析可以看出，土石混合体的破裂面不同于相对均质的岩石和土体材料。土石混合体的破坏模式更为复杂，受块石分布和形状的影响更为剧烈。加载过程中，累积裂纹体积随轴向应变的增大而增大，直至形成多个宏观断裂面。为了定量研究试样的渐进破坏过程，引入了损伤因子，损伤因子定义为裂纹体积与试样总体积之比。图 4-13（a）为相对轴向应变与损伤因子的关系曲线。在变形过程中，损伤逐渐累积，直至裂纹的结合。与一般岩土材料相比，三维 CT 扫描结果说明，裂缝面形态不连续，受现有岩块的影响。这一结果表明，传统的强度准则可能不适用于土石混合体，因为土石混合体中存在弯曲的破裂裂面，而莫尔-库仑强度准则为平面剪切破坏的情形。由于岩块与土体基体的相互作用，土石混合体中随着变形的增加，局部剪切带逐渐形成。图 4-13（b）所示为试样变形过程中岩块含量的变化情况，由于块体在加载过程中的运动，不同加载阶段块体的 CT 图像会发生变化；然而，但它基本上等于设计的含量石 30%。VBC 是块石的体积含量，这个指标是基于块石的体积图像统计，从体积含石量与应变的关系（见图 4-14）来看，我们可以更好地解释岩石块体在压缩过程中的运动和旋转。

为了研究土石混合体试样的空间裂纹分布，选取了一个平行于 XZ 平面的整个试样轴线上的参考平面，并将所有裂纹投影到该参考平面上。利用该方法，由二值图像计算出裂纹分布的走向玫瑰花图，如图 4-15 所示。由上升图可以看出，三轴向变形产生的裂纹相互作用的复杂性。从图 4-15 可以看出，裂缝主要由 166°和 210°两个方向的裂缝群组成，它们的夹角在 29°~33°和 46°~54°之间。从图中可以看出，剪切裂缝呈 X 模式扩展。

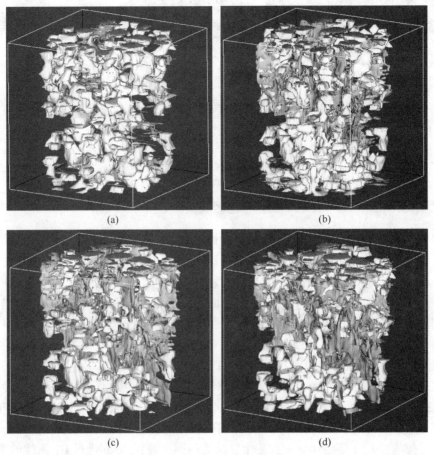

(a)　　　　　　　　　　　　　　(b)

(c)　　　　　　　　　　　　　　(d)

图 4-13　三轴压缩过程中块石和裂纹三维形态重构（绿色代表块石，紫色代表裂纹）

（a）轴向应变 1.612%；（b）轴向应变 2.639%；（c）轴向应变 5.813%；（d）轴向应变 12.114%

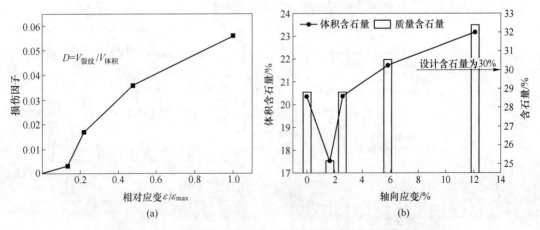

(a)　　　　　　　　　　　　　　(b)

图 4-14　三轴加载过程中同一扫描位置块石含量变化情况

（a）损伤因子与相对轴向应变的关系；（b）体积含石量与轴向应变的关系

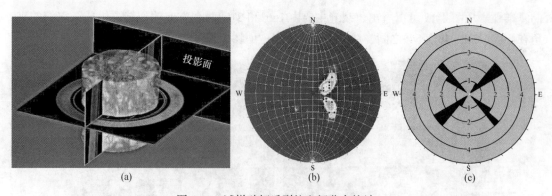

图 4-15　试样破坏后裂纹空间分布统计

（a）极射投影面确定；（b）裂纹走向等值线图；（c）裂纹走向玫瑰花图

4.1.3　低周循环加载条件下土石混合体损伤破裂演化分析

采用如图 4-1 所示的试验系统，对一路基土石混合体在循环加载条件下的细观结构演化特性进行研究，重点分析三轴循环加载条件下含石量对土石混合体结构劣化灾变过程的影响。试验过程中，首先将加载装置放置在旋转台上的 450kV 工业 CT 机的转台上，将土石混合体试样安装在加载装置上后，首先将含石量为 30%、40% 和 50% 的土石混合体试样在 60kPa 的围压下进行固结一段时间，以达到试样中各组相相对稳定的状态。以 0.2kN/步的轴向加载速率对试样进行加载，直到应力幅值为 0.763MPa（该值是静载条件下含石量为 30% 的土石混合体峰值应力的 0.86）（见图 4-16）；然后，卸载到轴向应力为 0 时的应力状态，循环加载方案对应的应力路径如图 4-17 所示[5,6]。加载和卸载过程大约需要 1min，并考虑到足够的孔隙水压力的耗散。图 4-18 所示为具体的 CT 扫描方案，CT 扫描仅对试样的顶部、中部和底部三个位置进行图像获取，初始扫描位置分别为 H = 65mm、50mm、35mm。针对每一次断层扫描，大约需要 1min 扫描一个样品的截面，需要 2min 进行 CT 图像的重建。在 CT 图像上，每个像素的放射密度可视化为网格上的灰度值，每个像素用 Hounsfield 值（CT 值）进行索引表示。该灰度具有动态范围，通过物质放射性密度的改变，可以探测到试样结构的改变，当土石混合体试样出现裂纹时，裂纹处呈现黑色。

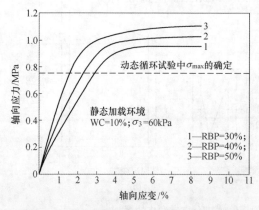

图 4-16　土石混合体静态加载应力应变曲线

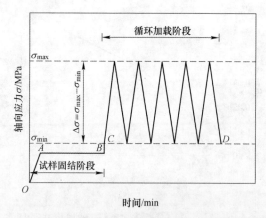

图 4-17　土石混合体循环加载应力路径

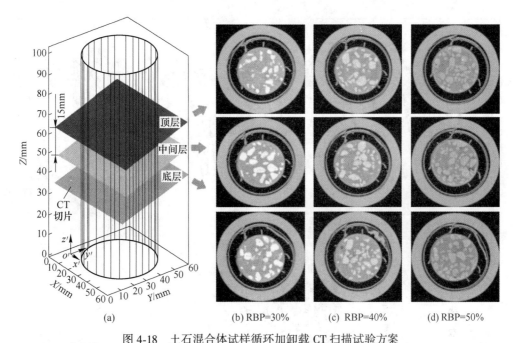

(a)　　　　　　(b) RBP=30%　　　(c) RBP=40%　　　(d) RBP=50%

图 4-18　土石混合体试样循环加卸载 CT 扫描试验方案

（a）初始扫描位置示意；（b）～（d）对于含石量（RBP）为 30%、40% 和 50% 试样的典型 CT 重构图像

在三轴循环加载试验中，对不同岩块含量（RBP）的试样进行了高应力幅值的循环加载。CT 成像过程中，每扫描一个 CT 断层大约需要 1min，重建一个 CT 图像需要 2min，因此得到一处 CT 切片图像大约需要 3min 时间。对于一个土石混合体试样，试验过程中总共使得到了 64800 个投影并执行了 6 次 CT 扫描，为此，应力应变曲线中每个 CT 扫描点需要 18min。在执行 X 射线 CT 扫描时，我们停止对试样加载，以避免土石混合体试样的移动。每完成一个 CT 扫描阶段后，以相同的加载速率对试样再次加载。需要注意的是，由于试样加载时采用的是位移控制方式，X-CT 扫描过程的各个阶段都会出现应力松弛现象。

试件经过 11 个加卸载循环周期（N），土石混合体试样的循环应力-应变曲线如图 4-19 所示。图 4-18 为 CT 扫描示意图，得到土石混合体试样中段的 X 射线 CT 数据（由下至上，初始位置为 65mm、50mm 和 35mm）。由于加载过程中试样在变形，每次扫描时 CT 图像的位置不是恒定的，而是随着试样的变形而变化的。因此，为确保每次 CT 扫描得到的是同一个切片的变形情况，在不同的扫描阶段调整相应的扫描位置和层间隔，从而尽最大可能保证同一扫描位置。土石混合体试样在变形过程中进行了 6 个 X 射线 CT 扫描时刻，对应的循环周期（N）标记为 0、3、6、7、8、10。

图 4-20 所示为不同含石量（RBP）下土石混合体试样变形过程的二维重建 CT 图像，图中仅给出了中间 CT 切片在不同加载时刻的重构图像。图 4-20 中展示裁剪截面是本研究的感兴趣区域，它涵盖了整个样本截面的有效区域。随着加载周数的增加，CT 图像中逐渐出现大量深色或黑色区域。根据 CT 成像原理，这些低密度区域的出现说明样品中出现了高度损伤。随着试样变形的逐渐增大，这些低密度区域最终演变成裂缝。从图中可以看出，裂缝在土石界面处起裂，并向土体基质中扩散，并且裂纹的传播路径受岩块分布的影响，在岩块高

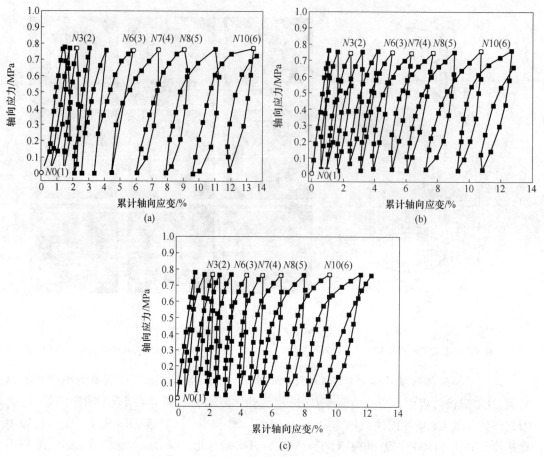

图 4-19   典型含石量（RBP）为 30%（a）、40%（b）和 50%（c）
土石混合体试样的循环应力-应变曲线

（在每条曲线上，6 个点执行 CT 扫描，标记为 1, 2, 3, 4, 5, 6, 7，相应的循环周数为 0, 3, 6, 7, 8, 10）

度集中的区域出现互锁现象，制约了裂纹的进一步扩展。此外，块石的分布决定了土石混合体试样的非均匀损伤特征，块石含量直接影响着土石混合体在循环荷载作用下的损伤劣化程度。随着含石量的增加，低密度区域的尺度和密度逐渐减小，当含石量为 50% 时，裂纹规模最小；然而，对于含石量为 30% 的试样，低密度区域的规模是最高的。

研究还表明，不同块石含量的土石混合体试样裂纹起裂的时间也不相同，并且受含石量的影响明显。对于含石量为 30% 和 40% 的土石混合体试样，裂纹在第 7 个加载周期时开始开裂；然而，对于含石量为 50% 的试样，开裂发生在第 6 个加载周期。这一结果与土石混合体结构有关：含石量高时，试样的土石界面随机分布规模较大，因为土石界面是试样内部最薄弱的区域，开裂的规模较多。有趣的是，尽管含石量为 50% 的试样开裂比其他两个试样要提前，但随着加载循环次数的增加，裂缝数量相对较少，这一结果再次强调了块石在土石混合体承受外部载荷时抵抗变形的重要性。在循环荷载作用下，试样的整体刚度随着含石量的增加而提高，塑性变形的演变受到岩块间互锁的影响，从宏观应力应变曲线中的滞回环演化过程，我们也可以得出类似的结论。

在土石混合体试典型切片中，从低密度区域的演化情况分析，当土石混合体试样出现

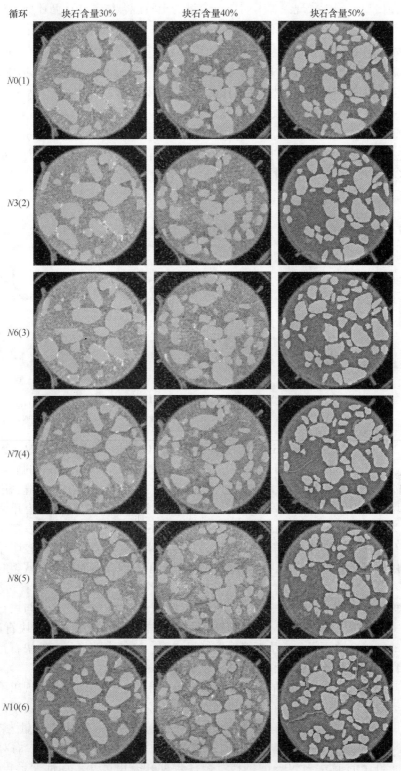

图 4-20 不同循环周数下土石混合体试样二维重构 CT 图像

(提取出来的块石用绿色表示，裂纹用紫色表示)

裂缝时，会出现体积膨胀现象，不同块石含量的土石混合体试样在循环加载过程中由剪切收缩到剪切膨胀的转变时刻是不同的，裂纹的起裂时刻也证明了这一结论。

在原始 CT 数据的基础上，采用一系列图像处理方法提取试样中的块石和随机分布的裂缝[7]。在裂缝和岩块提取过程中，为了更好地检测到目标边界，首先采用中值滤波算法，中值滤波是减少斑点噪声的一种极为有用的方法，可以减少样品中盐点和胡椒点噪声。该算法的边缘保持特性使其能够有效地检测出土石混合体中不规则裂纹等的模糊边缘，该滤波算法将每个输出像素的值作为对应输入像素周围值的邻域的统计中值进行分析。然后，利用边缘检测算法和统计分析方法得到裂纹的几何特征。图 4-21 所示为含石量为 50% 的土石混合体试样在第 10 个加载周期下 CT 底层切片中块石和裂缝的识别和提取结果。

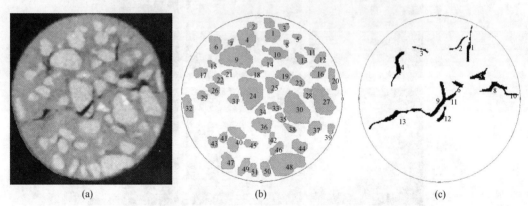

图 4-21　从原始 CT 图像中提取块石和裂缝
(a) 经过中值滤波的 CT 图像；(b) 块石识别和提取；(c) 裂纹识别和提取

图 4-22~图 4-24 所示为经过图像处理分割后的 CT 图像。由二值图像估算出试样中块石的含量，体积含石量（VBC）分别为 28.4%、37.7% 和 48.9%，相应的质量含石量分别约为 31.3%、42.4% 和 51.9%，与实验设计值基本一致。可以看出，裂缝密度随循环次数的增加而增加，含石量为 30% 和 40% 的土石混合体试样从第 7 循环开始开裂；然而，对于含石量为 50% 的土石混合体试样，开裂发生在第 6 个循环。同时可以发现，由于土石混合体内部存在块石，裂缝在与岩块相遇后，其传播路径受到岩块的影响较明显。块石之间的互锁作用限制了裂缝的扩展，这可能有助于提高土石混合体的强度。从裂缝形态分析可以总结出两类典型的裂缝特征：一种是主裂缝，主裂缝扩展到土基中，且裂缝长度较大；另一种被称为次级裂缝，它们中的大多数围绕着块石传播，裂缝的形态与块石的分布和形态密切相关。此外，由于块石周围的互锁作用，试样变形过程中会导致块石运动和旋转，一些已有的裂缝会被压闭合。从裂缝提取结果来看，试件中随机分布的块石是影响试件在循环荷载作用下细观开裂特性和滞回环演化的控制因素。

在相同的加载周期和给定的应力幅值条件下，土石混合体试样会呈现出不同的损伤演化程度。裂缝密度和规模随含石量的增加而减小，说明在土基中加入块石不仅提高了试件的整体刚度，而且改善了试样在循环荷载作用下的抗压性能。对于含石量为 30% 的试样，在第 10 个加载周期，试样内部分布有大量裂缝，裂缝长度和宽度较大；而对于相同循环加载周期条件下含石量为 50% 的试样，裂缝长度和宽度减小，局部变形没有含石量为 30% 的试样那样明显。这一结果表明，土石混合体作为一种特殊的地质材料，块石的存在可以提高其抵抗循环荷载的能力，同时也有利于土石混合体结构的稳定性。

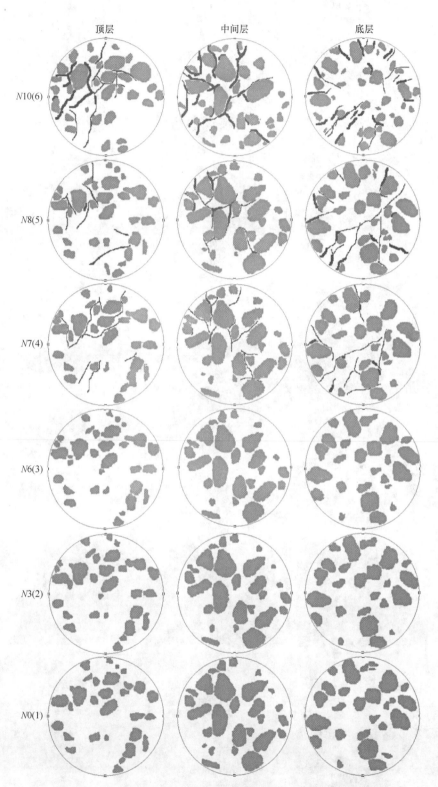

图 4-22 块石含量为 30% 的土石混合体试样块石和裂纹提取结果

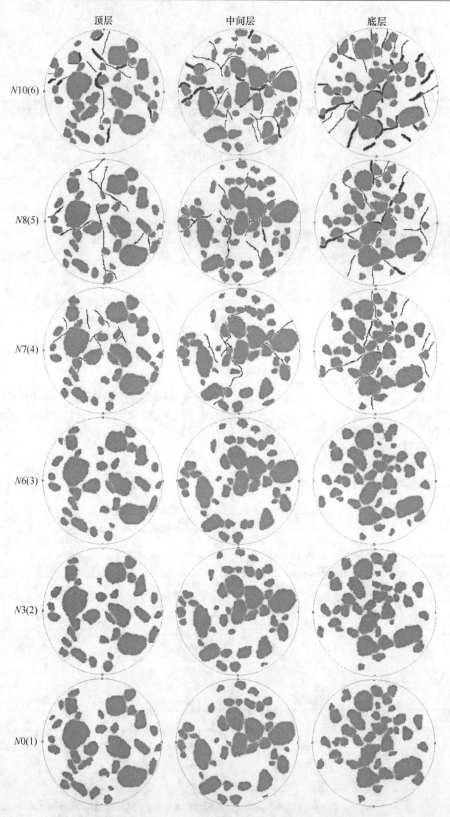

图 4-23　块石含量为 40% 的土石混合体试样块石和裂纹提取结果

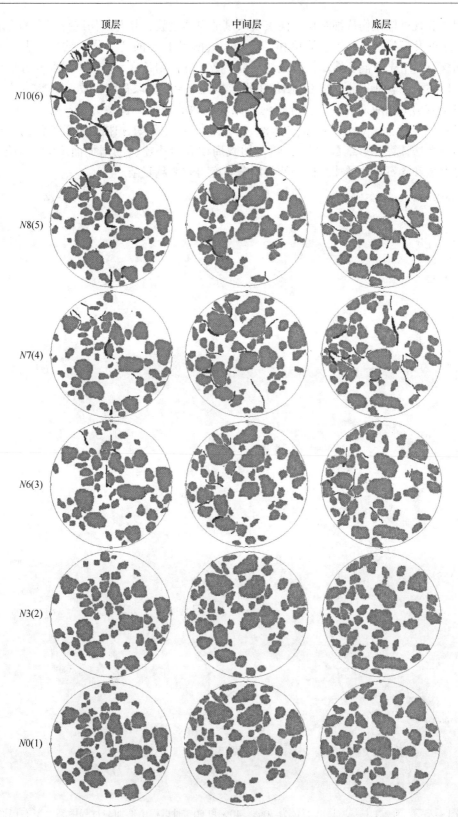

图 4-24 块石含量为 50% 的土石混合体试样块石和裂纹提取结果

　　为了实现试样损伤从细观尺度向宏观尺度的自然过渡，并对损伤进行识别和提取分析试样裂纹的几何特征是科学、简单和可行的。根据图 4-25 的裂纹分割结果，进一步计算了不同含石量下土石混合体试样裂纹的几何参数，并使用长度、宽度、面积和分形维数的参数来描述裂纹表征，分别从 CT 图像中提取裂缝，定量获取几何参数。图 4-26 所示为裂纹几何参数随加载周期的变化情况。随着循环次数的增加，裂纹长度、宽度和面积均减小。对 6 个关键点（$N=0$、3、6、7、8、10）进行 X 射线 CT 扫描，随着变形的增加，采用箱形计数法计算分形维数[8~10]，随着加载周期和岩块比例的增加而增大。结果表明，随着变形量和含石量的增加，试件的裂纹分布变得越来越复杂。

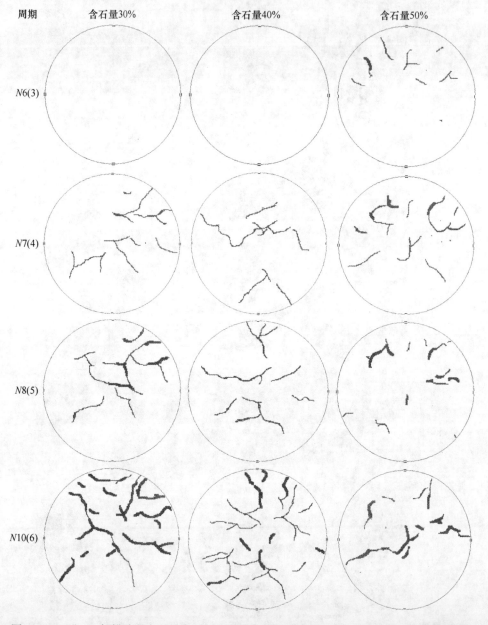

图 4-25　工业 CT 扫描阶段含石量为 30%、40% 和 50% 时试样中部加载过程中裂纹形态提取

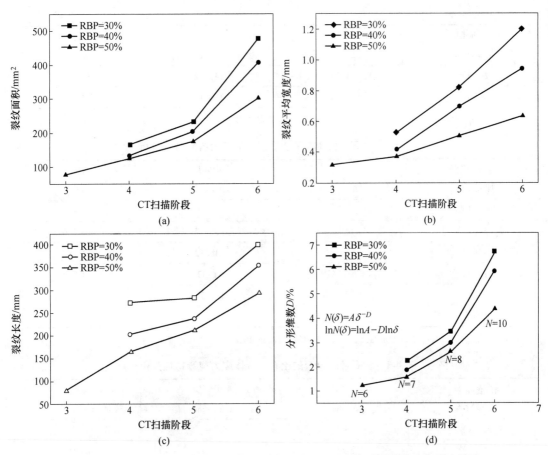

图 4-26 三轴循环荷载作用下不同块石含量的土石混合体试样裂纹几何形态描述

从试件的循环应力应变曲线可以看出，塑性变形随加载次数的增加而增大，随含石量的增加而减小。在相同的周期内，滞回环面积随含石量的增大而减小。循环应力应变曲线显示了试件在循环加载过程中的宏观应变响应。本节着重从细观角度分析了土石混合体的局部变形，研究了土石混合体的应力膨胀行为。CT 图像中低密度区域的传播间接反映了土石混合体的体积变化。试样的局部变形影响滞后环的形成。表 4-1~表 4-3 为三张扫描图像在不同加载阶段的切片面积。在同一周期下，特别是第 7 周期，CT 图像的部分区域随含石量增加，剪胀行为变得明显，由于体积膨胀而发生的试样变形更加剧烈，这表明循环应力-应变曲线将产生更大的滞回环。

表 4-1 含石量为 30% 的土石混合应力剪胀特性分析

循环周期/ （加载阶段）	顶层 $\Delta s / \text{mm}^2$	中间层 $\Delta s / \text{mm}^2$	底层 $\Delta s / \text{mm}^2$
0/（1）	—	—	—
3/（2）	8.387	38.51	5.477
6/（3）	9.685	58.037	16.012
7/（4）	19.142	70.77	43.252

循环周期/ (加载阶段)	顶层 $\Delta s/\text{mm}^2$	中间层 $\Delta s/\text{mm}^2$	底层 $\Delta s/\text{mm}^2$
8/(5)	34.102	142.428	86.735
10/(6)	264.584	316.177	359.309

注：土石混合体试样：围压 60kPa；含水量 11.7%；含石量 30%。

表 4-2　含石量为 40% 的土石混合体应力剪胀特性分析

循环周期/ (加载阶段)	顶层 $\Delta s/\text{mm}^2$	中间层 $\Delta s/\text{mm}^2$	底层 $\Delta s/\text{mm}^2$
0/(1)	—	—	—
3/(2)	6.942	7.637	10.166
6/(3)	17.078	38.12	12.982
7/(4)	51.741	71.373	59.706
8/(5)	73.52	117.781	129.394
10/(6)	209.023	225.675	250.08

注：土石混合体试样：围压 60kPa；含水量 11.7%；含石量 40%。

表 4-3　含石量为 50% 的土石混合体应力剪胀特性分析

循环周数/ (加载阶段)	顶层 $\Delta s/\text{mm}^2$	中间层 $\Delta s/\text{mm}^2$	底层 $\Delta s/\text{mm}^2$
0/(1)	—	—	—
3/(2)	5.685	5.318	8.304
6/(3)	10.537	56.892	31.25
7/(4)	42.622	85.233	47.974
8/(5)	55.701	97.558	107.662
10/(6)	192.15	206.737	208.348

注：土石混合体试样：围压 = 60kPa；含水量 = 11.7%；含石量 = 50%。

4.2　工业 CT 扫描在层状岩石破裂过程表征中的应用

层状岩体广泛存在于各类岩体工程当中，岩体经常遭受爆破、机械开挖等采动应力的扰动；同时，层状岩体中水力压裂增渗，水压致裂卸压，高压水射流金属薄矿脉开采均涉及岩体在扰动应力和高压流体致裂下的破裂行为。层状岩体强烈的结构非均质性和各向异性，表现出不同的结构破裂形态和失稳机理，本节重点从细观尺度出发，采用 CT 扫描技术对岩石在破裂过程中的细观结构演化过程进行识别、提取与分析。

4.2.1　实时微米 CT 扫描页岩损伤破裂机制分析

4.2.1.1　试验方法描述

页岩在轴向压缩过程中实时 CT 扫描采用的设备是蔡司 3D X 射线显微镜（ZEISS

Xradia Versa 520 3D X-ray microscope），通常称微米 CT。蔡司 Xradia Versa 520 微米 CT 具有采用了几何放大和光学放大结合的显微镜级放大构架（见图 4-27），光学放大通过选择 4 个不同放大倍数的镜头，电压变化范围为 30～160kV，成像最高分辨率可达 0.7μm，在微米级别同类仪器中分辨率最高。微米 CT 主要组成部分为 X 射线源、原位单轴压缩机和样品台及探测器三部分（见图 4-27）[11,12]。内部配备有原位单轴压缩试验机（Deben MICROTEST compression stage），采集应力应变数速率 3～10 个/s，最大加载压力 5kN，加载速率为 0.03～3.0mm/min。试验采用的页岩试样为圆柱形，尺寸为 5mm　10mm，试样描述见表 4-4。电镜扫描揭示岩石内部非均质性强，由孔隙、微裂纹、黄铁矿、石英矿物及有机质组成，在加载过程中，岩石内部细观结构的劣化将会导致室观力学性质发生变形，垂直和平行于层理面方向的电镜扫描结果如图 4-28 所示。

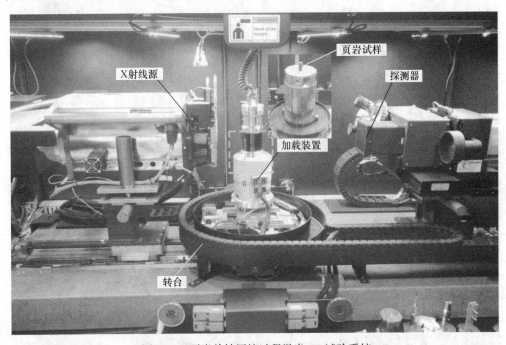

图 4-27　页岩单轴压缩过程微米 CT 试验系统

表 4-4　页岩样品特征描述

特　　征	数　　值
龙马溪组地层产状	产状：327°，倾角：36°
取样深度/m	20～30
密度/g·cm⁻³	2.62
孔隙率/%	4.2～5.5
层理倾角/(°)	0
矿物组成/%	石英（22.29），钠长石（12.25），钠钙长石（1.47），斜长石（33.29），方解石（2.06），白云石（1.95），伊利石-蒙脱石（5.61），黄铁矿（5.27），有机质（3.24）

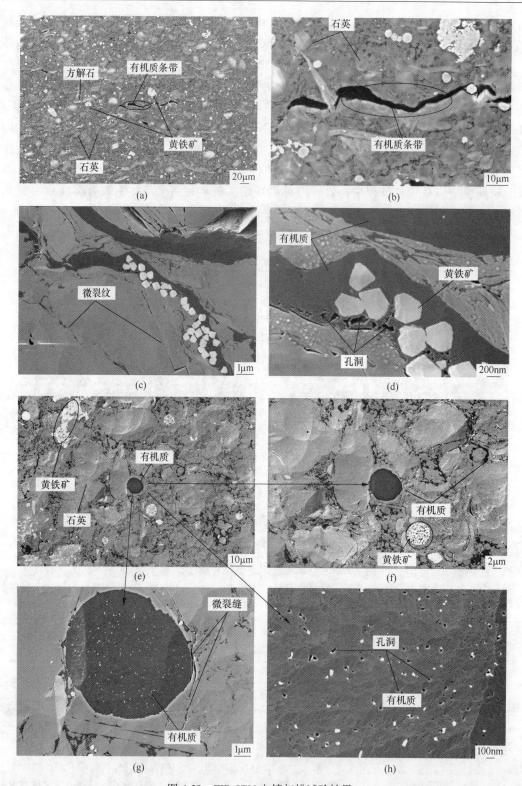

图 4-28　FIB-SEM 电镜扫描试验结果

（a）~（d）扫描方向垂直于层理面，放大倍数为 1000、2000、8000 和 30000 倍；

（e）~（h）扫描方向平行于层理面，扫描放大位数为 1000、2000、8000 和 30000 倍

4.2.1.2　微米CT扫描方案

本次实时微米CT扫描，电压为90kV，电流为89.9μA，在此环境下，空间分辨率为25μm×25μm×25μm，图像的最小像素尺寸为11.25μm。在整个加载过程中，试样以0.03mm/min的恒定速率加载，共加载5个阶段。黑色页岩具有超低渗透率（小于0.1μm^2）和低孔隙率（小于10%）特征，页岩样品属于强脆性材料。在压缩过程中，线弹性变形阶段的结构变化很小，因此不进行CT扫描。根据黑色页岩在单轴压缩条件下的宏观力学实验结果（见图4-29（a）），确定了微米CT测试的6个扫描阶段，其轴向应力分别为0、90.2MPa、113.1MPa、136.6MPa、156.3MPa和164.4MPa，如图4-29（b）所示。轴向应变分别为0、1.09%、1.32%、1.51%、1.67%和1.78%。每一次CT扫描大约需要40min。CT扫描时，停止轴向加载，保持轴向位移常数，避免试样因加载而移动。扫描结束后，再次以相同的加载速率开始轴向加载。由于应力松弛，可以看出在扫描点出现了应力下降现象。

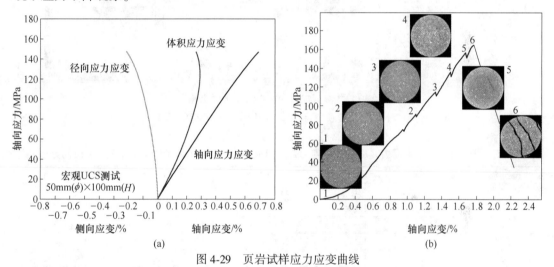

图4-29　页岩试样应力应变曲线

（a）宏观力学试验得到的应力应变曲线；（b）实时微米CT扫描过程中试样应力应变曲线，
进行了6个阶段的微米CT扫描，扫描阶段标记为"1"~"6"

4.2.1.3　损伤识别与扩展

采用式（4-8）~式（4-10）对加载过程中页岩细观损伤进行识别，公式针对页岩试样：$\rho_0 = 2.67\mathrm{g/cm^3}$，$\rho_a = 0\mathrm{g/cm^3}$，$Ha = -1000$，$m = 25\mu m$。实际上，X射线管和探测器的稳定性响应（如灯丝老化、检测器饱和等）对CT值有一定的影响。本书未考虑这些因素对CT值获取的影响，主要利用CT值表征页岩试样在不同加载阶段的损伤程度，以掌握细观损伤扩展特征。页岩破坏过程中裂纹演化情况如图4-30所示。

页岩试样的损伤演化特征见表4-5，当应力为0~90.2MPa时，平均CT值随正应力的增大而增大。在这一阶段，试样处于压缩状态，有机质、孔隙和微观结构等软物质被压实。当应力超过113.3MPa时，试样开始损伤、开裂，甚至裂纹扩展直至试样失效。平均CT值与损伤因子、轴向应变的关系如图4-31所示。

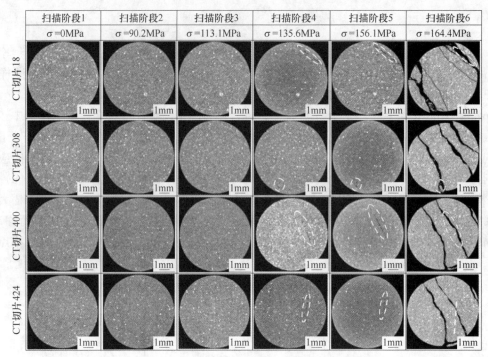

图 4-30　页岩试样原位 CT 扫描典型重构图像

(对每一个加载阶段，4 副图像用于描述损伤演化过程)

表 4-5　页岩变形过程中应力，应变，平均 CT 值和损伤因子 (4 个典型的 CT 切片用于损伤分析)

扫描阶段	σ_1/MPa	ε_1/%	平均 CT 值	损伤因子	破裂行为描述
1	0	0	3169. 250	0	无
2	90. 2	1. 09	3258. 233	0. 111	压缩
3	113. 3	1. 32	3097. 955	0. 134	损伤
4	135. 6	1. 51	2803. 212	0. 436	开裂
5	156. 1	1. 67	1498. 111	0. 763	裂缝扩展
6	164. 4	1. 78	174. 860	0. 973	试样破坏

4.2.1.4　细观结构演化分析

在每个 CT 扫描阶段，为了避免刚性压头对页岩试样成像分析的影响，选取中部一段页岩试样来研究裂缝演化和构造变化。因此，我们选择一个 5mm（直径）×8mm（高度）的圆柱体作为感兴趣区域（ROI）。采用原始体积 CT 数据，借助 CT 图像处理软件重建一系列三维图像，并保存为 8 位分辨率的原始体积数据。在得到页岩样品线性衰减系数的三维分布后，根据 X 射线 CT 成像原理，对 CT 图像中不同物质相赋予不同的灰度值，这样就可以完成裂纹和细观结构的提取。由于有机质和黄铁矿是页岩样品中两种最典型的物质，他们对 X 射线的衰减明显不同，在重构图像中，有机质的密度最低，SEM 图像表明有机质中也包含了很多孔隙，即图像中最暗的区域，而黄铁矿则对应于图像中最亮的区域。因此，我们不仅可以在同一样品中提取出较软的有机质（见图 4-32（c）），还可以提取出黄铁矿（见图 4-32（d））。在本书的研究工作中，我们侧重于有机质、黄铁矿和裂纹

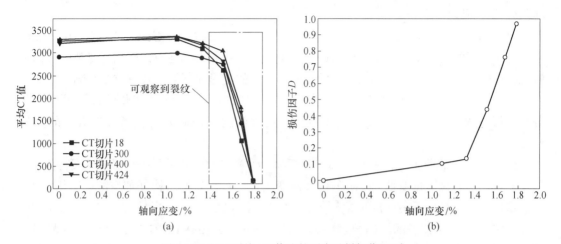

(a)　　　　　　　　　　　　　　　(b)

图 4-31　基于平均 CT 值法的页岩试样损伤识别

（a）加载过程中平均 CT 值与轴应变的关系；（b）损伤因子与轴应变的关系

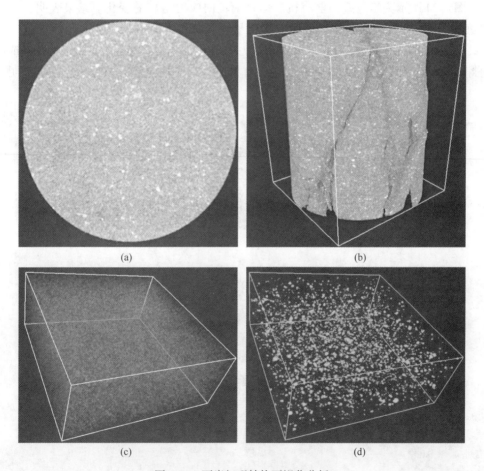

图 4-32　页岩细观结构可视化分析

（a）基于微米 CT 的 CT 图像精细化二维重建，可以观察到有机质（暗色）和黄铁矿（明亮）；

（b）页岩试样破裂后裂缝的 CT 数据；（c）加载前页岩样品中有机质体积数据（红色），

感兴趣区域水平尺寸为 4mm，高度为 1mm；（d）试验前同一页岩样品中黄铁矿（绿色）的体数据提取结果

演化分析，原因如下：

（1）有机质是一种软质物质，气体被吸附在其中，通过孔隙运移。有机质在施加法向应力作用下的结构变化不仅可以帮助我们了解沉积物的力学性质，而且可以帮助我们了解沉积物的渗透性。有机质的物理力学性质对页岩的变形和断裂模式有重要影响。

（2）黄铁矿具有高密度和导电介质等特点。硫铁矿含量与应力水平的关系有助于分析变形过程中的含水饱和度和电磁性质。通过监测黄铁矿的变化来反映页岩的力学性质。

（3）微裂缝的萌生、扩展和聚结有利于深入了解水力压裂过程中页岩的压裂行为。

页岩试样的总体积随轴向变形的增加而变化。相对柔软的结构（如空隙、有机物等）在压缩作用下总是会压实。Josh 等人[13]的研究结果表明，页岩的孔径通常在 50nm 以下。但在本实验中，CT 图像的空间分辨率为 $11.27\mu m \times 11.27\mu m \times 11.27\mu m$，因此精度范围超过了孔隙率的大小。从 FIB-SEM 成像结果（见图 4-28）可以看出，有机质中存在许多细小的孔隙。因此，我们通过分析有机质的变化来间接描述孔隙度的损伤演化，如图 4-33所示。图 4-34 所示为峰值应力前有机质体积随轴向应力增加的变化。结果表明，有机质体积随轴向载荷的增加而减小，表明有机质易压实。作者还进行了实时超声纵波速度测试，结果表明，纵波速度随着页岩试样正应力的增大而增大，这可能是由于软孔隙或微裂纹的封闭导致密度增大。从 CT 图像分析，有机质体积与轴向应力的关系进一步证明了这一现象。

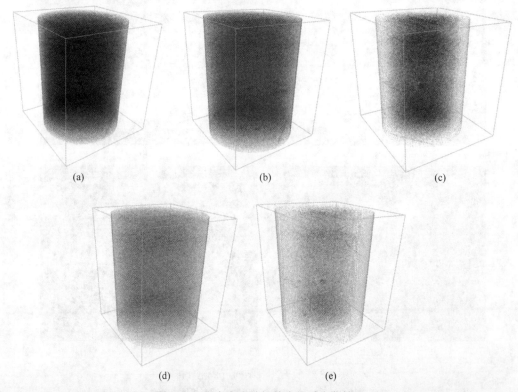

图 4-33　页岩变形破坏前有机质变化情况

（a）第 1 阶段，轴向应力 0MPa；（b）第 2 阶段，轴向应力 90.2MPa；（c）第 3 阶段，轴向应力 113.1MPa；
（d）第 4 阶段，轴向应力 135.6MPa；（e）第 5 阶段，轴向应力 156.3MPa

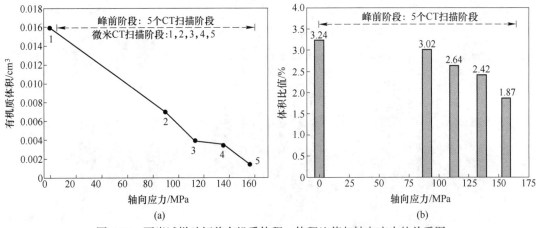

图 4-34　页岩试样破坏前有机质体积、体积比值与轴向应力的关系图

（a）有机质体积与轴向应力的关系；（b）有机质体积比与轴向应力的关系

还可以看出，在应力峰值前为 0MPa、90.2MPa、113.1MPa、135.6MPa、156.3MPa 时，有机质在空间分布随轴向应力的增大而发生变化，页岩样品中有机质呈均匀分布特点。在轴压作用下，虽然空间分布特征分散均匀，但体积比例逐渐减小，而且在应力为 113.1MPa 和 156.3MPa 时，有机质的空间分布集中在页岩样品的中部，造成这种结果的原因可能与试样中应力分布和破坏形态有关。在应力为 156.3MPa 时，试样内部开始形成潜在的破坏面，这一阶段可能出现明显的应力集中和应变局部化现象，从破坏形态（见图 4-35）可以看出，在轴向应力为 156.3MPa 时，破裂面呈 X 形，可以推断出在试样中部可能存在某一局部剪切带。

黄铁矿是一种广泛分布于页岩中的高密度、高电导率的矿物。通过电阻测井的结果，我们可以根据黄铁矿的含量来分析沉积物的含水饱和度。根据 CT 技术成像原理，该矿物在图像中灰度值最高，最亮。作为一种坚硬的矿物，与有机物相比，在加载过程中很难被压实。图 4-35 所示为图像分割后的黄铁矿的体积三维分布，其含量与应力的关系见表 4-6。可以看出，在不同加载阶段，黄铁矿的体积基本相同，只是相对位置在不同轴向应力下发生了变化。由于峰值应力时试样出现了大量裂纹，所以第 6 阶段的位置变化较其他阶段要更为明显。

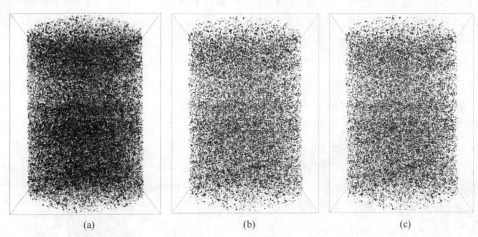

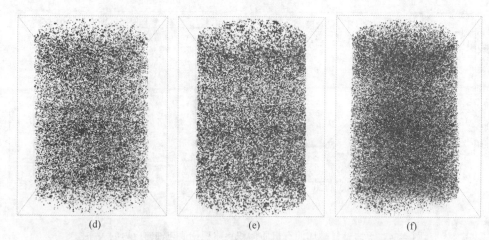

(d)   (e)   (f)

图 4-35   不同加载阶段页岩样品经过图像分割后黄铁矿的变化情况

(a) 阶段 1，轴向应力 0MPa；(b) 阶段 2，轴向应力 90.2MPa；(c) 阶段 3，轴向应力 113.1MPa；
(d) 阶段 4，轴向应力 135.6MPa；(e) 阶段 5，轴向应力 156.3MPa；(f) 阶段 6，轴向应力 164.4MPa

表 4-6   页岩变形过程中 6 个 CT 扫描阶段黄铁矿变化统计

CT 扫描阶段	感兴趣区域体积 $(x×y×z)$/mm×mm×mm	轴向应力 /MPa	轴向应变 /%	黄铁矿体积 /cm³	黄铁矿表面积 /cm²	质量比 /%
1	5.0×5.0×8.0	0	0	0.000746	2.252147	0.055635
2	5.0×5.0×7.99	90.2	1.09	0.000741	2.251165	0.053631
3	5.0×5.0×7.98	113.1	1.32	0.000738	2.243364	0.053134
4	5.02×5.02×7.98	135.6	1.51	0.000734	2.210034	0.052867
5	5.02×5.02×7.98	156.3	1.67	0.000735	2.220845	0.053653
6	5.0×5.0×7.97	164.4	1.78	0.000727	2.195568	0.054521

　　页岩是一种典型的脆性材料，由于其脆性高，常规压缩变形实验难以观察其内部微裂缝。在试验过程中产生的裂缝，在大多数情况下，破坏后用肉眼可以清楚地看到。然而，为了进一步了解内部裂缝形态，高分辨率 X 射线计算机断层摄影技术是帮助研究裂缝演化的好方法。在变形过程中，二维/三维的微破裂几何和分布知识对于预测岩石的力学和水力性能是至关重要的。利用微米 CT 扫描，首先观察了裂纹的扩展。图 4-36 所示为典型重构图像的页岩试样的渐进破坏过程。轴向应力小于 113.1MPa 时，未见裂缝，轴向应力达到 135.6MPa 时，页岩试样中可见微裂缝。这些微裂缝倾向于最大主应力，即加载方向。这些微裂缝一直延伸到试样的破坏。有趣的是，在 424 片中，微破裂没有形成宏观破坏面，而在 135.6MPa 的应力下，微破裂的破坏面形成。

　　图 4-37 显示了不同加载阶段页岩样品体积数据的三维分割图像。在本试验中，从图 4-37（a）~（c）可以看出，在前三个扫描阶段均未出现裂缝；在第 4 阶段（见图 4-37（d）），出现了微破裂，裂缝扩展到试样破坏为止。从图 4-37（f）可以看出，页岩试样的破坏模式为贯穿基质张拉破坏和顺层剪切滑动相结合。宏观破坏面在倾斜荷载方向 20°时出现，还可以清楚地看到，试样中存在两个主要的破裂面。裂缝由张拉裂缝开始，剪切裂缝通过 "X" 形相互作用发展并贯通整个试样，最终导致样品的破坏。由于页岩试样中层

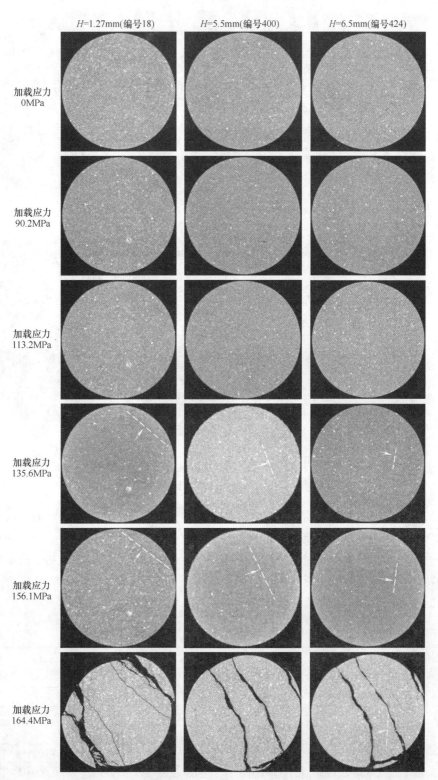

图 4-36　6 个加载阶段，切片编号为 18、400 和 424 的 2D 计算机断层重构图像，
对应的加载应力为 0MPa、90.2MPa、113.1MPa、135.6MPa、156.3MPa 和 164.4MPa

(a)　　　　　　　　　　　　(b)　　　　　　　　　　　　(c)
(d)　　　　　　　　　　　　(e)　　　　　　　　　　　　(f)

图 4-37　试样破坏过程中三维裂缝演化过程，在加载应力为 136.6MPa 时，
微裂缝开始出现，标记为蓝色

理面的存在及层理面间弱的黏结强度，使试样在无侧限应力状态下的变形向试样的侧向区域滑移，因此，宏观破坏面向径向倾斜。这些试验结果进一步证明了层理面是页岩地层中最弱的面，层状结构和层间弱胶结是控制页岩力学性能的主要因素。基于图 4-36，对裂缝几何特征进行定量分析，裂缝的几何形态统计见表 4-7。从第 3 扫描阶段开始，随着轴向应力的增加，试样中的裂纹的体积和表面积不断增大。

表 4-7　页岩破裂过程中 6 个加载阶段裂纹统计

扫描阶段	像素体积 $(x×y×z)$/mm×mm×mm	轴向应力 /MPa	轴向应变 /%	像素点大小	裂纹体积 /cm³	裂纹表面积 /cm²
1	5.0×5.0×8.0	0	0	0	0	0
2	5.0×5.0×7.99	90.2	1.09	0	0	0
3	5.0×5.0×7.98	113.1	1.32	0	0	0
4	5.02×5.02×7.98	136.6	1.51	13469	0.000019	0.026289
5	5.02×5.02×7.98	156.3	1.67	22636	0.000032	0.047719
6	5.0×5.0×7.97	164.4	1.78	6902590	0.009995	6.753461

注：对于第 6 加载阶段，裂纹体像素包括一些有机质成分在内，能过阈值分割很难将低密度的有机质筛选掉。

4.2.2　页岩各向异性破裂机制分析

受层理面影响，页岩地层的力学性质、强度特征和破裂模式均表现出明显的各向异性，在进行水力压裂施工设计及水平井井壁稳定性时应该将各向异性考虑进去[14,15]。虽然国内外对岩石强度和破裂模式的各向异性研究较多，但地层压力作用下（尤其是60MPa）页岩各向异性细观破裂模式的研究相对较少，页岩各向异性破裂模式及压裂裂缝空间构型的研究可对水平井井壁的稳定性分析和水力压裂裂缝形成演化提供理论依据。本节中页岩试样取自四川盆地重庆彭水页岩气区块储层自然延伸的石柱县漆辽海相志留统龙马溪组露头页岩。该地层为黑色-深黑色碳质页岩，薄层-中厚层平行交互，层理面发育。为了对各向异性进行研究，在取芯时钻取方向与层理面的夹角依次为 0°、30°、60° 和90°。CT 扫描采用的设备为中国科学院地质与地球物理研究所的 450kV 工业 CT 机，CT 扫描方法采用间断定位扫描，扫描方法如图 4-38 所示。

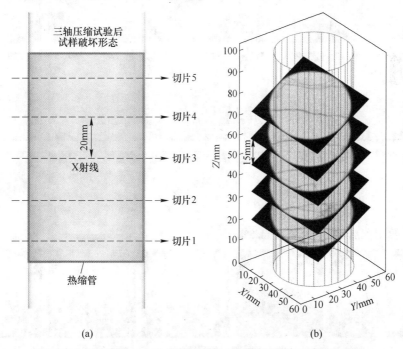

图 4-38　以围压为 10MPa 试样为例，破坏后试样 CT 扫描示意图，
扫描间距为 20mm 从试样顶部到底部

以层理面倾角为 0° 的试样为例，当加载围压取不同值时，图 4-39 所示为三轴试验后典型的二维重建 CT 图像，从图中可以清楚地看到其破坏形态和断裂形态。虽然顺层方向相同，但由于围压不同，破坏形态差异较大。从 CT 图像上看，低密度区域与骨折相对应，呈黑色。对于被测页岩样品，在低围压下，裂缝相对平顺，围压为 5MPa；但在高围压条件下，则会形成复杂的裂纹团簇，围压为 60MPa。剪切破裂面位置随围压的变化而变化。特别是在主剪切裂缝的基础上，还出现了一些随机裂缝。有趣的是，在三轴变形下，由于层理面的存在，也不是发生简单剪切断裂的情况。除了较大的剪切裂缝外，大量的随机裂缝与受激剪切面相互传递，形成复杂的裂缝网络。可以看出，围压为 10MPa 时，页

岩试样的裂缝分布最为复杂，除了层理面的裂缝外，还诱发了一些随机裂缝。在正应力和侧限应力的共同作用下，层理面易于被激发，并与其他裂缝相互交流。结果表明，增大实验围压并不会限制复杂裂缝网络的形成，页岩的裂缝形态不同于相对均匀的岩石。从 CT 图像可以看出，围压对复杂裂缝网络的形成有一定的影响。

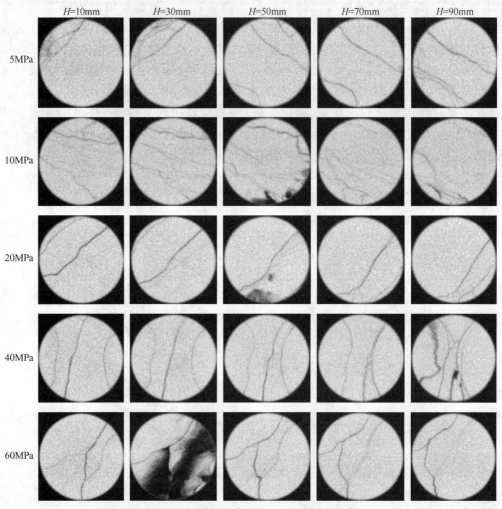

图 4-39　不同围压作用下页岩试样 CT 图像

　　为了实现页岩试样破裂过程从细观向宏观的自然过渡，描述裂缝形态，揭示裂缝网络形态，评价不同取向页岩试样的可裂性，需要对变形试样中受激裂缝的几何特征进行描述。首先，基于图 4-39 的原始 CT 图像，采用一系列数字图像处理方法对裂缝进行识别和提取。在裂缝提取过程中，为了较好地检测出目标边界，首先采用中值滤波算法。中值滤波能特别有用地减少斑点噪声、盐噪声和胡椒噪声。该算法的边缘保持特性使其能够有效地检测不规则裂缝和层理面等模糊边缘。该滤波算法将每个输出像素的值作为对应输入像素周围值的邻域的统计中值进行分析。然后利用边缘检测算法和统计分析得到裂缝的几何特征，如图 4-40 所示。图 4-41 显示了变形试样中清晰的裂纹形态和分布，然后根据裂缝的像素值计算裂缝面积。从图 4-41 可以看出，不同围压条件下，试样 CT 图像中的裂缝形态是不同的。在低围压条件下，试样容易发生剪切破坏，同时产生一些微裂缝。

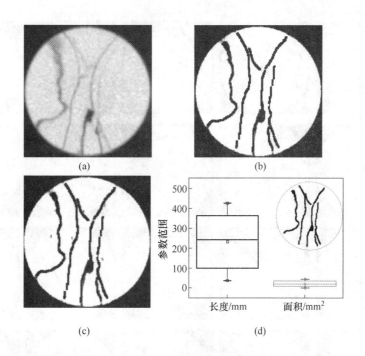

图 4-40 页岩试样裂缝几何参数统计
(a) 中值滤波处理；(b) 断裂提取；(c) 边缘检测；(d) 参数统计

引入了 2 个指标来表征页岩样品中可激活的裂缝网络的复杂性：

一是分形维数，用来描述裂纹的分布或复杂程度。在获得分形维数时，采用了经典的网格覆盖方法。基于盒数法的网格覆盖分析是测量裂纹分布分形维数最常用的方法，与其他方法相比，该方法简单可靠[7,9]。以典型 CT 切片为例，图 4-42 所示为围压 40MPa、扫描位置 90mm 时裂纹分布的分形维数。由此可以看出，盒数与盒尺寸间存在良好的相关性，分形维数为 1.338。图 4-43 所示为不同围压作用下的分形维数，可以看出裂纹的分布是最复杂的页岩样品对应于 10MPa 的围压。在轴向应力和围压的共同作用下，应力作用于层理面上，层理面上的应力分量很容易刺激层理面并形成新的裂纹，而围压为 5MPa 时，裂缝分布形态最为简单。从图 4-43 可以看出，裂缝分布的复杂程度大致随着围压的增大而增大，这与我们的常识不一致，因为以往的研究认为在低围压条件下，如单轴压缩条件下，裂缝分布的复杂性最大[16,17]。本书的试验结果再一次印证了页岩中层理构造对页岩缝网形成演化的影响，在高围压作用下（深埋深应力）页岩会产生大量复杂的裂缝网络，从而可以指导页岩甜点区预测和压裂设计。

二是可激活的裂缝密度（stimulated fracture density，SFD），通过试验机来反映机械作用下样品的破裂性能。根据页岩中提取的裂缝，利用数字成像方法可以得到裂缝的总面积，可激活裂缝密度，即定义为激活裂缝的面积与 CT 切片面积之比。图 4-44 所示为页岩样品在不同围压作用下的裂缝密度变化。可以看出，随着围压的增加，激活裂缝密度增加，在较高围压下，可以产生更多的裂缝。特别是围压为 60MPa 时，激活了大量的层理面，从而易形成复杂缝网。

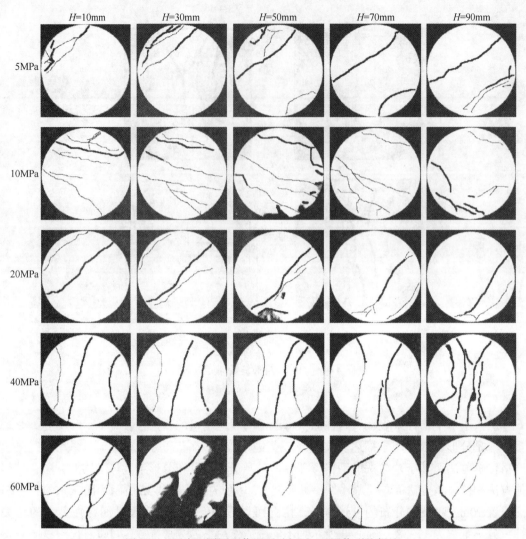

图 4-41　页岩不同围压作用下破坏后 CT 图像裂纹提取

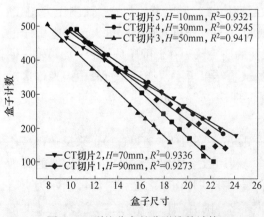

图 4-42　裂纹分布的分形维数计算
（以围压为 5MPa 的试样为例）

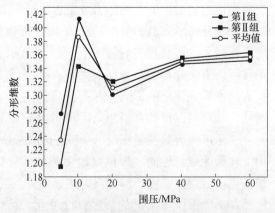

图 4-43　页岩破坏后裂纹分布的分形维数
与加载围压的关系

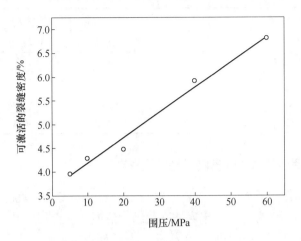

图 4-44　可激活的裂缝密度与围压的关系

为了研究页岩各向异性对破裂形态的影响，以围压为 60MPa 时页岩试样为例，层理角度为 0°、30°、60° 和 90° 时试样的 CT 扫描图像，如图 4-45 所示。裂纹几何形态特征描述见表 4-8。

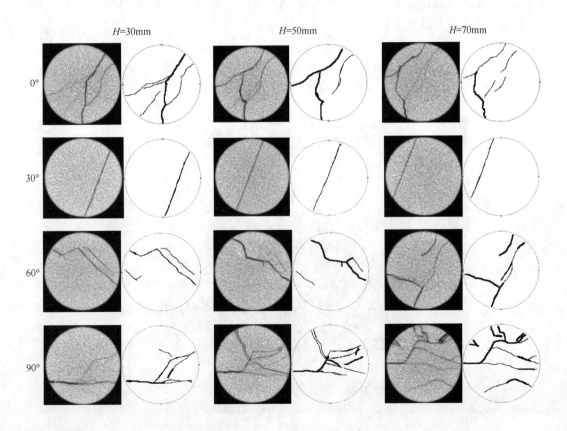

图 4-45　不同取样角度的页岩试样三轴压缩破坏后 CT 切片

表 4-8　不同层理角度页岩破裂形态描述

层理角度/(°)	裂纹形态	裂纹尖端数量	裂纹个数	裂纹密度	释放的能量/J·m⁻³
0	一些，弯曲状	一些	一些	0.28231	1.217
30	单一，光滑，平直	少量	少量	0.03037	0.523
60	少量，弯曲状	一些	一些	0.24901	1.501
90	大量裂纹，弯曲状	大量	大量	0.40231	1.781

4.2.3　互层结构大理岩单轴压缩各向异性破裂形态表征

试验所用岩石为白云质夹层大理岩，取自安徽省李楼铁矿 -400m 埋深的巷旁矿柱，矿床以层状、似层状产出为主，矿床岩体互层结构清晰，为青灰色基质与白色夹质频繁交互组成。XRD 衍射试验进一步表明，基质部分由石英、方解石、赤铁矿和透闪石等矿物组成，呈细粒晶状结构，粒度 0.5~1mm，含量 65%~75%；夹质部分由成分单一的白云石矿物组成，呈细小脉状，白色粉粒粒状变晶结构，粒度 0.2~0.5mm，含量 25%~35%。为研究互层状岩体的各向异性特征[18]，分别将取回岩样钻取 0°、15°、30°、45°、60° 和 90° 倾角的圆柱体标准试样，岩样尺寸直径为 50mm，高度为 100mm，端面平行度小于 0.02mm。钻芯角度 β 为钻取方向与互层之间的夹角，0° 倾角为钻取方向平行于互层面，90° 倾角为钻取方向垂直于互层面，如图 4-46 所示。

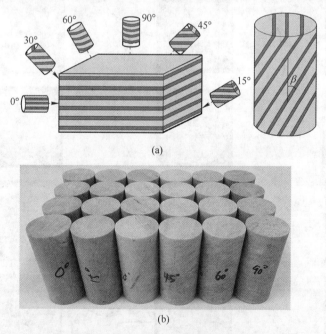

(a)

(b)

图 4-46　钻芯取样示意图和大理岩试样
(a) 不同倾角取心；(b) 不同倾角大理岩试样

力学试验在美国 GCTS 公司生产的 RTR-2000 电液伺服控制岩石力学试验机上完成，

加载过程采用轴向位移控制，加载速率为 0.06mm/min，采用 LVDT 变形量测系统实时记录试样破坏过程中的轴向和径向变形。试样破坏后，采用 450kV 工业 CT 机对试样内部破裂形态进行扫描，以建立岩石裂纹空间形态与宏观力学参数的关系。岩石的应力-应变曲线如图 4-47 所示。

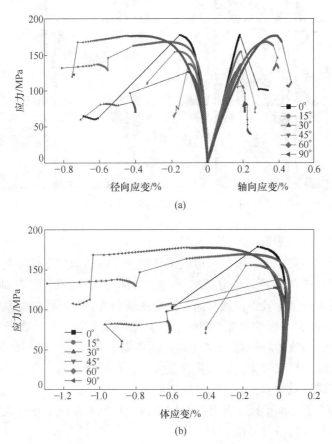

(a)

(b)

图 4-47　互层状大理岩应力-应变曲线
（a）岩石轴向和径向应力-应变曲线；（b）岩石体积应力-应变曲线

为了更加深入了解互层状结构对岩石破裂形态和能量演化特性的影响，本书对破裂后的岩样进行了工业 CT 扫描，分别获取了试样高度 30mm、50mm 和 70mm 这 3 个横切断面的 CT 图像，如图 4-48 所示。从 CT 图像可以较清晰地分辨出岩样内部的损伤裂隙及其分布情况。观察可知，0°和 15°岩样的裂纹产状为若干个平行裂缝，这些平行裂缝将岩样劈裂为若干个平行相间的板状岩体；30°和 45°岩样的裂纹产状为单一的线状贯穿裂缝，这一贯穿裂缝将岩样劈裂为 2 个大小不一的半圆形岩体，可知圆柱体试样被分裂成了 2 个斜状块体；60°和 90°岩样的裂纹产状为纵横交错的折线状裂缝，裂缝弯曲多折，将岩样劈裂为许多大小不一的散碎状块体，破裂程度最高。从而可知，层状岩样破坏的内部裂纹产状与受力方向的倾角密切相关，随着互层倾角的增加，裂纹产状依次表现为多条平直裂缝、单一贯穿裂缝和多条弯折裂缝。

表 4-9 所列为岩样破坏形态的 CT 参数和破裂模式情况，显然，这些裂缝形态从侧面

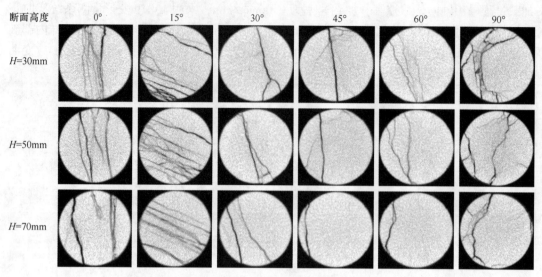

图 4-48　岩样破坏后的 CT 扫描形态

也反映出岩样破坏所需能量的差异。裂纹的扩展需要能量做功,在裂纹的尖端扩展中,裂纹尖端逐渐蓄能,达到储能极限后便形成张开裂缝,即能量演化受尖端裂纹吸收集聚应变能和裂纹张开释放耗散能共同决定。30° 和 45° 岩样的内部裂缝平直,周边岩质完好,尖端裂纹数和裂缝张开数均较少,则其储存的应变能和可释放的耗散能就较少,其破坏所需能量就很少;0° 和 15° 岩样的内部裂缝平直,尖端裂纹数很少,裂缝张开数较多,则其储存的应变能较少,释放的耗散能较多,其破坏所需能量中等;60° 和 90° 岩样的内部裂缝为弯折裂缝,尖端裂纹数较多,缝纹张开数较多,则其储存的应变能和释放的耗散能就较多,其破坏所需能量就较多。综上,从岩样的宏观破裂形态、内部裂纹产状与岩样破坏所需能量可知,这三者之间形成了良好的对应关系,从侧面反映了互层状大理岩压缩过程中破坏能量和破裂特征的各向异性。

表 4-9　岩样破坏形态的 CT 参数和破裂模式

互层倾角/(°)	尖端裂纹密度/mm^{-2}	张开裂纹密度/mm^{-2}	裂纹形状	破裂模式
0°	0.3565	0.6112	平直 "I" 型裂纹	劈裂张拉
15°	0.4584	0.8149	平直 "I" 型裂纹	劈裂张拉
30°	0.0509	0.2546	平直 "/" 型裂纹	剪切滑移
45°	0.1528	0.1528	平直 "/" 型裂纹	剪切滑移
60°	0.3565	0.3056	弯折 "X" 型裂纹	张剪基质和夹层
90°	0.7639	0.4584	弯折 "X" 型裂纹	张剪基质和夹层

4.2.4　互层结构大理岩三轴疲劳-卸围压条件下破裂形态表征

　　岩体的力学行为依赖于加载路径与受力环境,由于很多岩石工程问题(如开采扰动、爆破震动、地震等)与循环加、卸载条件密切相关,其强度和变形特性明显不同于静态单调加载条件;加之地下岩体所处的应力应变环境极其复杂,任何形式的工程开挖,都会破坏原有的力学平衡，使岩体某一方向的应力或应变得到释放产生新的变形，甚至断裂、破碎。因此，深入了解岩石的疲劳特性和卸荷特性对于指导工程设计具有重要意义。针对金属矿深部大理岩试样设计了一组不同疲劳循环次数下的卸围压力学试验，重点分析其受力全过程，包括疲劳阶段、卸围压阶段中的损伤特征；同时，采用工业 CT 扫描技术获取岩石破裂后的内部微观结构形貌，以进一步认识特定路径下岩石的变形规律和损伤破坏特征[19]。

岩石试样基本物理特性与 4.2.2 节中相同，本节对自然取心条件下岩石的三轴疲劳-卸围压力学行为进行深入分析。试验加载示意图如图 4-49 所示，应力-应变曲线如图 4-50 所示。加载路径分为三个主要阶段：静态加载阶段、动态疲劳阶段和卸围压阶段。

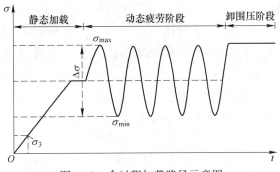

图 4-49　全过程加载路径示意图

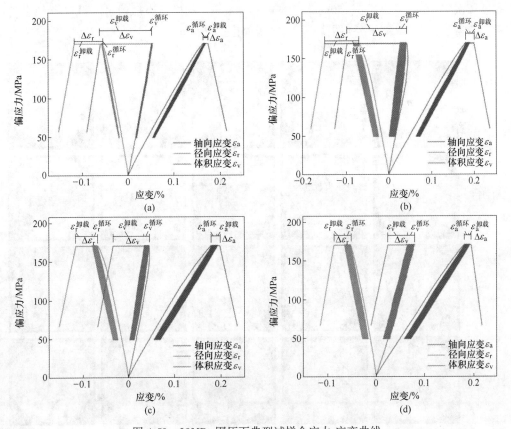

图 4-50　20MPa 围压下典型试样全应力-应变曲线

（a）M20-1 试样；（b）M50-1 试样；（c）M80-1 试样；（d）M100-1 试样

（1）静态加载阶段：首先将岩石试样加载至初始应力和初始围压，静态加载速率为 0.06mm/min，初始应力为正弦波起始应力 110MPa，初始围压为 20MPa。

（2）动态疲劳阶段：大量研究表明，影响材料疲劳损伤的因素很多，包括应力上下限、频率、幅值、加载波形和循环次数等，其中应力上限和应力幅值是影响材料疲劳力学性能的两个首要因素，可以说材料的承载极限越低，外加的上限应力水平越高，材料的疲劳寿命就越短。而周期循环一般又可设置为低周循环（循环次数低于 10^4 次的疲劳现象）和高周循环（循环次数超过 10^4 次的疲劳现象)[20]，考虑到卸围压试验阶段，本次试验采用低周循环加载方式，并以高于常规三轴压缩曲线的体积扩容点的应力值为循环上限应力，本次试验大理岩的常规三轴压缩的平均扩容应力为 146.83MPa（见图 4-50）。则最终确定以正弦波加载波形，以密封罐腔体围压 20MPa，循环上限应力值 170MPa，循环下限应力值 50MPa，应力幅值 120MPa，加载频率 0.05Hz，分别开展 20 周、50 周、80 周和 100 周不同周期数的疲劳荷载试验。

（3）卸围压阶段：待轴向应力恢复到上限应力值 170MPa 后，保持轴向应力不变，开始以速率 0.05MPa/s 卸围压，直至试样发生破坏。

试验使用 450kV 高能工业 X 射线 CT 机，试验机空间分辨率为 $83\mu m \times 83\mu m \times 83\mu m$，最小像素点为 $80\mu m$，采用线振探测器对三轴压缩试样内部细观结构进行 CT 扫描，得到二维断面图像。CT 射线具体扫描方案为：对每个试样进行 5 等分高度的扇形 CT 扫描，扫描高度依次为 10mm、30mm、50mm、70mm 和 90mm，扫描结束后通过降低噪点和去伪影技术，获得了高分辨率的微观图像，成像结果如图 4-51 所示。

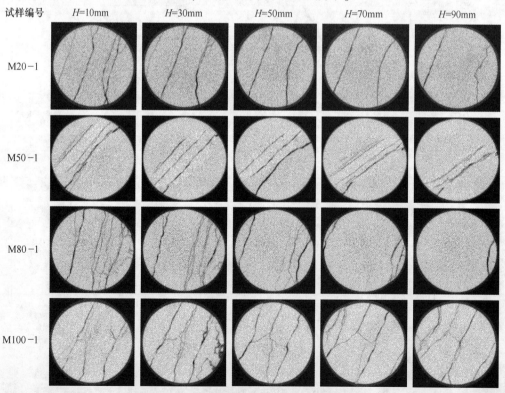

图 4-51　破坏岩样五个扫描层的 CT 图像

在图 4-51 岩样破坏后的二维断面 CT 扫描图像中，可以比较清晰地分辨出不同岩样内部的损伤裂隙及其拓展发育情况，图像越亮表示密度越大，图像越暗表示密度越小，其中岩石材料密度最大，在图中表现为灰色；裂缝、孔隙的密度最小，表现为黑色。由 CT 扫描图像可知，由于疲劳阶段正弦波形振动的影响，不同疲劳次数的岩样在完全破坏后，其内部裂纹的产状存在由平直裂纹向弯折裂纹过渡的趋势。疲劳次数较少时，裂纹数目较少，裂纹产状平直且多呈平行关系；随着疲劳次数的增多，裂纹数目增加，裂纹产状弯折且多呈树状分岔形态。从而可知，岩石裂隙损伤的发育程度与试验疲劳次数呈正比例关系，疲劳次数越多，岩样损伤程度越大。

对图 4-51 中裂缝信息特征信息进行量化处理，具体为运用计算机程序处理切片图像的裂纹像素点灰度信息，通过量化平均，分别得到单张 CT 切片的几何特征参数信息，包括平均裂纹长度、平均裂缝面积和裂缝面密度，见表 4-10。在表 4-10 所列的特征参数中，切片的几何特征信息可理解为裂缝的扩展和发育程度大小，几何特征参数值越大，表示裂缝发育程度越充分、岩石的损伤劣化程度越大。这种损伤劣化程度的 CT 量化信息从侧面揭示出疲劳损伤对岩石破坏进程的影响。

表 4-10　基于 CT 扫描的试样破裂后裂纹形态描述

试样编号	直径/mm	切片面积/cm²	单张切片平均裂缝长度/cm	单张切片平均裂缝面积/cm²	裂缝面密度 φ/%	裂纹形态
M20-1	49.62	19.34	10.25	0.642	3.32	裂纹平直，数目较少
M50-1	49.34	19.11	14.84	0.929	4.86	裂纹平直，数目较少
M80-1	49.76	19.45	16.21	1.015	5.22	裂纹弯折，裂隙分岔
M100-1	49.59	19.31	18.03	1.129	5.85	裂纹弯折，裂隙分岔

4.3　工业 CT 扫描在废石胶结充填体损伤破裂过程中的应用

深部矿山绿色开采已成为当前矿山开采的大趋势，做到"尾砂不入库，废石不出坑"，就基本实现了无废开采，就夯实了建设生态矿山的基石。废石胶结充填体应用于矿山充填是实现矿山无废绿色开采行之有效的途径。废石胶结充填体作为尾砂材料与废石的介质耦合体，具有强烈的非均质性、非连续性和非线性特点，其变形破坏规律及力学性状区别于全尾砂胶结充填体，具有复杂的结构控制特性，常规的岩土力学试验和理论分析难以适用，有关废石胶结充填体细观变形破坏机理及定量化描述未曾有系统的研究。本节围绕安徽李楼铁矿高阶段废石胶结充填体损伤破裂全时程演进的可视化、数字化表征这一关键科学问题，采用宏观力学试验和实时 CT 扫描试验相结合的手段，揭示废石胶结充填体在力场作用下的宏细观机制，精细刻画废石胶结充填体破裂过程中的非线性物理变化及力学行为，阐述废石胶结充填体破裂过程中结构损伤弱化的时效灾变机制，厘清废石胶结充填体损伤破裂的结构控制机制[21~23]。

4.3.1　单轴压缩作用下废石胶结充填体损伤破裂过程分析

4.3.1.1　试验方法与试样制备

试样采用的细骨料为李楼铁矿的全尾砂（见图 4-52），粗骨料选用李楼铁矿的大理岩

图 4-52　金属矿全尾砂取样，用于废石胶结充填体试样的制备

废石，胶结剂为胶固粉。设计胶固粉和全尾砂充填料浆的灰砂比根据李楼矿山常用配比采用 1∶8，设计浓度约为 75%，设计废石含量（质量分数）分别为 0%（纯尾砂）、30%、50% 和 70%。废石粒径的确定根据土工试验规程标准，对于压缩试验，最大直径不得超过试样直径的 1/5。对制备好的试件进行 28d 养护，制备试样共 30 个，如图 4-53 所示。对于制备好的试样采用扫描电子显微镜（SEM）得到其矿物成分及微观结构，得到的图像如图 4-54 所示。

（a）　　　　　　　　　　　　　（b）

图 4-53　废石胶结充填体试样制备
（a）试样养护；（b）养护好的充填体试样

　　本试验采用 450kV 高能工业 CT 设备来获取单轴压缩下的废石胶结充填体试样内部细观结构 CT 扫描图像。工业 CT 采用先进的高频恒压 X 射线源、数字成像探测器以及高精度机械检测平台，能精准展现被扫描试样的 CT 断层及三维图像。为了克服在高能 CT 机上进行试样扫描成像过程中常规的加载装置对图像质量的影响，本试验设计了一套与工业 CT 机配套的便携式加载装置，主要由工业 CT 机和加载装置组成，装置如图 4-55 所示。考虑到充填体的强度较大，试验装置进行了改进，反力框架由低密度高强度有机玻璃（PMMA）制成，这种材料具有良好的强度与刚度特性，在受力时变形相对较小，加载装置和位移控制系统采用无线智能操控，解决测试时测量连接系统在 CT 转台上旋转过程中的线路缠绕问题。

图 4-54　尾砂胶结充填体样品的尾矿浆料电镜扫描结果

（a）放大 112 倍；（b）放大 137 倍

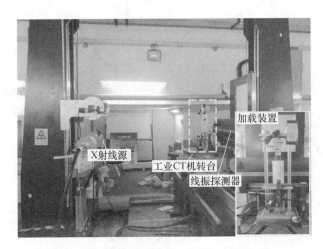

图 4-55　废石胶结充填体原位 CT 扫描试验系统

4.3.1.2　CT 扫描方案

试验过程中，首先将加载设备放置在工业 CT 机的旋转工作台上，然后再将制备好的试件置于加载设备中。启动加载设备，以 0.1kN/s 的恒定速率施加轴向荷载，直至达到峰值强度；达到峰值强度后，用 0.3mm/s 加载速率的控制载荷。在试样加载破坏前，可以对试样持续进行应力加载，CT 扫描过程中停止加载，使试样保持在静止状态。在一次 CT 扫描之后，再以相同的速率再次加载试样。CT 扫描阶段参照宏观单轴压缩的应力-应变曲线确定，为了确保测试数据的可比性，所有试样均以相同的应变比来确定扫描阶段，即在同一扫描阶段，不同试样的轴向应变 ε_x 与峰值应变 ε_p 之比相同。本次试验不同扫描阶段的应变比分别选择为 0、0.5、0.8、1.0 和 1.5。不同废石含量的土石混合体试样 CT 扫描方案见表 4-11，定义应变系数 K 为扫描时刻对应的应变值与各试样峰值应变的比值，$K<1$ 为峰前扫描阶段，$K>1$ 为峰后扫描阶段。典型试样不同 CT 扫描阶段如图 4-56 所示。

表 4-11　不同废石含量胶结充填体 CT 扫描方案

扫描阶段	K	WBP = 0%	WBP = 30%	WBP = 50%	WBP = 70%
1	0	0	0	0	0
2	0.5	0.725	0.576	0.488	0.521
3	0.8	1.160	0.922	0.7816	0.833
4	1.0	1.451	1.153	0.977	1.042
5	1.5	2.176	1.729	1.4655	1.563

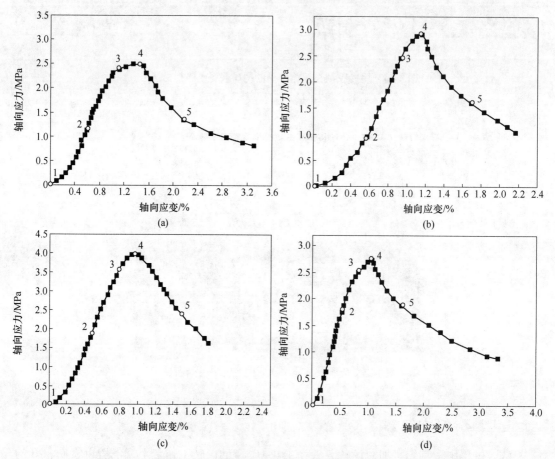

图 4-56　不同废石含量的充填体试样应力-应变曲线及典型 CT 扫描时刻

（a）WBP = 0%；（b）WBP = 30%；（c）WBP = 50%；（d）WBP = 70%

　　从图 4-56 可以看出，试样的轴向应力-应变曲线的形状和变形特征受到废石含量的影响，从曲线可知，在峰值应力后应变软化发生，但由于试样中存在岩石块应力并未降低至零，说明在全尾砂充填浆料中添加废石能够提高充填体的残余强度。还可以从轴向应力-应变曲线中发现试样的强度首先随着废石含量的增加而增加，并且当废石的质量分数达到50%时的试样强度达到最大值，该结果表明废石在试样中起到的骨架作用能够提高试样抵抗压缩变形的能力。当废石的质量分数达到 70%时，由于废石块之间的胶结作用降低，导致试样的抗压强度也降低。

　　CT 扫描数据取自废石胶结充填体试样的三个中心截面，初始位置依次为 35mm、50mm 和 65mm，从底部到顶部，如图 4-57 所示。扫描样本的单个横截面大约需要 1min，重建 CT 图像则需要 2min。对于一个示例，总共 54000 个项目视图和 5 次累积，在应力-应变曲线的加载阶段需要大约 18min。当 X 射线 CT 扫描进行时，我们停止加载，以保持废石胶结充填体样品在一个固定的状态。加载阶段 CT 扫描一次后，以相同的加载速率再次加载。需要注意的是，应力-应变曲线上的每个扫描点都会出现应力松弛现象，因为在扫描过程中轴向位移是固定的。

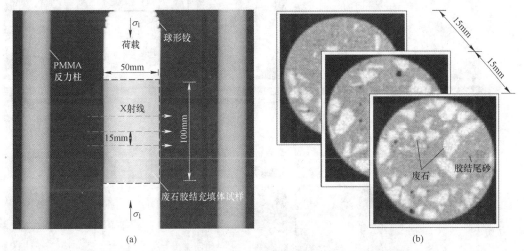

图 4-57　废石胶结充填体试样 CT 扫描方案
（a）扫描位置透视图，初始扫描位置为 35mm、50mm、65mm；
（b）加载前 CT 重建图像，间隔扫描，层间距 15mm

　　CT 图像数据由每个像素的辐射密度组成，可以在网格上可视化为灰度图像，每个像素用 Hounsfield 值表示。该灰度有一个动态范围，适合于废石胶结充填体试样的裂纹变化。辐射密度的变化反映了内部裂纹的变化，而内部裂纹的变化可由 Hounsfield 值计算出来。当废石胶结充填体样品出现裂纹时，裂纹定位处颜色为黑色。

4.3.1.3　细观结构演化过程描述

　　从宏观应力-应变曲线（见图 4-56），我们无法知道试样变形过程中发生了什么。然而，利用实时 X 射线 CT 扫描可以揭示细观结构的变化及其伴随的裂纹损伤演化。废石胶结充填体试样在不同加载阶段的 CT 重建图像如图 4-58 所示。从 CT 图像中可以清楚地观察到尾砂膏体基质、气孔、废块、裂纹。矸石在试样中随机分布，在变形过程中与尾砂膏体基质相互作用，形成骨架结构。根据 CT 成像原理，颜色越亮，材料的密度越高。由于废石的密度相对较高，其灰度比胶结尾砂膏体更亮。在样品内部，由于样品未处于完全压实状态，在 CT 图像中也可以清晰地看到呈现黑色低密度特征的气孔。

　　由于废石与尾砂胶结膏体的强烈对比，变形增大到一定程度后出现低密度区域。随着轴向变形的不断增加，损伤在一定程度上累积，导致低密度区域转化为裂缝。在相同的应变比下，试样出现裂纹的弯矩不同。对于全尾砂膏体试样，在第三加载阶段出现低密度区域，裂纹形态简单明了，在这五个阶段裂纹一直扩展到出现多个裂纹。对于有废块的样

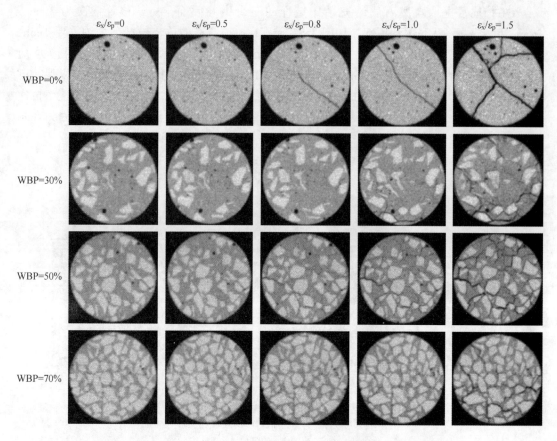

图 4-58　废石胶结充填体 CT 扫描重构图像（所有图像为中间扫描层位）

品，质量分数为 30% 和 50% 块石混合样品在第三阶段出现低密度区域；在第二阶段，废石含量（质量分数）为 70% 的样品出现了低密度区域。这些区域几乎都位于废石与尾砂胶结膏体的界面。随着变形的逐渐增大，低密度区域演变为裂纹，裂纹尺度也相应增大。与尾砂胶结膏体裂缝形态比较，裂缝形态呈弯曲状，并受废石几何形状和分布的影响。同时，也可以看出，高废石含量现象发生互锁现象（如 70% 块石含量的混合比例），裂纹扩展路径受块石形态和分布的影响，互锁处的规模与块石大小和形状有关。

4.3.1.4　应力剪胀行为分析

根据轴向应力-应变曲线图像分析发现随着变形的增加，废石胶结充填体试样的应力-应变曲线表现出塑性变形特性。从图中的观察结果还表明，随着轴向应变的增加，试样出现了损伤区域和裂纹。在本节中，我们着重关注剪胀作用下的细观结构变化，从细观的角度来分析废石胶结充填体的开裂过程。CT 重构图像中低密度区域的扩散间接反映了试样体积的变化，我们可以从 CT 重构图像中测量试样体积的变化，以揭示其膨胀特性。表4-12~表 4-15 显示了不同加载阶段的 CT 图像试样截面面积改变量。表中所示不同加载阶段的轴向应变设计值是由应力-应变曲线中轴向应变与峰值应变之比为 0、0.5、0.8、1.0和 1.5 时计算所得，而轴向应变实测值则为对应 CT 扫描阶段的应变实测值。

表 4-12 单轴压缩下废石含量为 0% 的尾废胶结充填体试样截面面积改变量

加载阶段	设计轴向应变 /%	实测轴向应变 /%	轴向应力 /MPa	顶层 $\Delta s/\text{mm}^2$	中部 $\Delta s/\text{mm}^2$	底层 $\Delta s/\text{mm}^2$
1	0	0	0	—	—	—
2	0.7255	0.580	1.209	1.066	1.348	1.067
3	1.1608	1.160	2.396	5.889	5.411	1.498
4	1.451	1.451	2.532	13.62	13.778	23.472
5	2.1765	2.172	1.316	61.97	94.858	133.412

表 4-13 单轴压缩下废石含量为 30% 的尾废胶结充填体试样截面面积改变量

加载阶段	设计轴向应变 /%	实测轴向应变 /%	轴向应力 /MPa	顶层 $\Delta s/\text{mm}^2$	中部 $\Delta s/\text{mm}^2$	底层 $\Delta s/\text{mm}^2$
1	0	0	0	—	—	—
2	0.5765	0.5765	0.943	1.323	1.744	0.199
3	0.9224	0.9224	2.478	3.064	2.265	1.712
4	1.153	1.153	2.930	68.815	55.571	22.529
5	1.7295	1.729	1.619	153.583	152.909	158.125

表 4-14 单轴压缩下废石含量为 50% 的尾废胶结充填体试样截面面积改变量

加载阶段	设计轴向应变 /%	实测轴向应变 /%	轴向应力 /MPa	顶层 $\Delta s/\text{mm}^2$	中部 $\Delta s/\text{mm}^2$	底层 $\Delta s/\text{mm}^2$
1	0	0	0	—	—	—
2	0.4885	0.4885	1.912	2.101	4.285	3.051
3	0.7816	0.7816	3.581	68.097	66.275	58.96
4	0.977	0.977	4.016	116.234	120.781	100.569
5	1.4655	1.4655	2.432	204.332	227.129	176.055

表 4-15 单轴压缩下废石含量为 70% 的尾废胶结充填体试样截面面积改变量

加载阶段	设计轴向应变 /%	实测轴向应变 /%	轴向应力 /MPa	顶层 $\Delta s/\text{mm}^2$	中部 $\Delta s/\text{mm}^2$	底层 $\Delta s/\text{mm}^2$
1	0	0	0	—	—	—
2	0.521	0.521	1.785	3.849	9.075	11.842
3	0.8336	0.8336	2.532	26.943	38.004	39.554
4	1.042	1.042	2.691	52.972	67.099	64.185
5	1.563	1.563	1.853	149.78	163.255	147.508

随着变形的增加，试样的体积从压缩变为膨胀。当体积的压缩量小于体积的膨胀量时，此时试样的体积快速增加，裂纹发生不稳定扩展直至尾废胶结充填体试样破坏。而对于不同废石含量的尾废胶结充填体试样，由于废石与尾矿浆料基质体之间相互作用的差异性，体积的剪胀特征也有所不同。对于废石含量为 0% 的试样，裂纹的扩展不受废石块的限制，所以其剪胀效应相对含有废石料块的其他试样并不那么明显，破坏过程中试样顶

层、中间层和底层的扫描截面面积变化值分别为 61.97mm^2、94.858mm^2 和 133.412mm^2。对于废石含量分别为 30% 和 70% 的试样，试样在第五个扫描阶段时顶层、中间层和底层扫描截面面积的变化量为 153.583mm^2、152.909mm^2、158.125mm^2 和 149.78mm^2、163.255mm^2、147.508mm^2。对于废石含量为 50% 的试样，其剪胀效应最为明显，截面面积变化最大，顶层、中间层和底层的截面面积变化值分别为 204.332mm^2、227.129mm^2 和 176.055mm^2，这说明该配比下的试样的废石料块之间的咬合互锁行为及裂纹的非稳定扩展行为最为剧烈，同时该配比试样中废石组成的骨架结构能充分发挥抵抗变形的作用，因此该试样的强度最大，体积剪胀最剧烈。从应力-应变曲线上看，废石含量为 50% 的试样也会因为废石之间的互锁作用而限制压缩时的大变形。

通过分析 CT 重构图像能揭示充填体试样细观结构的变化以及试样体积膨胀的机制。全应力-应变曲线中横向应变和轴向应变的定义分别为 $\varepsilon_1 = \Delta D/D_0$ 和 $\varepsilon_a = \Delta H/H_0$，其中 D_0 和 H_0 是试样的初始直径和高度，体积应变为 $\varepsilon_v = \varepsilon_a + 2\varepsilon_1$。图 4-59 绘制了废石胶结充填体试样在五个扫描阶段下的全应力-应变曲线。

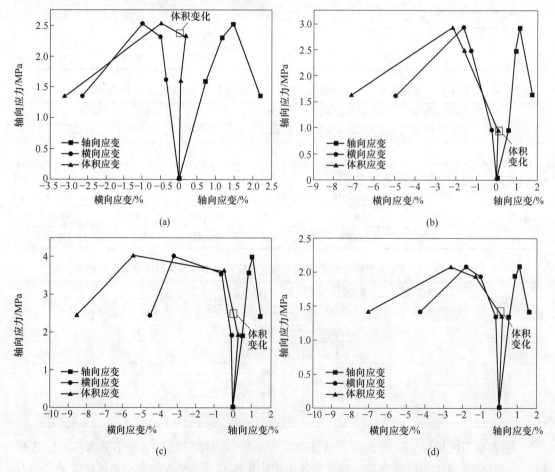

图 4-59　废石含量分别为 0%、30%、50% 和 70% 的废石
胶结充填体试样在不同扫描阶段的全应力-应变曲线
(a) 废石含量为 0%；(b) 废石含量为 30%；(c) 废石含量为 50%；(d) 废石含量为 70%

由图 4-59 可以看出，试样体积的变化由剪切收缩到膨胀，且不同废石含量的试样体积从压缩到膨胀的过程也不同，且废石含量越高的试样更容易形成体积膨胀。废石胶结充填体试样中废石含量分别为 0%、30%、50% 和 70% 时拐点处（即图中方框所示的体积变化处）的体积应变分别为 0.497%、1.6456%、0.4904% 和 1.2904%；在拐点之后，直到样品破坏为止，剪胀行为变得越来越严重，在第 5 个扫描阶段，体积应变分别为 3.1315%、7.1465%、8.5865% 和 7.049%。

4.3.1.5　裂纹损伤演化分析

在试样变形期间，低密度区域逐渐演变成裂纹，并分布在充填体试样中。根据图 4-56 中的原始 CT 数据，使用本书中提到的一系列图像处理方法进行识别与提取。在提取裂纹和废石块时，首先使用一种中值滤波的算法，来很好地检测物体边界。中值滤波对于减少斑点噪声特别有用，该算法的边缘保留性质使其可以有效地检测模糊的边缘，如充填体试样中的不规则裂纹。此过滤器算法将每个输出像素的值分析为相应输入像素周围值附近的统计中位数。然后，利用边缘检测算法和统计分析来获得裂纹的几何特征，从而得到裂纹的长度，平均宽度，面积和分形维数。为了更好地观察裂纹的传播路径，还提取了废块石，并在同一图中绘制了裂纹。得到裂纹和废石块的提取结果如图 4-60 所示。

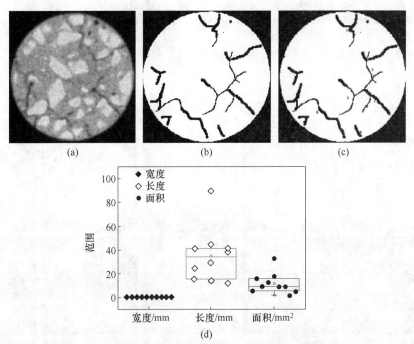

图 4-60　CT 图像中裂纹几何形态提取过程

（a）中值滤波；（b）从 CT 图像中提取裂纹；（c）裂纹的边缘识别；（d）裂缝平均宽度、面积、长度统计

图 4-61 ~ 图 4-64 所示为裂缝和区块提取结果。裂纹形态、尺度和扩展路径受废块的影响。对于尾矿膏体试样图 4-61，裂缝相对光滑、直接。然而，对于废石含量（质量分数）为 30%、50% 和 70% 的试样，其开裂行为受到随机分布的废块的控制。对于低废石含量（质量分数为 30% 和 50%）的试样，在块状-基质界面开裂后，裂纹扩展到土壤基质

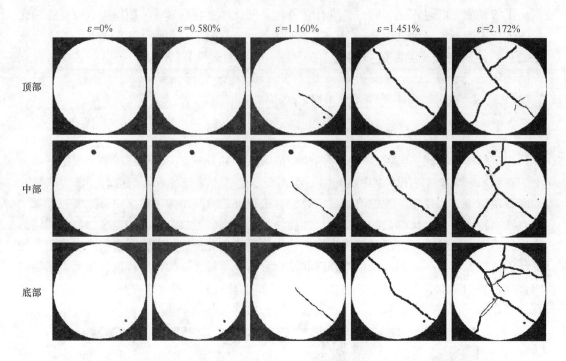

图 4-61　全尾砂胶结充填体（废石含量 0%）顶部、中部和底部 CT 扫描裂纹提取结果

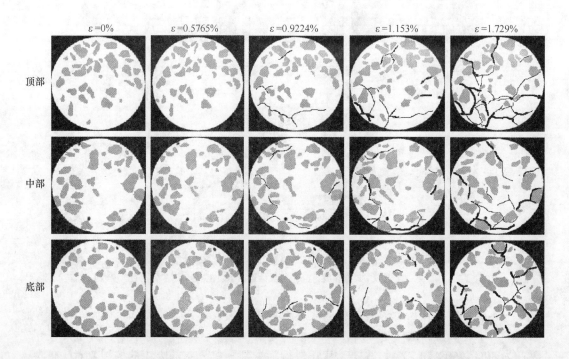

图 4-62　废石胶结充填体试样（废石含量 30%）顶部、中部和底部 CT 扫描裂纹提取结果

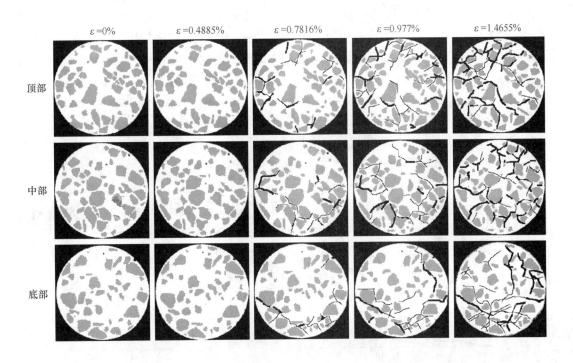

图 4-63 废石胶结充填体试样（废石含量 50%）顶部、中部和底部 CT 扫描裂纹提取结果

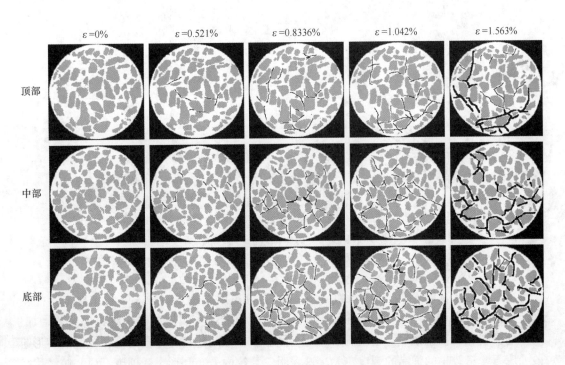

图 4-64 废石胶结充填体试样（废石含量 70%）顶部、中部和底部 CT 扫描裂纹提取结果

中。对于较低的块比例，有相对较少的连锁。破坏面在砌块周围进行协商，这是强度增加的主要来源。裂纹扩展特性可以很好地解释为什么废石含量（质量分数）为 50% 的试样强度最大。强度的增加是由于与弯曲破坏表面传播有关的地质力学效应。随着废石块含量的增加，弯曲度增大，因此，0%、30% 和 50% 试样的强度逐渐增大。对于废石含量（质量分数）为 70% 的试样，压缩过程中废块开始相互一致接触，并出现联锁现象。从图 4-64 可以看出，裂缝局限于块体边界，废块阻碍了其延伸。与废石含量（质量分数）为 0% 的试样相比，由于连锁反应的存在，提高了废石胶结充填体试样的强度。

　　从 CT 图像中分别提取出裂纹后，对几何参数进行了定量研究。图 4-65 显示了具有预定应变比的裂纹几何参数的演变。

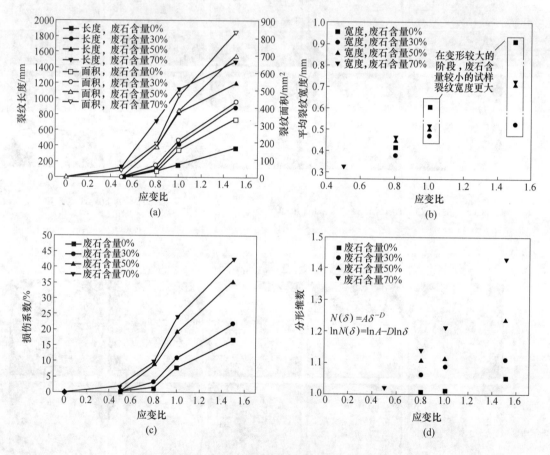

图 4-65　不同应变比的裂纹损伤演变图
（a）裂纹长度、面积与应变比的关系；（b）裂纹宽度与应变比的关系；
（c）损伤系数与应变比之间的关系；（d）样品变形过程中裂纹分布的分形维数演变

　　采用长度、宽度、面积和分形维数来描述裂纹扩展的细观特征。随着试样变形的增加，裂纹的长度和面积均相应增加。此外，随着废石胶结充填体试样中废石含量的增加，裂纹的长度和面积也增加。裂纹宽度的变化显示出相似的趋势，不同的是在较大的变形阶段，废石含量较小的样品的裂纹较大。这表明，裂纹的分布和形态受到废石块与胶结尾矿浆之间相互作用的强烈影响，包括它们之间的反复接触和分离，最终形成了宏观的裂纹形式。破损因子的计算公式为：总裂纹面积与CT图像截面面积之比，对于高废石含量且变形阶段较大的试样，其破损特征更大。对于CT扫描的五个阶段，分形维数随变形的增加而增加，这表明废石胶结充填体试样中的裂纹分布随着变形的增加和废石含量的增加而变得越来越复杂。在第5扫描阶段，废石含量（质量分数）为0%、30%、50%和70%的废石胶结充填体试样的分形维数分别为1.015、1.112、1.234和1.431。损伤系数定义为总裂纹面积与CT图像截面之比，也表明废石胶结充填体试样内部的损伤增加。矩阵块接口是废石胶结充填体试样中最薄弱的部分，随机分布的接口的规模随着废石的增加而增加，随着变形的增加而导致破坏的增加。

4.3.2　低围压三轴压缩下废石胶结充填体损伤破裂过程分析

4.3.2.1　试验方法

采用前文的试验系统（工业CT机，轴压加载装置及围压装置），对废石含量为30%的充填体试样开展低围压实时CT扫描力学试验，揭示在硬变硬化过程中试样破裂过程的细观物理变化及力学行为[19]。试验过程中施加的围压由充填体三向应力监测结果来确定（见图4-66），CT扫描时同样采用间断定位扫描法，初始扫描位置为$H=35mm$、50mm和60mm。试验过程中采用的围压加载装置如图4-67所示。

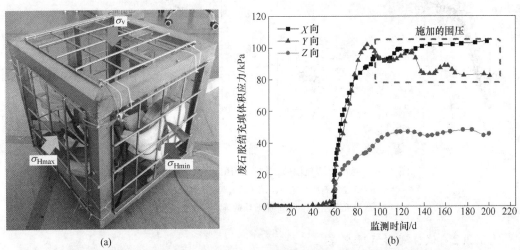

　　　　　(a)　　　　　　　　　　　　　　　　　(b)

图4-66　采场中废石胶结充填体三向应力监测以确定室内三轴试验围压水平

（a）李楼铁矿采场充填体三向应力监测系统；（b）三向应力监测曲线

在三轴变形试验中，首先将加载装置放在X射线工业CT机的旋转台上；然后将废石胶结充填体试样放入气囊式Hoek压力室，并安装在加载装置上，在充填采场-400m水平上使用气囊增压装置施加围压94.5kPa。在加载过程中，以0.1kN/s的恒定速度施加轴向载荷，直至达到强度峰值；达到强度峰值后，以0.3mm/min的位移模式控制加载速率。确定CT扫描阶段参考了前期的宏观应力-应变曲线，如图4-68（a）所示，应力-应变曲线呈现应变硬化特性，在轴向应变为5%时，废石胶结充填体试样的强度约为3.571MPa。在三轴压缩实时CT扫描测试中，选择了5个扫描阶段，轴向应变分别为0%、0.542%、1.371%、1.919%和3.210%，如图4-68（b）所示。

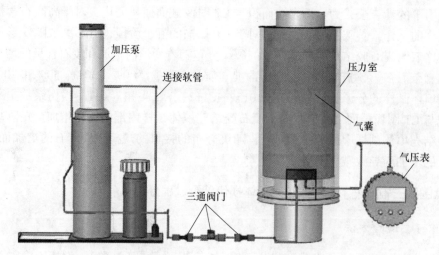

图 4-67　实时三轴压缩 CT 扫描试验过程中气囊式围压加载装置

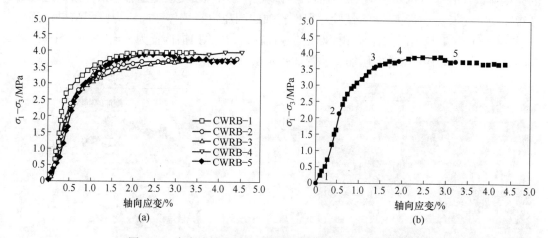

图 4-68　废石胶结充填体试样三轴压缩轴向应力应变曲线

(a) 5 个废石胶结充填体试样的宏观应力-应变曲线;

(b) 废石胶结充填体试样 CT 扫描阶段的确定,圆点处执行 CT 扫描

4.3.2.2　试样变形情况观察

废石胶结充填体试样损伤破坏过程中的重建 CT 图像如图 4-69 所示。在废石胶结充填体样品周围可见非金属 Hoek 压力室图像,由于其低密度特征,并没有影响到成像。根据 CT 成像原理,由于废石密度较高,其灰度比胶结尾砂膏体要亮。为了模拟现场原位充填效果,样品没有完全压实,在样品内部可以清楚地看到黑色的气孔存在,从 CT 图像中可以观察到样本内部随机分布的废块。由于试样变形过程中试样高度的变化,为保证不同加载阶段扫描截面相同,根据试样高度的总变化调整扫描间距,为了做到这一点,尽可能保证每次扫描在不同加载阶段的位置相同。虽然扫描是在相同的位置进行的,但是由于废石的运动,在后面几个加载阶段发现一些块石消失了,又有新的块石出现在图像中。由于废石与胶结尾砂膏体之间强度差异性,当变形增长到一定程度时,第 4、5 阶段出现大量低密度区域,这些区域位于废石与尾砂膏体的界面处。

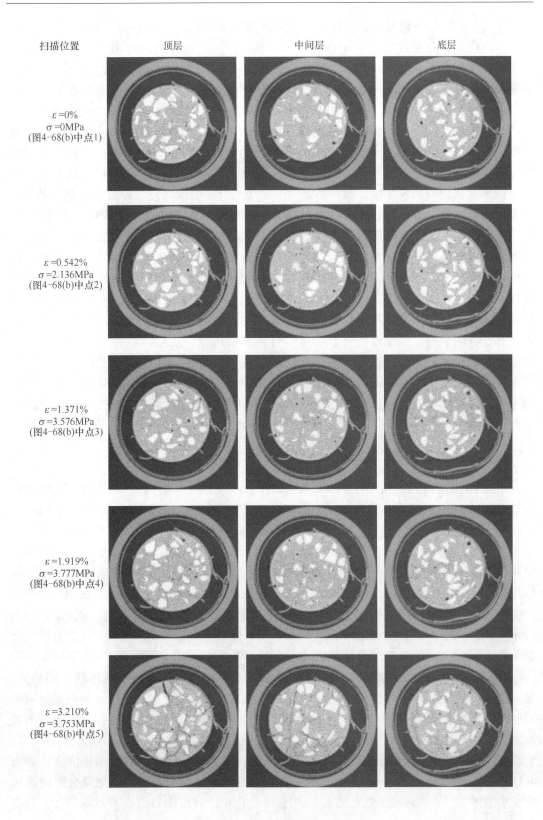

图 4-69　三轴压缩状态下不同加载阶段废石胶结充填体 CT 扫描重构图像

虽然在试样制备时对混合体搅拌了 10min 以保证废石在样品中均匀分布，但可以看到，实际样品中各组构的分布并不均匀。因此，在加载前可以清楚地看到废石胶结充填体试样中的废石、全尾砂膏体、气孔、裂缝等不均匀特征。为了清晰地分析 CT 图像的细观结构变化，采用伪彩色增强算法对原始图像进行了处理，彩色尺度改变图像中的色调（颜色）和亮度（亮度），使用不同的颜色条码来放大气孔、裂缝或废块的微小差异。与灰度图像不同，伪彩色灰度是非线性的，我们可以通过伪彩色尺度来检测废石胶结充填体的孔隙率。这里使用了一种全谱伪彩色增强算法，废石胶结充填体图像的颜色尺度在标准色块范围内全分布，色彩值在从橙色到黄色，到绿色，到蓝色，到红色的连续色调范围内变化，如图 4-70 所示。由于 CT 图像颜色差异的根本原因是基体与废块的组成成分的差异，在进行伪彩色增强处理后，在图像中可以清晰地看到废块、铁颗粒、孔隙、裂纹、尾矿膏体甚至损伤区。废石胶结充填体在变形过程中，黑色气孔逐渐压实到最小；废石（绿色）移动旋转，导致全尾砂膏体与废石界面出现损伤区直到有裂缝出现。从细观结构的颜色变化可以看出，带有橙色标记的材料所占比例逐渐增加，说明在压缩剪切过程中损伤在不断累积，在第 5 个加载阶段，橙色标记的区域最大。从橙黄色区域的分布可以看出，该试样的损伤极不均匀，损伤区出现的位置受到现有废石的影响；除废石块外，在尾砂膏体基质内部，还可以看到呈绿色的物质离散分布在全尾砂膏体中，这些散点属细铁粉、高密度矿物，在样品变形过程中，它们的位置会发生变化。实际上，在样品制备过程中，我们还可以观察到全尾矿中铁精粉的存在，X 射线 CT 观察进一步证实了混合物中铁粉的存在，说明 CT 扫描具有较高的精度，可以完全满足试验目的。

4.3.2.3　感兴趣区 CT 数特征

根据 CT 成像原理，在废石胶结充填体试样上选取不同的感兴趣区域进行 CT 数计算，通过 CT 数的变化反映试样加载过程中的细观损伤演化特性。对于废石胶结充填体试样，在 CT 图像中选取 5 个感兴趣区域（region of interest，ROI）来研究细观损伤演化特征，如图 4-71 所示。感兴趣区域选取的原则是保证损伤发生在尾砂胶结膏体基质区域内，以减少块石对定向损伤的影响，选区的大小和形状，可反映损伤特征，并覆盖局部应力变化带的传播路径。在选择感兴趣区域位置时，将其圈定在全尾砂膏体内部。在底层切片，选择 ROI-1；中间切片选取 ROI-2，3，4；在顶层切片选择 ROI-5。所有感兴趣区域 CT 数均值（ME）和标准差（SD）的变化列于表 4-16 中。试样在 5 个扫描阶段变形时 CT 值的变化如图 4-72 所示。从图 4-72（a）可以看出，5 种 ROI 的归一化 CT 数（定义为不同加载阶段 CT 数与加载前 CT 数的比值）变化不同。随着变形的增大，它们呈现出波动的趋势，这可能是全尾砂膏体与废块石相互作用有关，它们之前复杂相互作用改变了感兴趣区域的密度，而感兴趣区域密度的变化又受到废块石的位置、形状和大小的影响。归一化 CT 数增大，说明 ROI 密度增大，反之亦然。由于 CT 数的标准差比 CT 数的均值要敏感得多，它反映了整个试样不同介质密度的不均匀性，间接反映了孔隙和裂纹的损伤演化。如图 4-72（b）所示，可以看出 CT 数的标准差在 5 个 ROI 中呈增大趋势，该结果表明随着试样变形的增大，损伤程度也随之增大。由于所选 ROI 区域内物质组成的不均匀性，其变化趋势有所不同。

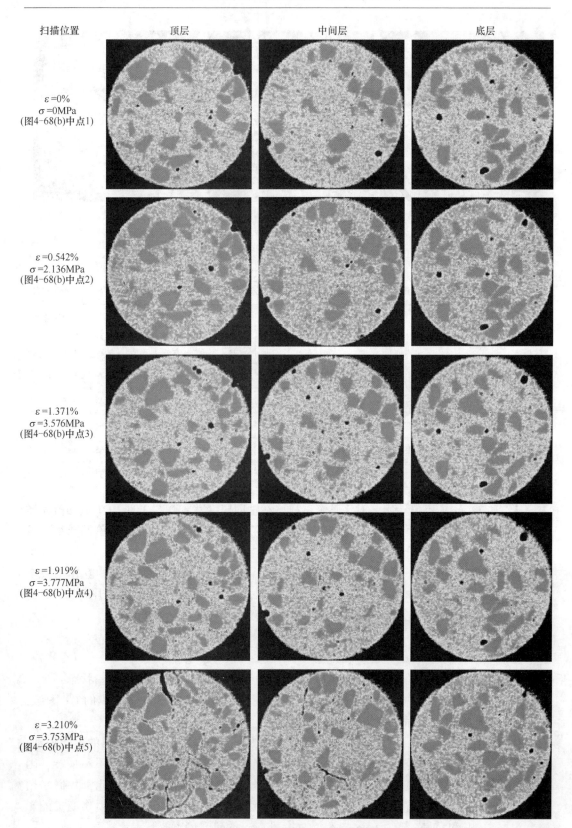

图 4-70　基于伪彩色编码的重构废石胶结充填体 CT 图像

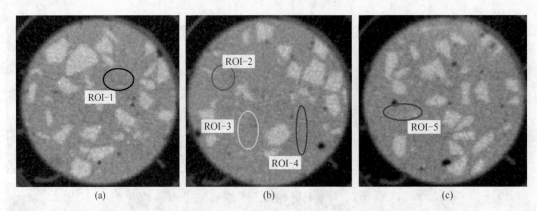

图 4-71　废石胶结充填体试样 CT 图像上感兴趣区域选取

（ROI-1 位于底层切片，ROI-2~4 位于中间切片，ROI-5 位于顶部切片）

表 4-16　试样三轴变形过程中，不同感兴趣区域 CT 数均值和方差

CT 扫描阶段	轴向应变 ε_1/%	$\sigma_1-\sigma_3$/MPa	ε_V/%	ROI-1		ROI-2		ROI-3		ROI-4		ROI-5		整个试样	
				CT 数均值	CT 数方差	CT 数均值	CT 数方差	CT 数均值	CT 数方差	CT 数均值	CT 数方差	CT 数均值	CT 数方差	CT 数均值	CT 数方差
1	0	0	0	944.69	9.85	945.53	8.19	944.6	10.35	946.82	10.75	943.09	21.79	953.4	17.13
2	0.542	2.136	0.15	947.7	10.6	949.2	8.3	951.36	9.44	951.03	8.48	950.11	19.35	958.08	18.23
3	1.371	3.576	-0.285	943.67	8.39	946.22	9.86	947.49	14.09	945.33	8.59	946.36	15.84	951.09	19.53
4	1.919	3.777	-3.317	945.07	10.18	947.28	9.96	950.54	17.62	944.57	9.42	949.677	12.65	945.04	21.87
5	3.21	3.753	-7.306	949.89	16.06	951.89	11.17	952.77	21.44	944.61	10.58	953.73	14.37	933.83	23.22

从图 4-72（c）可以看出，对于整个试样，在轴向应变达到 0.542 时，CT 数均值先增大，然后随着变形的增大而减小。随着轴向变形的增大，CT 数的标准差值单调减小。虽然裂纹出现在应变硬化阶段，但相对于单轴压缩 CT 扫描试验结果，三轴条件下 CT 数均值并未出现突然下降这一现象。这一结果是由废石与尾砂膏体之间强烈的相互作用决定的，块石的运动、挤压作用进一步导致全尾砂膏体密度的增加，这将导致全尾砂 CT 数的增加。为此，废石胶结充填体试样整体的 CT 数并没有出现大幅下降趋势。

4.3.2.4　细观损伤演化分析

如图 4-70 所示，CT 图像中橙色区域为低密度区域，即损伤区域。从初始状态到试样失效，在 3.576MPa 以下很难观察到桔黄色裂纹；对于第 4 和第 5 加载阶段的 CT 图像，会形成局部变形带，并逐渐演化为裂纹。

在使用 CT 方法时，岩石材料的损伤识别可分为两种：一种是基于 CT 值的损伤识别，另一种是基于灰度阈值分割的损伤识别。在轴向应变为 1.371% 之前，裂纹不易捕捉，因此阈值分割方法不适合对 0~3.576MPa 的 CWRTB 试样进行损伤分析。因此，我们采用 CT 均值的方法来研究废石胶结充填体试样的损伤演化。如果考虑 CT 值对损伤变量的影响，根据 Singh 和 Digby[24]、Lemaitre 和 Chaboche[25] 的研究可以改写表达式：

$$D = \frac{1}{m^2} \frac{\Delta\rho}{\rho_0} \tag{4-14}$$

式中，m 为 CT 机的分辨率参数；$\Delta\rho$ 是试样变形过程中密度的改变量，即 $\Delta\rho = \rho - \rho_0$。

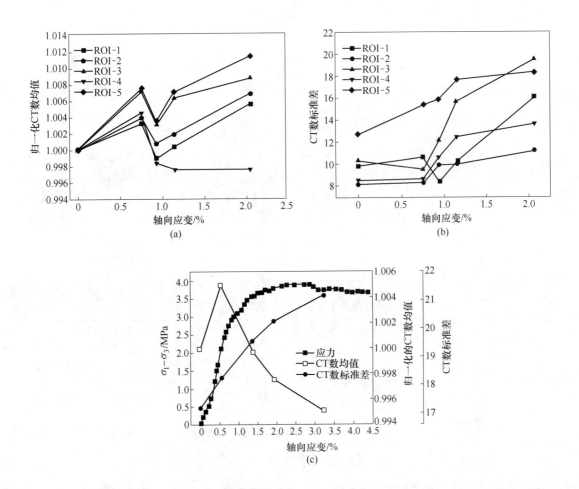

图 4-72　试样变形 5 个扫描阶段 CT 数变化趋势

(a) 5 个感兴趣区域归一化 CT 数均值与轴向应变的关系；(b) 5 个感兴趣区域 CT 数标准差与
轴向应变的方差演化；(c) 整个试样归一化 CT 数和标准差与轴向应变的关系

我们知道 CT 数与试样密度有直接联系，因此损伤因子可以改写为：

$$D = \frac{1}{m^2(H_0 - H_a)\rho_0}(H - H_0)(\rho_0 - \rho_a) \tag{4-15}$$

式中，H 为试样在任意应力水平下的 CT 值；H_a 为空气；H_0 为初始状态；对于废石胶结充填体而言，$\rho_0 = 2.43\text{g/cm}^3$，$\rho_a = 0\text{g/cm}^3$，$H_a = -1000$，$m = 70\mu\text{m}$。

废石胶结充填体试样的损伤演化特征见表 4-17。当加载应力从 0 增大到 2.136MPa 时，CT 均值随轴向应力的增大而增大。该阶段试样处于压实状态，孔隙、基体块界面、微观结构等软质材料均被压实。当应力大于 2.136MPa 时，CWRTB 试样开始损伤、开裂，甚至裂纹扩展，直至废石胶结充填体试样破坏。

表 4-17　废石胶结充填体应力、应变、平均 CT 数与损伤因子变化情况

CT 扫描阶段	σ_1/MPa	ε_1/%	平均 CT 数	损伤因子	开裂行为描述
1	0	0	953.4	0	无
2	2.136	0.542	958.08	0.089	压缩
3	3.576	1.371	951.09	0.267	损伤
4	3.777	1.919	945.04	0.534	开裂
5	3.753	3.21	933.83	0.802	扩展

4.3.2.5　应力剪胀行为分析

CWRTB 试样在三轴压缩条件下，试样体积先由于尾砂膏体材料的压实而减小，然后试样体积由压缩变为膨胀。体积膨胀现象是局域带形成的结果，废块运动加剧了侧向变形，摩擦现象越来越明显。表 4-18 总结了 CT 图像的截面面积变化情况，可以看出从第 3 阶段开始，截面面积急剧增加。图 4-73 所示为废石胶结充填体试样的完整应力-应变曲线。可以看出，体积应变由剪切收缩变为膨胀。随着体积应变由正变为负，试样体积在第 3 加载阶段（对应第 3 次 CT 扫描）也由压缩变为膨胀。经过拐点后，裂纹发生不稳定扩展，膨胀行为越来越严重。CT 图像分析结果与宏观应力-应变曲线一致。

表 4-18　三轴压缩条件下废石胶结充填体试样应力剪胀特性分析

扫描阶段	轴向应力 /%	轴向应变 /%	体积应变 /%	顶层切片 Δs/mm²	中部切片 Δs/mm²	底层切片 Δs/mm²
1	0	0	0	—	—	—
2	2.136	0.542	0.15	8.143	6.725	7.6
3	3.576	1.371	−0.285	27.586	16.354	15.86
4	3.777	1.919	−3.317	94.588	72.682	19.937
5	3.753	3.21	−7.306	223.461	179.577	89.725

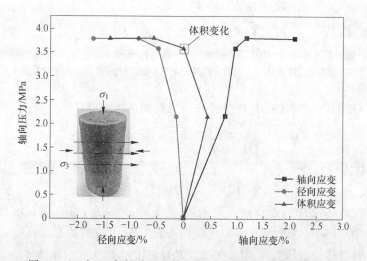

图 4-73　5 个 CT 扫描阶段的轴向、径向和体积应力-应变曲线

4.4 工业 CT 扫描在岩石岩桥断裂致灾表征中的应用

4.4.1 预置裂隙组合形式对岩桥破裂形态的影响

4.4.1.1 试验方法与试样制备

试验所采用的岩石材料取自新疆和静县备战矿业露天采场边坡，备战铁矿位于和静县西北直线约 130km，距和静县巴仑台镇直距 82km，行政区划隶属巴音郭楞蒙古自治州和静县管辖。矿区位于西天山伊连哈比尔尕山南坡，为中高山区，山体走向为近东西向，总体地势为南高北低，海拔 3160~4575m，比高 700~1000m，一般地形坡度 25°~35°，沟深坡陡，属高山深切地貌，矿体所处部位海拔高度 3450~3723m。矿区南部数百米即为天山山脊。山脊线多为尖棱状，常年冰川覆盖，具典型冰川地貌特征，现代冰川、冰蚀洼地、冰川 U 型谷、冰蚀崖等较发育。岩体露头测量发现，边坡岩体多呈断续状（见图 4-74），岩桥的断裂将会导致节理的贯通，从而促使滑坡灾害的发生，为了模拟工程岩体的锁固段结构，在室内用水刀切割的方法加工了不同预置裂纹组合形式的岩石（见图 4-75），即预置裂隙逼近角为 20°、50° 和 70°，用于增幅疲劳加载力学试验。疲劳加载试验后，采用 Micro-CT 扫描的方法集中对岩桥（锁固段）处的裂隙网络进行识别、提取与分析[26]。

图 4-74　新疆和静备战铁矿露天采场边坡西帮岩体结构特征描述，
岩体呈断续状，可观察到明显的岩桥结构

4.4.1.2 试验方案

岩石疲劳力学试验在 GCTS RTR2000 高压岩石三轴动态测试系统上完成，该试验机荷载刚度达 10MN/mm，系统可提供最大轴压 2000kN，最大围压 140MPa，最高温度 200℃，动态加载频率为 0~10Hz，采用 LVDT 位移传感器记录轴向应变和径向应变。

首先，进行静态加载，试样施加应力为 5MPa，采用位移控制，恒定位移速率为 0.06mm/min（$1.0×10^{-5}s^{-1}$）。然后，进行循环动态加载，采用应力控制模式，根据爆破振动测量仪测得的应力扰动特性和矿车荷载的移动频率，对花岗岩试样施加 0.5Hz 的动加载频率，也就是说，可以在 2s 内实现一个加载和卸载的循环。在疲劳加载过程中，第一加载水平的应力幅值为 10MPa，施加应力类型为正弦循环加载；在随后的每个循环加载

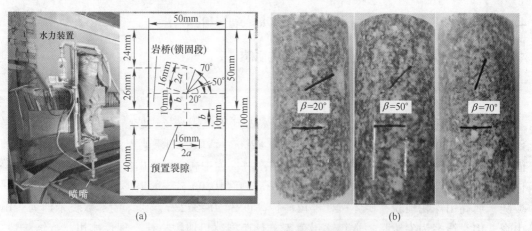

图 4-75　采用水力切割方法预置岩石裂隙

（3 种典型的岩石逼近角分别为 20°、50° 和 70°）

阶段，应力幅值均增加 10MPa，且均由正弦循环加载类型控制，应力循环以这种方式持续下去直到试样最终破坏。由于试样加载过程中采用保鲜膜进行缠绕，破坏后的样品仍可加以回收，对回收后的试样进行 CT 扫描以获取内部裂纹形态。CT 扫描采用仪器为 nanoVoxel-3000 型显微 CT，该仪器具备二级光学放大的技术特色，最高分辨率可达 0.5μm，且具备先进的无损三维成像能力和图像分析能力，能够无损地对材料内部微观结构进行三维可视化表征。CT 扫描时采用锥形束连续扫描的方式，扫描速率为 0.25°/幅，每个试样的岩桥和预置裂隙段共计可达到 1440 幅投影，扫描时将样品在纵向上切割为 1536 层，每层厚度为最小分辨率 35μm，一共可以获得 1536 张 1800×1800 像素的二维切片图。

4.4.1.3　岩桥处裂纹空间构型可视化表征

三维重建的 CT 图像如图 4-76 所示，沿两个不同方向切取 5 个切片。CT 模型表明，接近角为 20°、50° 和 70° 时，岩石的裂缝规模和密度是不同的。对于角度约为 20° 的试样，裂缝网络形态最简单。拉伸裂纹从水平裂纹的中、右端开始，延伸至水平裂纹的左尖端。此外，斜裂纹的右尖端从水平裂纹中部开始萌生并扩展，导致拉伸裂纹的产生。这个样品受到拉伸破坏。对于直径为 50° 的花岗岩试样，拉伸裂纹从斜裂纹的左尖端开始至水平裂纹的右尖端。此外，在水平裂纹的中部到倾斜裂纹的左端有一个拉伸裂纹。在斜裂纹的右端也可以观察到剪切裂纹。对于花岗岩样品，其裂纹网络比其他两种情况更为复杂。然而，这两个先前存在的裂隙在此种逼近角情况下很难贯通。剪切裂纹从倾斜裂纹的左尖端和水平裂纹的右尖端开始。抗裂从倾斜裂纹的左尖端向水平裂纹的左尖端扩展。一种从水平裂纹的中间尖端开始的拉伸裂缝，但它从岩桥向外传播。该试样的破坏为剪切破坏模式。

在得到如图 4-77 所示的重建 CT 图像后，可以使用一系列的数字成像处理（DIP）方法对裂纹进行提取，如二值化、中值滤波、边缘检测和区域增长算法等。提取的裂缝用蓝色标记，如图 4-77 所示。三维裂缝网络体积分别为 1056mm³、1297mm³ 和 1524mm³。三

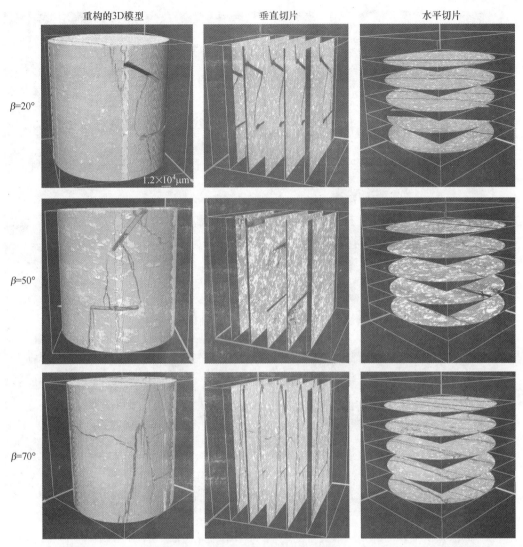

图 4-76　试验后 X 射线 CT 对存在两处缺陷的花岗岩试样进行了可视化处理

（从三维重建的 CT 图像中可以观察到两种缺陷的存在及其合并规律，

从三维图像中切出 10 个 CT 切片，分别从垂直和水平角度观察裂缝）

维裂隙网络清晰地呈现出岩石桥段的聚结形态。裂纹网络的复杂性随裂纹逼近角的增大而增大。这一结果表明，对于接近角较低的样本，这两个预置裂隙易于贯通。

4.4.2　疲劳加载频率对岩桥破裂的影响机制

4.4.2.1　试验方法与方案

采用上述试验方法，同样对一含有一组优势结构面的锁固型岩石（逼近角 50°）进行了动态加载频率为 0.04Hz、0.1Hz、0.5Hz 和 1.0Hz 疲劳应力作用下的力学试验，疲劳加载路径下对应的应力-应变曲线如图 4-78 所示，并对破裂后岩桥锁固段的破裂形态进行可视化表征，皆在探讨动态加载频率对岩石动态灾变的影响。

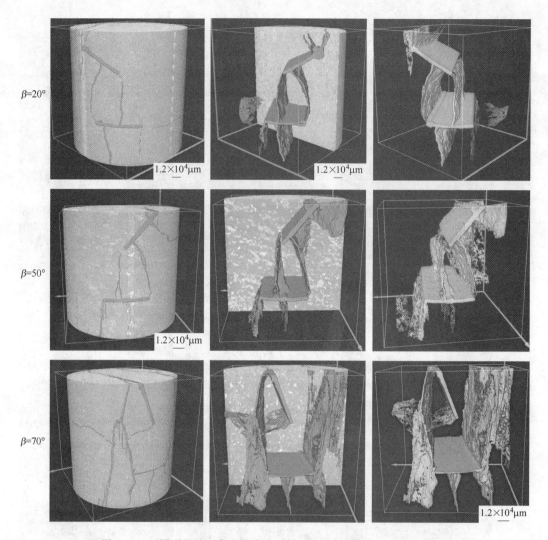

図 4-77　不同裂纹接近角度花岗岩试样 CT 重建图像中裂纹网络提取
（用蓝色标记裂缝，并绘制岩石桥区裂缝网络）

4.4.2.2　岩桥处裂纹空间构型可视化表征

如图 4-79 所示，灰色或黑色区域对应的是裂纹，可以看出，随着动加载频率的增加，裂纹尺度和密度都有所增加。试样的裂缝合并规律也不同。对于受 0.04Hz 动荷载频率作用的试样，拉伸裂纹从倾斜裂纹的右尖端和水平裂纹的左尖端开始，抗裂纹扩展到水平裂纹的右尖端。从水平裂纹的中部到倾斜裂纹的左尖端处还产生了拉伸裂纹。观察到剪切裂纹和诱导破坏。在 0.1Hz 动荷加载频率下，拉伸裂纹从斜裂纹的左端开始，向水平裂纹的右端扩展。横向裂纹的左侧也出现了拉伸裂纹。在水平裂纹的右端可以观察到抗裂纹扩展。对于 0.5Hz 动荷加载频率下的试样，从倾斜裂纹左尖端到水平裂纹左尖端出现多个拉伸裂纹。观察到从斜裂纹的右尖端到水平裂纹的右尖端出现了抗裂纹。同时还观察到从水平裂纹中部开始延伸至倾斜裂纹左端的拉伸裂纹。在 1.0Hz 的动荷加载频率下，可以

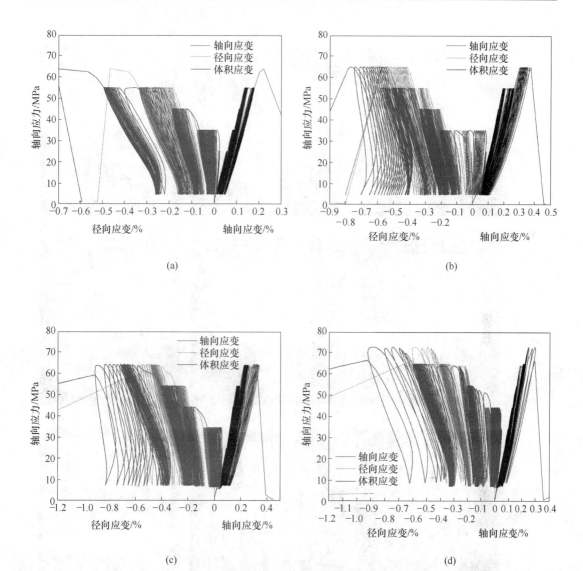

图 4-78 不同疲劳加载频率作用下岩石全应力-应变曲线

(a) f=0.04；(b) f=0.1；(c) f=0.5；(d) f=1.0

看出，裂缝的尺度和密度比其他三种情况都要大。多个张拉裂纹从倾斜裂纹的左尖端开始，向水平裂纹的左尖端、中尖端和右尖端扩展。剪切裂纹由水平裂纹的左尖端开始。试样出现了拉伸破坏和剪切破坏的混合。

为了定量分析裂缝尺度，揭示动态加载频率对岩桥区域破裂的影响，采用了一系列 DIP（数字图像处理，如二值化、中值滤波、边缘检测和区域增长算法等）对裂缝进行提取。提取过程如图 4-80 所示，将裂纹标记为蓝色。

采用 DIP 方法，可以从 CT 体积数据中分离出岩桥区域的三维裂隙网络形态，如图 4-81 所示。随着动态加载频率的增加，裂纹尺度增大，在加载频率为 1.0Hz 时裂纹尺度最大。三维裂缝网络体积分别为 $1894mm^3$、$2135mm^3$、$3978mm^3$、$5045mm^3$。

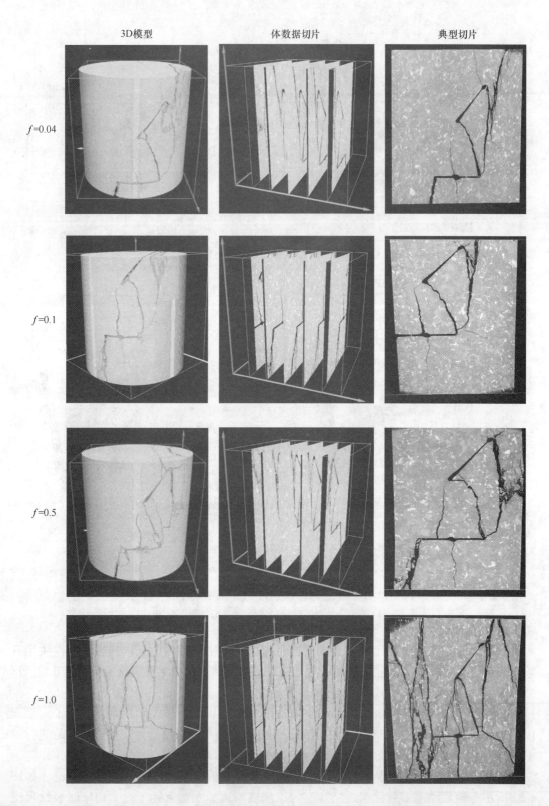

图 4-79　不同动荷加载频率下花岗岩试样岩桥区域 CT 重建图像

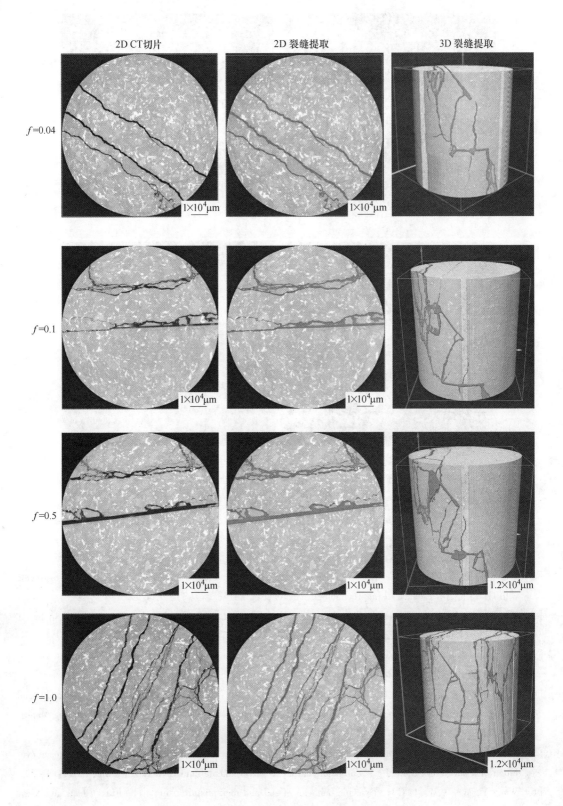

图 4-80　花岗岩试样岩桥处裂缝网络识别与提取

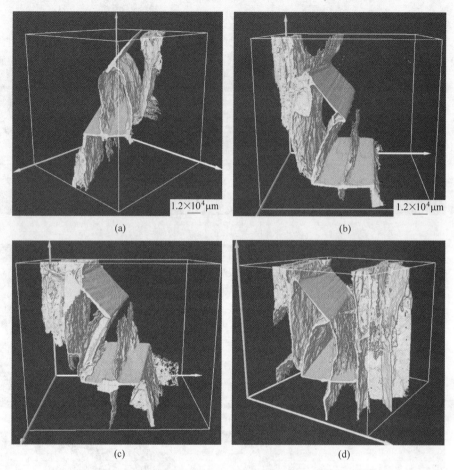

图 4-81 不同加载频率下花岗岩试样岩桥处的 3D 裂缝网络形态

(a) f=0.04；(b) f=0.1；(c) f=0.5；(d) f=1.0

参 考 文 献

[1] Wang Y, Li X, Zhang B, et al. Meso-damage cracking characteristics analysis for rock and soil aggregate with CT test [J]. Science China Technological Sciences, 2014, 57 (7): 1361~1371.

[2] Wang Y, Li X, Wu Y F, et al. Experimental study on meso-damage cracking characteristics of RSA by CT test [J]. Environmental Earth Sciences, 2015, 73 (9): 5545~5558.

[3] Yang G S, Xie D Y, Zhang C Q. CT identification of rock damage properties [J]. Rock Mechanics and Engineering, 1996, 15 (1): 48~54.

[4] Wang Y, Que, J M, Wang C, et al. Three-dimensional observations of meso-structural changes in bimsoil using X-ray computed tomography (CT) under triaxial compression [J]. Construction and Building Materials, 2018, 190: 773~786.

[5] Wang Y, Liu D. In situ X-ray computed tomography study on the effect of rock blocks on fatigue damage evolution of a subgrade SRM [J]. European Journal of Environmental and Civil Engineering, 2019: 1~22.

[6] Wang Y, Wei X M, Li C H. Dynamic behavior of soil and rock mixture using cyclic triaxial tests and X-ray computed tomography [J]. Arabian Journal of Geosciences, 2019, 12 (7): 229.

[7] Wang Y, Li C H, Hu Y Z. Experimental investigation on the fracture behaviour of black shale by acoustic emission monitoring and CT image analysis during uniaxial compression [J]. Geophysical Journal International, 2018, 213 (1): 660~675.

[8] Takayasu H. Fractal dimention [M]. Beijing: Seismological Press, 1980.

[9] Guo T, Zhang S, Ge H, et al. A new method for evaluation of fracture network formation capacity of rock [J]. Fuel, 2015, 140: 778~787.

[10] Wang Y, Li C H, Hu Y Z. Use of X-ray computed tomography to investigate the effect of rock blocks on meso-structural changes in soil-rock mixture under triaxial deformation [J]. Construction and Building Materials, 2018, 164: 386~399.

[11] Wang Y, Li C H, Hao J, et al. X-ray micro-tomography for investigation of meso-structural changes and crack evolution in Longmaxi formation shale during compressive deformation [J]. Journal of Petroleum Science and Engineering, 2018, 164: 278~288.

[12] Wang Y, Hou Z Q, Hu Y Z. In situ X-ray micro-CT for investigation of damage evolution in black shale under uniaxial compression [J]. Environmental Earth Sciences, 2018, 77 (20): 717.

[13] Josh M, Esteban L, Delle Piane C. Laboratory characterization of shale properties [J]. Journal of Petroleum Science and Engineering, 2012, 88: 107~124.

[14] Wang Y, Feng W K, Zhao Z H, et al. Anisotropic energy and ultrasonic characteristics of black shale under triaxial deformation revealed utilizing real-time ultrasonic detection and post-test CT imaging [J]. Geophysical Journal International, 2019, 219 (1): 260~270.

[15] Wang Y, Liu D Q, Zhao Z H, et al. Investigation on the effect of confining pressure on the geomechanical and ultrasonic properties of black shale using ultrasonic transmission and post-test CT visualization [J]. Journal of Petroleum Science and Engineering, 2019: 106630.

[16] Wang Y, Li C H. Investigation of the P-and S-wave velocity anisotropy of a Longmaxi formation shale by real-time ultrasonic and mechanical experiments under uniaxial deformation [J]. Journal of Petroleum Science and Engineering, 2017, 158: 253~267.

[17] Mokhtari M, Bui B T, Tutuncu A N, et al. Tensile failure of shales: Impacts of layering and natural fractures [C] //SPE Western North American and Rocky Mountain Joint Meeting. Society of Petroleum Engineers, 2014: 321~345.

[18] Wang Y, Tan W H, Liu D Q, et al. On anisotropic fracture evolution and energy mechanism during marble failure under uniaxial deformation [J]. Rock Mechanics and Rock Engineering, 2019: 1~17.

[19] Wang Y, Feng W K, Li C H. On anisotropic fracture and energy evolution of marble subjected to triaxial fatigue cyclic-confining pressure unloading conditions [J]. International Journal of Fatigue, 2020: 105524.

[20] 谢和平. 岩石混凝土损伤力学 [M]. 徐州: 中国矿业大学出版社, 1990.

[21] Wang Y, Li C, Hou Z, et al. In vivo X-ray computed tomography investigations of crack damage evolution of cemented waste rock backfills (CWRB) under uniaxial deformation [J]. Minerals, 2018, 8 (11): 539.

[22] Wang Y, Liu D, Hu Y. Monitoring of internal failure evolution in cemented paste backfill under uniaxial deformation using in-situ X-ray computed tomography [J]. Arabian Journal of Geosciences, 2019, 12 (5): 138.

[23] Wang Yu, Wang Huajian, Zhou Xiaolong, et al. In situ X-ray CT investigations of meso-damage evolution of cemented waste rock-tailings backfill (CWRTB) during triaxial deformation [J]. Minerals, 2019, 9: 52.

[24] Singh U K, Digby P J. A continuum damage model for simulation of the progressive failure of brittle rocks

[J]. Int. J. Solids Struct, 1989, 25: 647~663.

[25] Lemaitre J, Chaboche J L. Mechanics of Solid Materials [M]. Cambridge University Press: Cambridge, UK, 1990.

[26] Wang Y, Han J Q, Li C H. Acoustic emission and CT investigation on fracture evolution of granite containing two flaws subjected to freeze-thaw and cyclic uniaxial increasing-amplitude loading conditions [J]. Construction and Building Materials, 2020, 260: 119769.

5 工业 CT 机配套加载装置实现方案

借助于工业 CT 机开展岩石力学试验，一是加载装置与 CT 机高度集成[1~3]，二是需要进行与 CT 机配套加载装置的研制，将整个加载装置置于 CT 机转台上便可开展不同目的的力学试验[4~6]。通常与工业 CT 机配套的加载装置多是岩石力学试验机的缩小版，加载与控制过程不会像岩石力学试验机那样复杂，但是基本的原理与试验机相同。由于工业 CT 机配套使用的加载装置易于实现并且可以根据需要研制不同需求的装置，便于实现，种类多样化，国内外广大学者试制了不同加载方案的工业 CT 机配套装置，相关的成果已在第 1 章进行了论述。工业 CT 机配套便携式加载装置为打开岩体破裂的黑箱，提示破裂过程细观结构劣化的物理过程和力学行为具有重要意义。本章将针对笔者所设计的与工业 CT 机配套的几种加载装置进行介绍。

5.1 工业 CT 机配套剪切加载装置及实现方法

直剪试验是测量试样抗剪强度的主要方法，由于操作简单、适用范围广，其中直剪仪在直剪试验过程中使用最为广泛。采用传统直剪试验装置无法对试验过程进行准确的实时监测，而 CT 扫描机在直剪试验过程中的运用，可获得更加精确的数据并能对试验过程进行实时监测。

传统的直剪装置过于笨重，质量较大，不便于携带，压力装置过于复杂且不精确。传统的直剪装置的上、下剪切盒由金属材料铸造，支撑上顶板与下底板的立柱同样多为金属材质构造。所以在岩土体直接剪切试验过程中，传统的直剪仪或者直接剪切装置不适用于 CT 扫描机对其进行实时监测，加载过程中，金属材质的构件会遮挡住 X 射线，金属材料对 X 射线的吸收会影响成像效果，会产生伪影，CT 图像无法全面、完整地反映材料整个剪切过程，影响损伤机理分析的准确性。针对存在的问题与要求，对传统直剪装置进行改造。目前针对传统直剪装置的优化与改造，并不是针对 CT 扫描在直剪试验中的应用而进行优化与改造的，对于扫描结果而言，主要是金属材料构造的立柱与剪切盒对工业 CT 扫描机影响比较大。无法保证 CT 扫描机对试验过程进行实时监测时得到的试样实时变化过程是否准确，对直剪装置进行改造有利于 CT 扫描机在直剪试验中更加准确的运用。

本书提供一种用于岩土体实时剪切试验的 CT 机配套直剪试验装置，该装置包括压力加载部分、试样装载部分和装置支撑部分，压力加载部分包括伺服电机、柱塞、压力传感器、手动千斤顶和加固支架，试样装载部分包括剪切盒支架、上剪切盒、连接柱、下剪切盒和滚排，装置支撑部分包括上顶板、立柱、螺母和下底板；四根立柱通过螺母将上顶板与下底板连接，手动千斤顶利用加固支架连接在下底板，手动千斤顶与压力传感器连接；伺服电机放置于上顶板上侧并连接有柱塞，柱塞另一端与压力传感器相连；剪切盒支架固定于上顶板，剪切盒支架另一端通过连接柱连接上剪切盒，上剪切盒下方对应布置下剪切盒，下剪切盒放置在滚排上，滚排固定于下底板。其中，上剪切盒和下剪切盒采用尼龙玻璃纤维增强树脂制成。上剪切盒能够在剪切盒支架上下活动。滚排采用易于滚动的细圆柱体固定于下底板。立柱采用尼龙玻璃纤维增强树脂制成。具体原理如下：

如图 5-1~图 5-3 所示，该装置包括压力加载部分、试样装载部分和装置支撑部分。

压力加载部分包括伺服电机 1、柱塞 12、压力传感器 5、手动千斤顶 10 和加固支架 14，手动千斤顶 10 利用加固支架 14 连接在下底板 9，手动千斤顶 10 将提供水平剪切力并与压力传感器 5 连接；将伺服电机 1 放置于上顶板 2 上侧连接有柱塞 12 提供法向应力，可实现长时间保压，对控制伺服电机 1 的转速来控制施加压力的大小，使加载的压力会更加精确，反向放置的柱塞 12 与压力传感器 5 相连接。这样以便实验过程对剪切面进行实时扫描，获得三维图像。

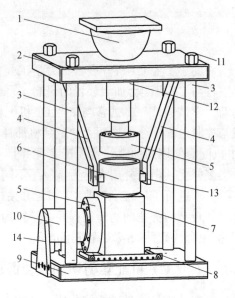

图 5-1 岩土体实时剪切试验的 CT 机配套直剪试验装置结构示意图

试样装载部分包括剪切盒支架 4、上剪切盒 6、连接柱 13、下剪切盒 7 和滚排 8，剪切盒支架 4 固定于上顶板 2，另一端将通过连接柱 13 与上剪切盒 6 相连接，上、下剪切盒采用尼龙玻璃纤维增强树脂（PA66+GF30）这种新型材料，将减弱对 X 射线的吸收，上剪切盒 6 可在剪切盒支架 4 上下活动，以便于试样的装卸；滚排 8 采用可易于滚动的细圆柱体固定于下底板 9，下剪切盒 7 在实验过程中放置于滚排 8 合理位置。

装置支撑部分包括上顶板 2、立柱 3、螺母 11 和下底板 9，四根立柱 3 通过螺母 11 将上顶板 2 与下底板 9 连接，其中立柱 3 采用新型材料尼龙玻璃纤维增强树脂（PA66+GF30），上顶板 2 和下底板 9 主要可给装置提供稳定性，给其他系统提供支撑，保证装置在试验过程中的稳定。

该装置基本原理为：岩土试样测试过程中，将整个装置放于 CT 机转台上，进行试样直剪试验，同时 X 射线源发出高能量的 X 射线，高能量 X 射线穿透剪切盒和试样，由探测器接收透射射线，从而实现试样剪切过程中的高精度实时扫描。岩土体试样在剪切过程中发生剪切破坏，通过利用 CT 扫描机对试样破坏面进行扫描，通过高能 CT 成像系统不仅可清楚地对试样变化过程进行实时监测并能获得清晰三维成像，也能获得试样在剪切试验中的各种数据。

该装置具体应用过程如下：

（1）试样封装。将根据剪切盒的大小制定的岩土体实验样本正确的放置于下剪切盒 7 中，并将带有样本的下剪切盒 7 放置于滚排 8 的正确位置，放下上剪切盒支架 4 上的上剪切盒 6，查看试样放置的合理性。

（2）试样测试。试样封装完成后开启伺服电机 1，提供法向应力，实现长时间保压，在法向应力保持稳定后，利用压力传感器 5，将法向力传置于剪切盒，一切准备就绪后施加水平应力，通过手动千斤顶 10 加载水平应力，同时开启工业 CT 机对岩土体样本进行实时扫描监测，对破裂带以及其上下 5mm 处的区域范围进行 CT 扫描。

（3）卸载试样。完成试验过程后，首先关闭伺服电机 1，收回手动千斤顶 10，在滚排上取出下剪切盒 7，抬起上剪切盒 6，并对剪切盒进行清理，恢复装置使用前的模样。

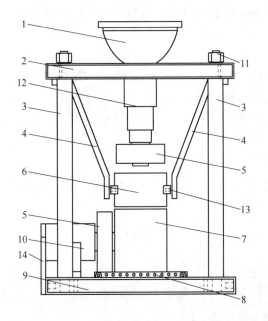

图 5-2　岩土体实时剪切试验的 CT 机配套直剪试验装置主视图

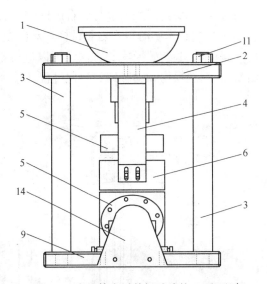

图 5-3　岩土体实时剪切试验的 CT 机配套直剪试验装置

5.2　工业 CT 机配套动静组合加载装置及实现方法

随着浅部矿产资源的减少，越来越多的金属矿山趋向深部发展。深部硬岩矿山不但地应力大、储能高，而且由于埋深跨度大，为了保证开采强度，通常进行多中段多矿房同时作业，地下矿房层层叠叠，各类出矿、采掘、爆破作业连续不断。在深部采场，随着大药量炸药崩矿，厚大矿体被采出，留下高应力围岩和大面积空区。由于原岩平衡状态被打破，围岩内应力转移、裂纹扩展、失稳破坏异常活跃。另外，从受力的角度分析，任何一个采场的落矿及其工程开挖扰动都会导致整个采矿系统的应力重分布，这一动态过程也会引起岩体贮存能量的变化，并极易诱发岩石片帮、冒落，甚至岩爆等一系列动力灾害。深部岩石在开采（开挖）前处于三维静应力作用状态，开采及开挖活动相对于深部岩石的初始静力状态来说，均可看作动力扰动，因此从本质上说深部岩石在开采活动中始终承受动静组合载荷作用。因此研究岩石在动静组合载荷下的细观损伤和动态破裂演化过程具有重大意义。

岩石在应力作用下的宏观变形破坏机制可以通过三轴试验得出，但三轴试验只能得到试验结束后的岩石试样的破坏状态，无法实时观测岩石的破裂演化过程。目前工业 CT 扫描技术为研究材料内部结构提供了有效的实验技术手段，工业 CT 能够利用 X 射线穿透物体断面进行旋转扫描并借助高性能计算机系统实现内部图像的重建。因此工业 CT 扫描技术成为了研究岩石在动静组合载荷下的细观损伤和动态破裂演化过程的重要手段，而技术关键在于研发与工业 CT 机配套的动静组合加载岩石动态破裂可视化表征试验装置和测试方法。

　　基于以上需求，发明了一种与工业 CT 机配套的动静组合加载岩石动态破裂可视化表征试验装置与方法（见图 5-4），利用工业 CT 扫描技术，实时观测岩石在动静组合应力扰动下的细观损伤和动态破裂演化过程，对岩石的破裂演化过程进行可视化、数字化表征，为矿山深部开采时岩石的稳定提供了理论支撑。整个试验系统如图 5-4 所示，其试验装置及实验方法主要功能是模拟对岩石试样的动态扰动，即在动静组合荷载实验条件下，通过工业 CT 扫描技术实时得到岩石试样在动静组合应力扰动下的细观损伤和动态破裂演化过程，同时该试验装置及实验方法也可以进行常规三轴试验下通过工业 CT 扫描技术实时得到岩石的细观损伤和动态破裂演化过程。整个系统的分部件示意图如图 5-5~图 5-8 所示。

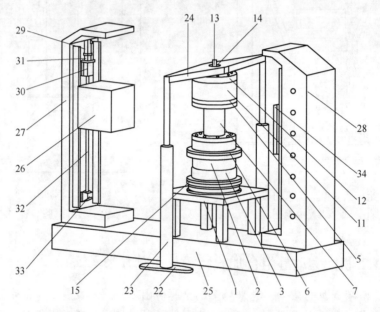

图 5-4　工业 CT 机配套的动静组合加载岩石动态破裂可视化表征试验装置示意图

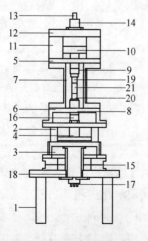

图 5-5　系统结构剖面图

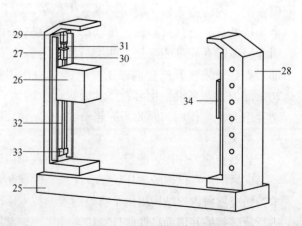

图 5-6　工业 CT 机装配图

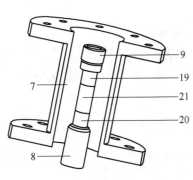

图 5-7 压力室结构示意图

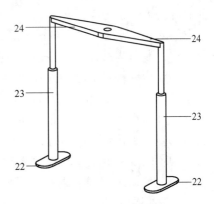

图 5-8 围压系统的提升油缸结构示意图

系统特征包括以下几点：

（1）该装置试验机底座 1、轴压系统、围压系统、旋转系统和扫描系统，轴压系统包括上油缸刚体 11、上油缸上盖 12、上油缸下盖连接板 5、上油缸活塞 10、下油缸下盖 3、下油缸上盖连接板 6、下油缸筒 2、下油缸刚体和下油缸活塞 4，围压系统包括压力室 7、内置压力传感器 9、外置压力传感器 16、上压头 19、下压头 20、提升油缸升降杆 23、提升油缸底座 22 和提升油缸横梁 24，旋转系统包括转台 15、上旋转滑环定子 13、上旋转滑环转子 14、下旋转滑环定子 17 和下旋转滑环转子 18，扫描系统包括 X 射线发射机 26、X 射线探测器 34、传动电机 29、传动减速机 31、传动电机座 30、传动轴承座 33、传动丝杠 32、垫铁 25 和竖直机架。

（2）转台 15 置于试验机底座 1 上，通过下旋转滑环定子 17 和下旋转滑环转子 18 连接，转台 15 上与下油缸下盖 3 连接，下油缸下盖 3 置于下油缸筒 2 下部，下油缸筒 2 上部放置下油缸上盖连接板 6，下油缸上盖连接板 6 上部为压力室 7，压力室 7 下部设置下压头 20，下压头 20 上方对应设置上压头 19，压力室 7 上方设置上油缸刚体 11，上油缸刚体 11 下部为上油缸下盖连接板 5，上油缸刚体 11 上部为上油缸上盖 12，上油缸上盖 12 上部设置上旋转滑环转子 14 和上旋转滑环定子 13。

（3）下油缸筒 2 内下部设置下油缸活塞 4，上部设置压力室活塞 8，上油缸刚体 11 内设置上油缸活塞 10。下油缸筒 2 外部安置外置压力传感器 16，压力室 7 内部上方设置内置压力传感器 9。

（4）上压头 19 和下压头 20 之间放置样品 21。升油缸底座 22 通过提升油缸升降杆 23 连接提升油缸横梁 24，横跨在试验机底座 1 上方，提升油缸横梁 24 中部留孔，上旋转滑环转子 14 安装在孔内。

（5）试验机底座 1 安置在垫铁 25 上，垫铁 25 两端各有一个竖直机架，分别为竖直机架一 27 和竖直机架二 28，X 射线发射机 26 通过传动丝杠 32 安装在竖直机架一 27 上，X 射线探测器 34 安装在竖直机架二 28 上，竖直机架一 27 上设置传动电机 29、传动电机 29 通过传动减速机 31 安装在传动电机座 30 上，传动丝杠 32 下部连接传动轴承座 33。

（6）压力室 7 采用碳纤维制成，压力室 7 两端有法兰，用于与上油缸下盖连接板 5 和下油缸上盖连接板 6 连接。

应用该试验装置的方法，包括步骤如下：

（1）S1：制备岩石试样，用透明塑料管包裹后以备试验。

（2）S2：启动提升油缸，提升油缸升降杆带动压力室及上部结构上升，然后安装试样，试样安装完毕后提升油缸升降杆下降，与转台通过底部连接件连接稳固，保证试样的轴心线与压力室的上压头和下压头轴心线对准。

（3）S3：检查转台上部装置，确定固定良好。

（4）S4：闭合配电柜总电源，给各系统上电。

（5）S5：启动 X 射线发射机，根据上次停机至今的时间长度选择预热模式并预热，同时启动计算机系统。

（6）S6：在计算机系统控制站上设定岩石试样信息、选择或修改扫描参数。

（7）S7：扫描开始，X 射线发射机出束，探测器接收信号，扫描装置分系统完成所需各种运动，扫描控制分系统进行实时控制。

（8）S8：打开增压器控制阀门，增压器内氮气沿预留的导气管充入压力室内，对试样施加围压，待围压达到试验所设定的压力值时，关闭增压器控制阀门。

（9）S9：启动试验机，对上下油缸送油进而给试样施加动荷载。

（10）S10：在岩石受疲劳扰动的不同阶段进行扫描，在 CT 扫描成像时，力学加载试验必须停止，每阶段扫描时 X 射线发射机出束，探测器接收信号，扫描装置分系统完成所需各种运动，扫描控制分系统进行实时控制得到不同阶段的 CT 图像；每次扫描结束时，X 射线发射机停止出束，扫描装置分系统各设备停止运动。

（11）S11：检查所得 CT 图像，当在图像上发现可疑缺陷时，在图像上定位缺陷高度，在指定检测高度上进行 CT 扫描重建或者再次实验。

（12）S12：关闭 CT 机放射源，对水平加载装置、垂直加载装置进行卸荷，拆除试样，结束试验。

（13）S13：上述 S2～S12 为一次动静组合循环加载条件下 CT 扫描试验，重复 S2～S12，进行多次试验。

（14）S14：分析所得试验数据，获取岩石在动静组合荷载下变形破坏过程的裂纹演化过程，对试样裂纹进行三维重构、损伤演化描述与损伤变量分析，实现动静组合应力扰动下岩石破裂过程的可视化和数字化表征。

5.3　工业 CT 机配套的土石混合体动态破裂表征试验方法

露天矿山排土场作为露天矿山的一部分，接纳、收容露天矿山剥离的废弃物。排土场一旦发生边坡失稳滑落，可能造成重大人身伤亡及财产损失。在露天矿生产中，开采扰动、爆破振动、地震等一系列动态扰动都会对排土场土石混合体内部结构造成影响，尤其是爆破振动，具有强烈的冲击波和应力波作用且爆破振动具有反复作用。通过收集排土场现场一系列扰动产生的波形，然后在实验室给试样输入相同波形的扰动，能够很好地拟合现场情况。在爆破开挖等动力加卸载扰动下，排土场土石混合体所处环境发生变化，加卸载将导致结构面压力出现增减特征，甚至出现张开滑移、抗滑力陡降现象，同时扰动也将影响裂纹闭合和扩展等机制。这些无法用传统连续介质力学理论解释和分析的新特征科学现象，通常采用室内试验进行机理研究。因此，通过给试样施加现矿山排土场所受到的实际振动波形的扰动，或者施加等效的正弦波、三角波、方波等波形扰动，对同一土石混合体试件连续无损扫描和直观图像监测，实现土石混合体变形破坏过程裂纹演化规律性（如裂纹宽度、长度、空间位置）的定量测试、土石混合体裂纹三维重构、损伤演化与损伤变量分析，具有重大现实意义。

土石混合体是一种介于土体与破碎岩体之间的特殊地质材料，其在应力作用下变形破坏机制可通过室内三轴试验得出，但室内三轴只能是实验结束时，取出试样来观察其最终残余的状态，无法实时观测试样的变形破裂过程。伴随着工业 CT 的发展，研究土石混合体在动态扰动下破裂表征成为可能，而技术关键在于研发与工业 CT 机相配套的动态扰动三轴加载试验装置和测试方法。基于以上需求，提出一种用于动态扰动触发土石混合体破裂表征与工业 CT 机配套的试验装置与方法，通过工业 CT 机与该装置的配合，可模拟矿山开采扰动过程中作用于排土场边坡的实际波形，实时获知复杂应力扰动路径下土石混合体的破裂演变过程，实现土石混合体破裂过程的可视化和数字化表征，为发展土石混合体动力灾变理论提供依据。

整个装置包括轴压系统、围压系统和扫描系统。轴压系统包括伺服电机、减速机、轴承套、活塞、壳体和丝杠。伺服电机连接减速机。围压系统包括压力室、压力传感器、上压头、下压头、提升油缸升降杆、提升油缸底座和提升油缸横梁。压力室底部与转台相连接。扫描系统包括 X 射线发射机、探测器、X 射线源、传动电机、传动减速机、传动电机座、传动丝杠、传动轴承座、传动轨道槽、铁垫、竖直机架、螺丝和定位孔。传动电机和传动轴承座通过螺丝固定在竖直机架上。该装置可在循环加载实验条件下，实时获知试样破裂过程内部变形、裂纹发展及破坏，如图 5-9 所示。装置系统的分部件如图 5-10～图 5-13 所示。

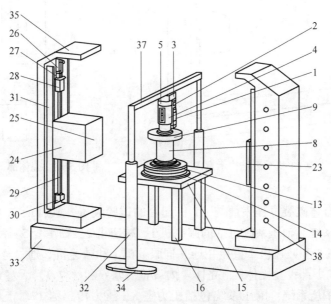

图 5-9 动态扰动触发土石混合体破裂表征与
工业 CT 机配套的试验装置

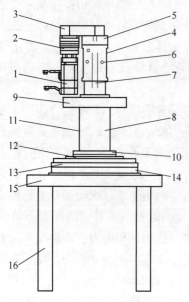

图 5-10　加载装置结构正视图

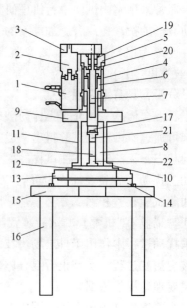

图 5-11　加载装置结构剖面图

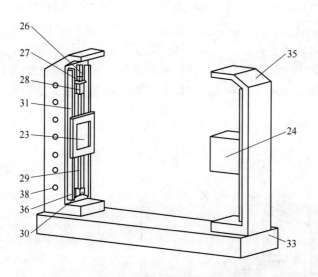

图 5-12　工业 CT 机装配结构示意图

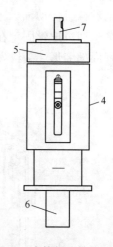

图 5-13　壳体部分结构示意图

　　一种土石混合体破裂过程表征与 CT 机配套的试验装置，其特征在于包括轴压系统、围压系统和扫描系统，轴压系统包括伺服电机 1、减速机 2、轴承套 5、活塞 6、壳体 4 和丝杠 7，伺服电机 1 和减速机 2 直接相连，伺服电机 1 和减速机 2 通过连接件 3 与轴承套 5 相连，轴承套 5 下部设置壳体 4，壳体 4 内设置活塞 6 和丝杠 7，活塞 6 和丝杠 7 相连，丝杠 7 下部连接围压系统；围压系统包括压力室 8、压力传感器 17、上压头 21、下压头 22、提升油缸升降杆 32、提升油缸底座 34 和提升油缸横梁 37，压力室 8 内通过上压头 21 和下压头 22 固定试样 18，上压头 21 上部设置压力传感器 17，提升油缸横梁 37 横跨在装置两侧，提升油缸横梁 37 中部的连接件 3，提升油缸横梁 37 两端连接提升油缸升降杆 32，提升油缸升降杆 32 通过铁垫 33 固定在提升油缸底座 34 上；扫描系统包括设于压力室 8 两侧的 X 射线发射机 24、探测器 23、X 射线源 25、传动电机 26、传动减速机 27、传动电机座 28、传动丝杠 29、传动轴承座 30、传动轨道槽 31、竖直机架 35、螺丝 36 和定位孔 38，传动电机 26 和传动轴承座 30 通过螺丝 36 固定在竖直机架 35 上，传动电机 26 和传动减速机 27 通过螺丝 36 连接，传动减速机 27 和传动电机座 28 通过螺丝 36 连接，传动丝杠 29 通过传动电机座 28 和传动轴承座 30 安装固定在竖直机架 35 的上下端，X 射线发射机 24 与探测器 23 分别与两侧传动轨道槽 31 紧密连接，竖直机架 35 上设置定位孔 38。

在应用中，土石混合体试样制备好后，启动提升油缸，提升油缸升降杆带动压力室及上部结构上升，当试样安装完毕后，提升油缸升降杆下降。压力室底部与转台通过底部连接件相连，使得工作时压力室与转台连接稳定。围压的施加通过预留导气管对压力室填充氮气，首先打开增压器控制阀门，增压器内氮气沿预留的导气管充入压力室内，从而对试样施加围压。

对试样进行扫描时，X 射线发射机经 X 射线源发出射线，X 射线穿过土石混合体试样，部分射线被扫描物吸收，透过的射线由 X 射线探测器接收。扫描结束后通过提取、识别和分析二维 CT 切片及三维重构图像感兴趣区域（ROI）的 CT 数、裂纹展布、孔隙度演化、块石运动、CT 损伤和应变局部化特征，对其变形破坏过程中的细观物理量进行定量化描述，揭示土石混合体损伤开裂的内在机制。通过不同应力路径作用下土石混合体试样变形试验，对土石混合体细观开裂机理进行研究。

轴压系统、围压系统置于 CT 转台上，在实验开始后，置于转台上部的装置进行旋转，放射源发出 X 射线穿透压力室筒壁和试样，X 射线被探测器接收，从而实现试样的边加载边扫描，这也是工业 CT 与医学 CT 的不同之处。

整套装置采用高强度、低密度、透明的航空玻璃材料制成，航空玻璃不但具有优异的光学性能、热塑和加工性能、抗老化性，而且具有密度小、高力学强度、抗压抗拉性能突出等特点，在满足功能需求下改善了 X 射线穿过压力室时射线能量衰减情况，透明材料也实现了对试样变形破坏的可视化，可以实时获取试样变形过程中的清晰内部图像。此外，压力室施加围压的同时，压力室也充当反力结构。

加载装置采用无线智能操控，解决测试时测量连接系统在 CT 转台上旋转过程中的线路缠绕问题。

应用该试验装置的方法，其中步骤如下：

（1）S1：制备土石混合体试样，用透明塑料管包裹后以备试验。

（2）S2：将试样装入压力室，试样的轴心线与压力室上压头和下压头轴心线对准。

（3）S3：检查转台上部装置，确定固定良好。

（4）S4：闭合配电柜总电源，电源指示灯亮，表明总电源工作正常，各分系统上电；依次闭合各分系统电源，X 射线发射机得电，探测器和数据获取系统、扫描控制系统均得电。

（5）S5：启动 X 射线发射机，根据上次停机至今的时间长度选择预热模式并预热，同时启动计算机系统，通过以太网和光机建立连接，将扫描得到的 CT 切片传输到计算机。

(6) S6：在计算机系统控制站上设定土石混合体试样信息、选择或修改扫描参数。

(7) S7：扫描开始，X 射线发射机出束，探测器接收信号，扫描装置分系统完成所需各种运动，扫描控制分系统进行实时控制。

(8) S8：通过导气管施加围压后，启动伺服电机，给试样施加轴向荷载，扫描期间调整伺服电机和减速机使试样加载发生变化，从而达到对试样的复杂应力扰动路径作用，实现对土石混合体的边加载边扫描，每次扫描结束时，X 射线发射机停止出束，扫描装置分系统各设备停止运动。

(9) S9：当在图像上发现可疑缺陷时，在图像上定位缺陷高度，在指定检测高度上进行 CT 扫描重建或者再次实验。

(10) S10：关闭 CT 机放射源，对压力室进行卸荷，拆除试样，结束试验。

(11) S11：重复上述 S2~S10，进行试验。

(12) S12：所有检测任务完成后，等待 X 射线发射机散热后，关闭 X 射线发射机电源，关闭计算机电源、数控系统电源，断开各分系统开关，断开系统总电源。

(13) S13：分析所得试验数据，获取动态扰动下试样的破裂演变信息，实现土石混合体破裂过程的可视化和数字化。

本发明的上述技术方案的有益效果如下：

该装置借助工业 CT 机的高能量 X 射线和高精度旋转转台，将加载装置与工业 CT 机很好地结合在一起，模拟了土石混合体原位动态扰动条件，实现了对土石混合体边加载边扫描，获取了土石混合体的原始组构、破裂后结构数据，特别是变形破裂过程中的内部结构演化规律，以揭示土石混合体宏观力学行为的微细观机制。

X 射线发射机经 X 射线源发出射线，X 射线穿过土石混合体试样，部分射线被扫描物吸收，透过的射线由 X 射线探测器接收。通过一系列不同角度的扫描，获得被扫描物的吸收系数，进行三维成像。

轴承套内的深沟球轴承和推力球轴承使得轴压施加连续且稳定，使轴压力均匀地传递给试样。

上下压头同步旋转，试样不遭受任何扭矩，更加精确模拟其真实状态。

轴压系统、围压系统置于 CT 转台上，在实验开始后，置于转台上部的装置进行旋转。

加载装置采用无线智能操控，解决测试时测量连接系统在 CT 转台上旋转过程中的线路缠绕问题。

5.4　工业 CT 机配套含冰裂隙冻胀扩展演化装置及实现方法

在矿山建设及矿产资源开采的过程中，西部高寒地区矿山边坡裂隙岩体由于环境的特殊性，长期面临着复杂的冻融灾害问题。裂隙岩体是一类复杂的岩体，内部一般都由岩石颗粒、胶结材料、微裂纹等组合而成，内部裂纹、节理缺陷直接影响岩体稳定性，在长期的冻融作用下，裂隙岩体中裂隙水不断发生水冰相变，由水冻结成冰时发生 9% 的体积膨胀产生的冻胀力持续驱动裂隙扩展或者产生新生裂纹，继而引起裂隙的扩展、碎裂，物理力学性质骤降，从而引起围岩断裂。岩石材料冻融损伤的本质，是温度周期正负变化，固体材料内部水不断发生相变和位移，在冰的冻胀力作用下使岩体裂纹尖端产生巨大的力而扩展损伤，反复冻结融化从而产生宏观裂纹，在冻胀破坏作用下，裂隙的演化对寒区工程的稳定性、安全性造成严重的威胁。

为了描述裂纹的形态特征，裂纹相对张开度是常用的指标之一，相对张开度是裂纹张开度与裂纹长度的比值，张开度就是所说的裂纹宽度，裂纹宽度作为描述岩石裂纹重要形态特征，也是研究影响岩石冻胀开裂的重要因素，因此对含冰裂隙扩展过程中变形的监测十分重要。研究表明，因水冰相变后体积膨胀产生的冻胀力是驱动裂隙扩展或诱发新生裂隙的根本原因，因此研究冻融循环作用下岩石含冰裂隙的扩展演化机制和冻胀力演化规律，对寒区岩体长期稳定性预测及保障矿山安全开采具有重要意义。

传统冻融试验设置好温度后将试样直接放入恒温箱内进行冻融循环，试验结束后取出进行相应的力学试验，因此无法实现在冻融循环作用下岩石含冰裂隙冻胀扩展的实时观测。目前工业 CT 扫描技术为研究材料内部结构提供了有效的实验技术手段，工业 CT 能够利用 X 射线穿透物体断面进行旋转扫描并借助高性能计算机系统实现内部图像的重建。因此，工业 CT 扫描技术成为了研究在冻融循环作用下岩石含冰裂隙冻胀扩展实时监测的重要手段，而技术关键在于研发与工业 CT 机配套的含冰裂隙冻胀扩展实时监测系统及方法。本书提供一种利用上述试验系统进行含冰裂隙冻胀扩展实时成像的测试方法，研究含冰裂隙在冻融过程中扩展路径，并揭示与岩石细观组构的关系。如图 5-14 所示，系统包括裂隙岩石冻融装配系统、CT 机扫描成像系统、裂隙变形测量系统和冻胀力测量系统。

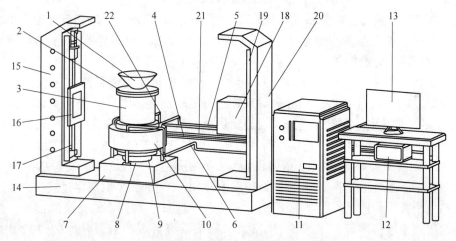

图 5-14　含冰裂隙冻胀扩展实时监测系统全系统结构示意图

如图 5-15 和图 5-16 所示，裂隙岩石冻融装配系统包括储水桶 1、冷冻室 3、岩石样品 29 和冷冻循环系统；所述储水桶 1 置于导液垫块 27 上侧，水流经过导液垫块 27 注入岩石样品 29，充满整个岩石样品裂隙 28；所述冷冻筒体外侧由保温层 25 进行隔离，上侧为冷冻室盖板 2，内部含有冷冻液循环腔 24，冷却液经由冷却液进管 5 进入冷冻液循环腔 24 内再由冷却液出管 21 排出实现对岩石样品 29 的冻融循环作用；所述岩石样品 29 置于固定垫块 26 上，由样品固定套 30 进行固定，固定垫块 26 则与冷冻室 3 连接，试验前先对岩石样品 29 进行处理得到预制岩石样品裂隙 28；所述冷冻循环系统包括冷冻循环泵 11、冷却液进管 5 和冷却液出管 21；冷却液进管 5 和冷却液出管 21 与冷冻循环泵 11 相连接，冷却循环泵 11 将冷却液由冷却液进管 5 泵送入冷冻液循环腔 24 内最后再由冷却液出管 21 输回冷冻循环泵 11，完成冻融循环。

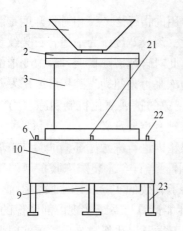

图 5-15　冻胀模型系统结构示意图

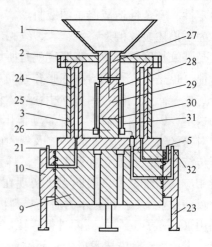

图 5-16　冻胀模型系统结构剖面图

　　CT 机扫描成像系统包括旋转系统、扫描系统和探测器成像系统，如图 5-17 和图 5-18 所示。所述旋转系统包括滑环定子 10、滑环转子 9 和转台 8；滑环定子 10 通过滑环定子连接件 23 与工业 CT 底座 14 进行连接且不随冻胀模型系统进行旋转，滑环转子 9 则与转台 8 连接在工作时随冻胀模型系统同步旋转；滑环具有两路液路即冷却液进管 5 和冷却液出管 21，以及三路电路即冻胀力线一 6、冻胀力线二 22 和变形传感器线 4；滑环转子 9 上有整圈的滑环转子导流槽 38，滑环定子 10 上对应高度位置上开孔，保证旋转到任何位置液路都是通畅的，导流槽 38 上下以及两个导流槽 38 中间装有密封圈 39，保证冷却液进管 5 和冷却液出管 21 不串腔，由此来对系统进行旋转供液；滑环转子 9 上有电刷与滑环定子 10 上的环形导电体接触导通来实现旋转供电；转台 8 与转台底板 7 相连接，转台底板 7 则与工业 CT 底座 14 进行连接。所述扫描系统包括设于模型冻胀系统两侧的底座 14、射线源 18、射线源升降导轨 19、射线源机架 20；所述探测器成像系统包括探测器机架 15、探测器 16、探测器升降导轨 17；射线源 18 发出 X 射线，X 射线穿过被扫描物，部分射线被扫描物吸收，透过的射线由探测器 16 接收。通过一系列不同角度的扫描，获得被扫描物的吸收系数，进行三维成像，实时 CT 扫描系统可观测岩石含冰裂隙扩展的细观过程。

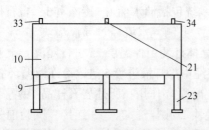

图 5-17　旋转系统结构示意图

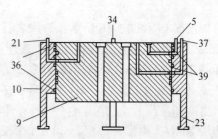

图 5-18　旋转系统结构剖面图

所述裂隙变形测量系统包括变形传感器 31、变形传感器线 4、变形传感器线接口 32、信号采集器 12 和电脑 13；变形传感器 31 贴于岩石样品 29 上可用于对裂隙扩展过程中变形即开度进行监测，变形传感器 31 通过变形传感器线 4 和变形传感器线接口 32 来与信号采集器 12 相连接，信号采集器 12 收集的信号可由电脑 13 上的变形采集软件对数据进行采集，来对冻结过程中变形曲线随时间的变化趋势进行观察。

所述冻胀力测量系统包括冻胀力传感器 35、冻胀力线一 6、冻胀力线二 22、冻胀力线一连接头 34、冻胀力线二连接头 33、信号采集器 12 和电脑 13；冻胀力传感器 35 安置于岩石样品裂隙 28 中部，可进行对裂隙扩展过程中看冻胀力演化的监测，冻胀力传感器 35 经由冻胀力线一连接头 34、冻胀力线二连接头 33 连接上冻胀力线一 6、冻胀力线二 22 再与信号采集器 12 进行连接，信号采集器 12 收集的信号可由电脑上的冻胀力采集软件对数据进行采集，来对冻结过程中冻胀力曲线随时间的变化趋势进行观察。

如图 5-18 所示，旋转系统局部放大的结构对导向带 36、滑环转子导流槽和密封圈进行了布置。

5.5　高清图像重构与工业 CT 机配套的气囊式围压加载系统

三轴试验一直是研究岩土体在不同应力作用下变形、强度等特性的重要研究手段，因此三轴试验在矿山边坡松散岩土体物理力学性质研究中的应用日益广泛。在试验过程中，压力室对岩土体试样施加围压，在保持围压恒定的同时，逐渐对试样施加轴向荷载。在试验操作过程中使用 CT 扫描技术，全方位监测试样内部结构变化，从而了解试样内部结构的局部变化、细微变化及变化趋势，掌握松散岩土体在不同受力条件下的破裂演化过程。

现如今计算机层析成像 CT 扫描技术因其具有无损、动态、定量检测且可以分层识别材料内部组成的优点，在岩土力学研究中的应用日益深入，因此 CT 扫描技术配合岩土体三轴压缩试验成为研究岩土体内部变形、裂纹发展及破坏的重要手段。然而，现有的岩土体三轴压缩试验装置有一个明显的缺陷，即装置中对试样施加围压的压力室由金属材料制成，常用的金属材料如铁的密度为 $7.8g/cm^3$，由于金属材料密度较大，CT 机发出的 X 射线穿过压力室扫描试样时，将会导致射线能量的衰减，对成像造成影响，无法实现高清晰图像重构。

因此，本书提供一种用于高清晰图像重构与工业 CT 机配套使用的气囊式围压加载系统，用于低围压下松散岩土体的三轴压缩试验围压的加载，非金属材料压力室减少了 CT 机射线能量的衰减，提高了试样破裂过程中重构图像的精度，更好地揭示试样在不同受力条件下的破裂演化过程。

该系统主要包括气囊加压装置和 CT 机扫描装置，气囊加压装置包括气囊压力室、伺服增压器、上垫块 1、下垫块 8、接头一 9、接头二 11、控制伺服阀门 10 和高精度压力表 4；CT 机扫描装置包括设于气囊压力室两侧的 CT 放射源和 CT 探测器；试样置于气囊压力室内，气囊压力室包括套筒 3、高精度压力表接口 5、增压器接口 6、顶盖 2 和底盖 7，套筒 3 上部设置上垫块 1，套筒 3 下部设置下垫块 8，套筒 3 内部为气囊 19，上垫块 1 和套筒 3 之间设置顶盖 2，套筒 3 和下垫块 8 之间设置底盖 7，套筒 3 下方留有高精度压力表接口 5 和增压器接口 6，高精度压力表接口 5 连接高精度压力表 4，增压器接口 6 连接伺服增压器，气囊压力室和增压器之间设置控制伺服阀门 10，控制伺服阀门 10 前后分别安装接头一 9 和接头二 11。

其中，伺服增压器包括出气口 12、增压副腔 13、调节阀 14、密封盖 15、增压主腔 16、导气管 17 和底板 18，增压主腔 16 和增压副腔 13 设置在底板 18 上，导气管 17 贯通增压主腔 16 和增压副腔 13，导气管 17 一端连接气囊压力室，另一端连接出气口 12，增压副腔 13 上设置调节阀 14，增压主腔 16 上设置密封盖 15。试样的轴心线与气囊压力室轴心线对准；套筒为空心圆柱体，采用高强度尼龙树脂制成，该材料的密度为 1.15g/cm³，尼龙树脂不但具有抗冲击性强、韧性好、强度高的特点，而且轻便、原料易得；气囊材质为聚酰胺 66，聚酰胺 66 具有强度高、耐老化性能优异、耐高温的优良性能。

气囊压力室由非金属材料制成，从而解决了 CT 机所发出 X 射线穿过压力室时，射线能量衰减影响试验图像重构的问题。试验过程中，CT 机放射源所发射的 X 射线便可以透过压力室套筒壁及试样，传达到探测器中，从而实现对试验中试样变形破裂全过程的实时监测和试样破裂过程的高清晰图像重构。

图 5-19 所示为本发明的和 CT 机配套使用的气囊式围压加载系统结构示意图，图 5-20 所示为本发明的气囊压力室俯视图。具体实施方式为：进行岩土体三轴压缩试验时将试验装置放置在 CT 机发射源和探测器之间，将试样放入气囊压力室内，保证试样的轴心线与气囊压力室轴心线对准，试样上部放置上垫块 1。打开伺服增压器控制伺服阀门 10，增压器内氮气由出气口 12 沿导气管 17 通过接头二 11 和控制伺服阀门 10 充入至气囊 19 内，对试样施加围压，观察高精度压力表 4 中数值，待围压达到试验所设定的压力值时，关闭控制伺服阀门 10，保持围压恒定的同时对试样施加竖向轴压。随着对试样轴压和围压的施加，立即启动 CT 机扫描装置。在试验过程中由于组成气囊压力室的套筒 3 和气囊 19 均是非金属材料，CT 机放射源所发出的 X 射线在穿过压力室套筒壁及气囊时几乎无射线能量的衰减，则 CT 机可实时扫描气囊压力室内的试样并实现试样破裂过程的高清晰图像重构。

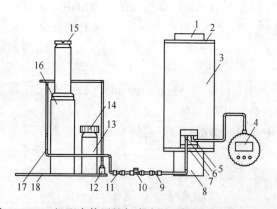

图 5-19　CT 机配套使用的气囊式围压加载系统结构示意图

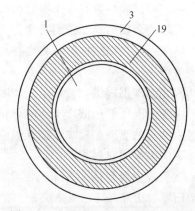

图 5-20　气囊式 Hoek 压力室俯视图

试验开始，以每秒 0.05MPa 的加荷速率施加围压，时刻关注高精度压力表 4 的数值，待到加至预定压力值时，使其保持稳定，然后再以每秒 0.8～1.0MPa 的加荷速率施加轴向荷载。随着对试样轴压和围压的施加，立即启动 CT 机扫描装置，实时扫描压力室内试样，射线源发出的射线会被探测器接收，据此重构高清晰 CT 图像。本套加载装置已成功用于上文所述土石混合体及废石胶结充填体实时三轴压缩 CT 扫描试验当中，所获取的图像质量高，便于进行后续图像特征值的提取和分析。

参 考 文 献

［1］ Renard F, Cordonnier B, Dysthe D K, et al. A deformation rig for synchrotron microtomography studies of geomaterials under conditions down to 10km depth in the Earth ［J］. Journal of synchrotron radiation, 2016, 23（4）: 1030~1034.

［2］ Renard F, McBeck J, Kandula N, et al. Volumetric and shear processes in crystalline rock approaching faulting ［J］. Proceedings of the National Academy of Sciences, 2019, 116（33）: 16234~16239.

［3］ Beckmann F, Grupp R, Haibel A, et al. In-situ synchrotron X-ray microtomography studies of microstructure and damage evolution in engineering materials ［J］. Advanced Engineering Materials, 2007, 9（11）: 939~950.

［4］ Wang Y, Que J M, Wang C, et al. Three-dimensional observations of meso-structural changes in bimsoil using X-ray computed tomography（CT）under triaxial compression ［J］. Construction and Building Materials, 2018, 190: 773~786.

［5］ Wang Y, Li C H, Hu Y Z. 3D image visualization of meso-structural changes in a bimsoil under uniaxial compression using X-ray computed tomography（CT）［J］. Engineering Geology, 2019, 248: 61~69.

［6］ Shi Jiquan, Xue Ziqiu, Durucan Seket. Supercritical CO_2 core flooding and imbibition in Tako-sandstone-Influence of sub-core scale heterogeneity ［J］. International Journal of Greenhouse Gas Control, 2011, 5: 75~87.